高等学校土木工程专业“十四五”系列教材

高等学校土木工程专业系列教材

结构动力学基础

岳中文　刘　伟　编著

中国建筑工业出版社

图书在版编目（CIP）数据

结构动力学基础 / 岳中文，刘伟编著. — 北京：中国建筑工业出版社，2020.12（2024.9 重印）
高等学校土木工程专业“十四五”系列教材. 高等学校土木工程专业系列教材
ISBN 978-7-112-25488-0

Ⅰ. ①结… Ⅱ. ①岳… ②刘… Ⅲ. ①结构动力学—高等学校—教材 Ⅳ. ①O342

中国版本图书馆 CIP 数据核字(2020)第 184888 号

本书全面、系统地介绍了结构动力学的基本理论、实用计算方法及相关的 MATLAB 数值求解程序。本书共 7 章，内容包括绪论、结构动力学的基本理论、单自由度体系振动问题、多自由度体系振动问题、无限自由度体系振动问题、结构动力分析的数值求解方法和结构动力分析的应用实例。为便于读者学习与巩固，每章之后有课后习题，并给出了部分习题的参考答案。

本书可作为高等院校土木建筑、岩土工程及城市地下空间工程等专业高年级本科生教材，也可供相关领域研究生和科研人员参考。

如需本书配套课件，请发邮件联系作者（Email：zwyue75@cumtb.edu.cn）。

* * *

责任编辑：吉万旺
文字编辑：刘颖超
责任校对：党　蕾

高等学校土木工程专业“十四五”系列教材
高等学校土木工程专业系列教材
结构动力学基础
岳中文　刘　伟　编著
*
中国建筑工业出版社出版、发行（北京海淀三里河路 9 号）
各地新华书店、建筑书店经销
北京红光制版公司制版
建工社（河北）印刷有限公司印刷
*
开本：787 毫米×1092 毫米　1/16　印张：10½　字数：254 千字
2021 年 5 月第一版　2024 年 9 月第二次印刷
定价：**36.00** 元（赠课件）
ISBN 978-7-112-25488-0
（36480）

前　言

结构动力学是高等院校土木工程专业高年级本科生和硕士研究生的专业基础课程，该课程着重解决结构动荷载作用下运动方程的建立和动力响应的求解两方面问题。本教材是中国矿业大学（北京）教学改革项目资助教材之一，经过主讲教师多年使用和多次修改完成。

本教材分为7章，各章内容安排如下：第1章绪论，介绍结构动力学的基本任务、研究对象和动力分析方法；第2章结构动力学的基本理论，介绍相关的基本力学原理及结构运动方程的建立方法；第3章至第5章单自由度体系振动问题、多自由度体系振动问题以及无限自由度体系振动问题，介绍自由振动和强迫振动下单自由度、两自由度、多自由度体系以及直梁弯曲的运动微分方程和动力响应问题；第6章结构动力分析的数值求解方法，介绍结构动力分析的实用计算方法，给出相关的MATLAB程序；第7章结构动力分析的应用实例，介绍地震作用下的结构动力分析和结构振动控制方法。

本书的编写叙述力求简明，多用图表，增加课后习题数量，注重实践教学，内容上体现建筑与土木工程类专业的特色，满足土木工程特色专业建设的需求。在原有知识点为体系的框架基础上，加入了一些实用的MATLAB数值求解程序，并通过一些简单算例，便于理解结构动力响应的数值求解。

本书的编写工作得到中国矿业大学（北京）教务处、力学与土木工程学院的大力支持。李伟捷老师参与了本书的修订和课件筹备，吴丽丽教授对本书进行了审核。编写过程中有多位研究生进行了文字和图表的录入和修改，教材试用期间很多同学提出了宝贵的修改意见，作者在此一并深表谢意。

限于作者水平，不足之处在所难免，恳请广大读者和专家不吝批评指正。

目　录

第1章　绪　　论

随着社会的发展和科技的进步，多种多样的机器或结构被设计和应用于人类的生产和生活中，如天空中的飞机、地面上的火车、海洋中的轮船等。这些结构在其使用过程中不可避免地承受各种环境荷载的作用，如自重、风、地震激励等。这些荷载可以分为静荷载和动荷载两类。其中，静荷载是指荷载的三要素（大小、方向和作用点）都是恒定的，不随时间变化或随时间变化非常缓慢；动荷载是指荷载的三要素中的一项或多项随时间发生变化。

结构设计和分析的重要任务是保证结构的安全和可靠。在结构力学中，根据力的平衡方程、变形协调方程和物理方程等信息，已经解决了结构静态或准静态荷载作用下响应问题。然而，在动荷载作用下，如何保证结构安全、可靠地工作，还有待进一步解决。

1.1　结构动力学的研究内容

结构动力学是结构力学的一个分支，是研究结构动荷载作用下响应规律（如位移、应力等的时间历程）的科学。结构动力学问题的主要影响因素包括结构材料固有的力学特性、结构形式和结构所承受的动荷载。一般将所研究的结构对象称为体系或系统，将结构所承受的动荷载称为激励或输入，将结构体系在激励作用下产生的动态行为称为响应或输出。因此，结构动力学主要内容是研究结构体系、输入和输出三者之间的关系。

根据结构材料力学特性的不同将结构体系分为线性和非线性结构，例如钢筋混凝土结构在正常使用环境下其材料具有很好的线性特性，钢筋混凝土结构属于线性结构；橡胶是一种典型的非线性材料，采用橡胶垫隔震的钢筋混凝土结构就属于非线性结构。对于线性结构，叠加原理成立，自由振动频率和模态是结构固有特性，且不随时间改变；对于非线性结构，结构没有相对应的固有特性。另外，当材料的本构关系为线性时，所建立的结构运动方程相比于非线性结构的运动方程要简单许多，方程求解也容易很多，本书将着重讨论线性结构。

结构所承受的动荷载是由一个或者许多力组成，力的大小、方向和作用点都可能随着时间发生变化，如高层建筑在风荷载作用下，风速大小的变化将影响风荷载的幅值；风向的变化将改变结构受力的方向；不同高度处风荷载作用位置不同。若荷载的方向和作用位置保持不变，根据其幅值变化进行分类，动荷载包括简谐荷载、周期荷载、冲击荷载和随机荷载。几种典型荷载曲线如图 1-1 所示。

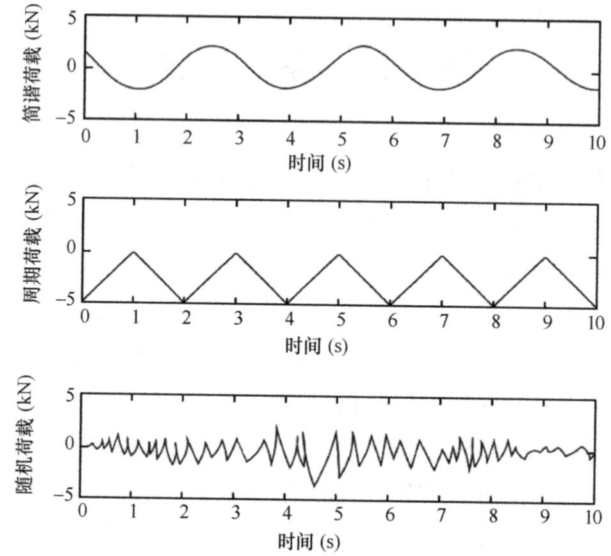

图 1-1　简谐荷载、周期荷载和随机荷载

结构形式是结构的空间构型及其运动方式，不同结构形式代表了不同的结构体系。同样采用钢筋混凝土作为建筑材料，可以建造框架结构，也可以建造框架剪力墙结构，还可以建造更高层的筒中筒结构。不同建筑结构形式，其质量和刚度分布不相同，但对于线性结构而言，其对应的运动方程形式上却是相同的，因此结构形式不作为结构动力学问题分类的参数。

根据结构的材料力学特性和所承受荷载不同，结构响应将以不同的形式表现出来。在结构动力学中，主要研究以下三类问题：

1. 结构响应分析

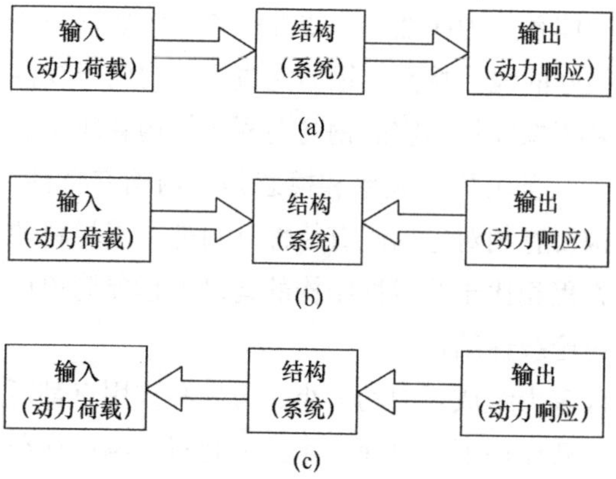

图 1-2　结构动力学三类问题

已知结构的材料力学特性和激励，分析结构的响应，包括位移、加速度、速度和内力响应，从而找出其最大值作为设计的依据如图 1-2（a）所示。这类问题的分析可为确定结构的强度、刚度等力学参数和允许的极限振动能量提供依据。

2. 结构参数识别

已知结构的激励和所要满足的响应要求，设计合理的结构力学参数，如图 1-2（b）所示。这类问题包括结构的物理参数识别（质量、刚度、阻尼等）和模态参数识别（固有频率和振型）。对于结构而言，这类问题非常重要，但结构设计同时也需要依赖响应分析，因此实际工作中这两类问题一般交替进行。

3. 结构荷载识别

已知结构的材料力学特性和动力响应，分析结构所承受动荷载，包括荷载幅值、方向和作用位置，如图 1-2（c）所示。这类问题的分析可以确定结构的极限荷载。其中，第一类问题属于正问题，后两类问题属于反问题。

1.2　结构动力学的研究方法

相比于静力学问题，结构动力学问题具有一些鲜明的特点和随之而来的难点。由于动荷载的作用，结构的位移、速度和加速度都要随时间发生变化，阻尼力和惯性力的产生对结构动力响应将产生重要影响；同时，相比于静力学所需求解的线性代数方程，结构动力学问题往往需要求解微分方程，问题的复杂程度和难度大大增加，计算工作量也大大增加。

随着试验手段和计算技术的不断发展，产生诸多有效的结构动力分析和解决方法。学习结构动力学，最重要的是掌握它的基本研究方法，这些是在长期实践的基础上总结出来的，并被实践所证明，又将对实践产生重要影响的方法。

1. 理论计算

理论计算包括求解结构微分控制方程的解析解，以及对解中所隐含的物理机理进行分析，得出一般性原理，然后根据所得到的一般性原理去指导一个新问题的分析，进而得到新的结论。

通过分析齐次微分方程所描述的自由振动，得到结构固有频率和模态等重要动力学特性，基于这些特性来指导实际工程结构设计；通过分析非齐次微分方程所描述的强迫振动，可以得到结构在受到外荷载激励时所表现出的物理现象，进而指导实际工程结构防灾减灾设计。

2. 数值分析

由于实际工程问题复杂多变，且实际问题的理论建模存在很多条件假设，不是所有问题都能通过理论计算找到解析解。数值分析刚好能够弥补理论计算的不足，目前已经提出了很多数值计算求解方法，无论求解结构的动力特性还是动力响应都非常有效，所以在实际结构动力学分析过程中一般采用数值分析方法，还要用到有限元的知识，读者可参考相关的书籍。

该方法不仅能给出一定精度的数值解，还能基于这些数值解分析得到结构动力特性中的诸多规律，进而有效保证工程结构设计的合理性和有效性。

3. 试验表征

试验研究不仅为理论分析奠定基础，而且是解决实际工程问题的主要手段。例如，材料力学性能和结构阻尼特性的测定、振动环境试验（即在现场或试验室模拟振动环境，检验产品在振动环境中工作的可靠性）等工作，就是主要依靠试验研究。结构试验是检验理论模型正确性、为理论计算提供确切数据的重要途径。

重要结构的动力学研究常常需要将数值计算和试验表征结合起来：一方面，利用数值计算为结构试验研究提供依据；另一方面，根据试验结果，不断修正数值模型，以便使数值模型能更好地反映实际情况。

1.3 结构动力学的研究目的

结构动力学是一门理论性较强的专业基础课程。学习和研究结构动力学的目的主要是：

1. 工程中一般都要接触结构运动和变形的问题。有些工程结构可以直接应用结构力学的基本理论去解决，有些涉及动荷载作用等比较复杂的问题，则需要用结构动力学的知识来解决。学习结构动力学能为解决动荷载作用下工程结构运动和变形问题打下一定的基础。

2. 结构动力学是建立新兴学科的重要基础。随着现代科学技术的发展，结构动力学的研究内容已经渗入到其他科学领域，例如结构动力学和断裂力学的理论被用来研究材料和结构的动态冲击断裂行为；结构动力学和岩石力学的理论被用来预测地震作用下结构的破坏响应；还有爆炸力学、冲击动力学等都是结构动力学和其他学科相结合而形成的边缘科学。这些新兴学科的建立都必须以坚实的结构动力学知识为基础。

3. 结构动力学的研究方法，与其他学科的研究方法有不少相同之处，因此充分理解结构动力学的研究方法，不仅可以深入掌握这门学科，而且有助于学习其他科学技术，培养正确的分析和解决问题的能力，为今后解决生产实际问题，从事科学研究工作奠定扎实的基础。

第 2 章　结构动力学的基本理论

本章介绍结构动力学分析的基础知识、相关的基本力学原理及应用这些原理建立结构运动方程的方法，内容包括动荷载定义和分类、结构自由度和振动分类、结构离散化方法和结构运动方程的建立方法。

2.1　动荷载定义和分类

如果作用在结构上的荷载的大小、方向和作用点随时间变化，使得质量运动加速度引起的惯性力相比荷载无法忽略不计，则把这种荷载称为动荷载。

作用在结构上的荷载，定义其静或动和加载慢与快是相对的，它与结构自振周期有密切关系。若荷载从零增加到最大值的时间远大于结构的自振周期，则加载过程可以使用静力平衡方程来计算；若运动过程中加载时间接近结构的自振周期以致惯性力大到不能被忽略，则荷载应作为动荷载来处理。地震和强风是工程中典型的动荷载。

动荷载是时间的函数，根据动荷载随时间的变化规律，可将其分为确定性荷载和非确定性荷载两类。确定性荷载是指荷载变化是时间的确定性函数，常见的确定性荷载有简谐周期荷载、非简谐周期荷载和冲击荷载。

1. 简谐周期荷载

荷载随时间作周期性变化，是周期荷载中最简单，也是最为重要的一种荷载，可采用三角函数来表达其变化规律，如建筑物上的旋转机械荷载，如图 2-1 (a) 所示。

2. 非简谐周期荷载

荷载随时间作周期性变化，是时间 t 的函数，但不能简单地采用三角函数来表达，如轮船螺旋桨产生的推力、平稳情况下波浪对堤坝的动水压力荷载，如图 2-1 (b) 所示。

3. 冲击荷载

荷载作用时间很短且荷载幅值急剧减小（或增加），如爆炸时产生的冲击波、突加重力等，如图 2-1 (c) 所示。

非确定性荷载是指荷载随时间的变化不是唯一确定的，不能用确定的时间函数来描述，是一个随机过程，亦称为随机荷载。工程结构在未来遭遇的地震或风荷载是未知的，在将来任意一段时间内的确切幅值是无法事先确定的，因而属于非确定性荷载。然而，对于已经记录到的地震或强风荷载，尽管其随时间的变化规律非常复杂，但其大小、方向都是给定的，因此当将其用于结构动力计算分析时，可归为确定性荷载，如图 2-1（d）所示。

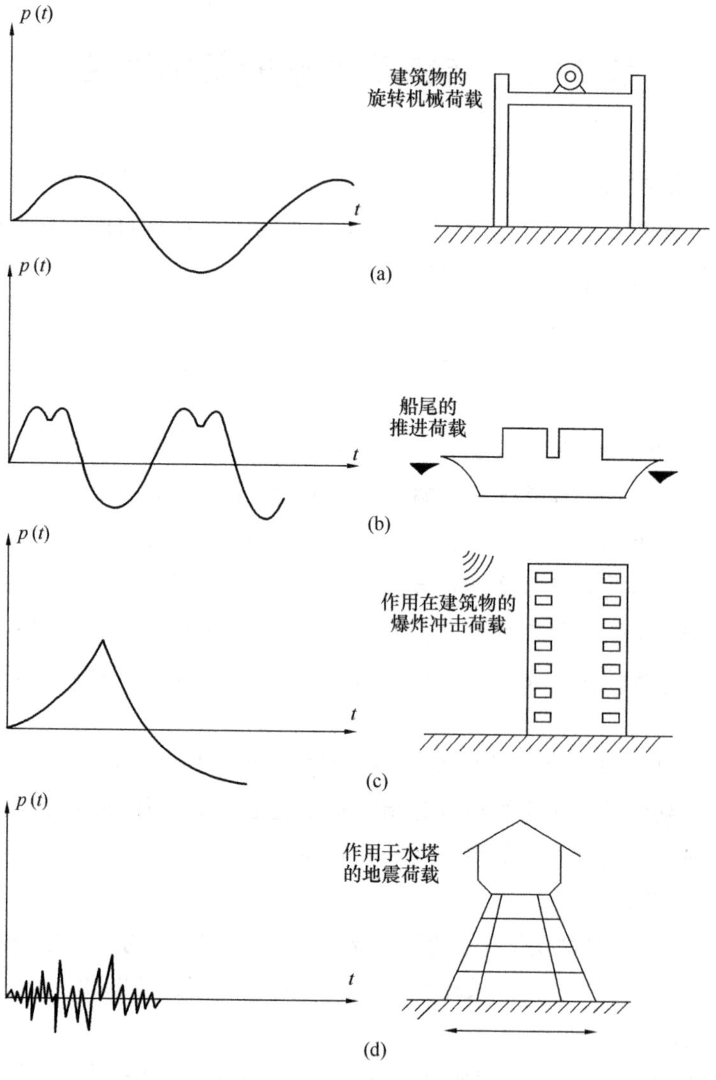

图 2-1　确定性荷载

结构在确定性荷载作用下的响应分析通常称为结构振动分析，而在随机荷载作用下的响应分析被称为结构的随机振动分析。本书主要讨论确定性荷载作用下的结构振动分析。

2.2　结构自由度与振动分类

惯性力是使结构产生动力响应的本质因素，而在动力分析中惯性力的产生又是由结构的质量引起的，即结构体系中凡是有质量的地方都会产生惯性力。因此，对结构体系中各个质量位置及其运动状态的描述成为结构动力分析的关键所在。在结构动力学中，要得到一个实际结构体系在数学上的合理解，需要建立一个理想化或简化的数学模型，结构的自由度便是模型建立过程中的一个重要问题。

在结构运动的任意时刻，确定其全部质量位置所需的独立几何变量的个数，称为结构的动力自由度，简称自由度。这些独立的变量是动力分析的基本未知量，可以是线位移，也可以是角位移。按照结构动力自由度数目不同可分为单自由度体系、多自由度体系和无限自由度体系。确定结构体系的动力自由度个数时，应注意以下几点：

1. 平面问题：1 个质点有 2 个自由度（水平位移和竖向位移），1 个质量块有 3 个自由度（水平位移、竖向位移和转角位移）；空间问题：1 个质点有 3 个自由度，1 个质量块有 6 个自由度。

2. 结构体系动力自由度个数与质量个数无关。

3. 结构体系动力自由度个数与结构是否静定及结构的超静定次数无关。

4. 一般受弯结构的轴向变形忽略不计。

5. 结构动力自由度个数与计算假定有关，一般来说自由度个数越多就越能反映结构体系的实际动力特性，但相应的计算工作量也大大增加。

平面结构体系自由度的确定示例如图 2-2 所示。对于比较复杂的结构体系，可采用在集中质量处附加刚性链杆以限制质量运动的方法来确定振动自由度数目，此时结构体系振动的自由度个数就等于约束所有质量的运动所增加的最少链杆数目，如图 2-2（g）所示体系有 4 个自由度。

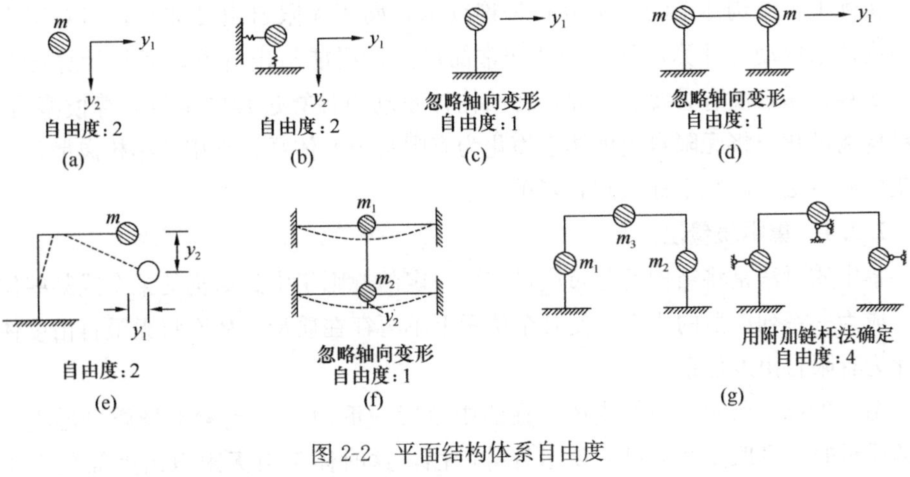

图 2-2　平面结构体系自由度

结构动力学是研究各种结构的振动现象及其规律的科学，结构振动按照自由度个数、是否有外荷载激励、是否考虑阻尼等有多种不同的方式分类。按结构自由度个数可分为单自由度和多自由度体系振动；按体系振动时是否有外荷载激励可分为自由振动和强迫振动，其中自由振动指体系振动过程中不受外界荷载激励作用，而强迫振动指体系振动过程中受外荷载激励作用；按体系振动时是否考虑阻尼作用可分为有阻尼振动和无阻尼振动。

1. 有阻尼振动

在体系振动时总是要受到各种各样的阻尼作用，如结构构件之间的摩擦阻尼、体系内的摩擦阻尼、体系与支座的摩擦阻尼等，这些阻尼都具有降低体系振动响应的特点，如果在研究振动问题时考虑阻尼的作用就称为有阻尼振动。

2. 无阻尼振动

当结构振动问题中考虑阻尼作用后，会增大问题的复杂程度和计算量，而对于一些阻尼作用不是很大的情形，常常不考虑阻尼的影响，这就称为无阻尼振动。

另外，按体系振动微分方程的性质可分为线性振动和非线性振动，若所建立的体系振动微分方程是线性的就称为线性振动，若所建立的体系振动微分方程是非线性的就称为非线性振动。实际上，体系在振动时除受到外荷载激励和惯性力之外，还有弹性力和阻尼力。一般的土木工程结构通常假定构成的材料是理想线弹性的，这时无阻尼的微幅振动就是线性振动。此外，结构体系在振动过程中同样受到阻尼作用，阻尼作用在结构中非常复杂，在实际计算中常常假定质量振动时所受的阻尼力正比于运动速度，从而得到线性振动。

2.3　结构离散化方法

实际上，结构体系的质量分布是连续的，属于无限自由度体系，但对于无限自由度体系的动力计算，只有一些非常简单的情况能给出解答，而且计算异常复杂，实践证明也没有必要。因此，在结构体系动力计算过程中常将计算模型简化，即结构离散化，将无限自由度体系简化为有限自由度体系。常用的结构离散化方法有集中质量法、广义坐标法和有限单元法。

2.3.1　集中质量法

集中质量法是将结构的分布质量按照一定的规则集中到结构的某个或某些位置上，成为一系列离散的质点，使其余位置上不再存在质量，从而将无限自由度体系简化为有限自由度体系。

图 2-3（a）所示为一简支梁，在跨中放置一重物 W，当梁本身质量远小于重物的质量时，可取图 2-3（b）所示计算简图，这时体系由无限自由度简化为 1 个自由度。图 2-4（a）所示为三层平面刚架，在水平力作用下计算刚架的侧向振动时，一种常用的简化计算方法是将柱的分布质量简化为作用于上下横梁上各点的水平位移并认为彼此相等，因而横梁上的分布质量可用一个集中质量来代替，最后可

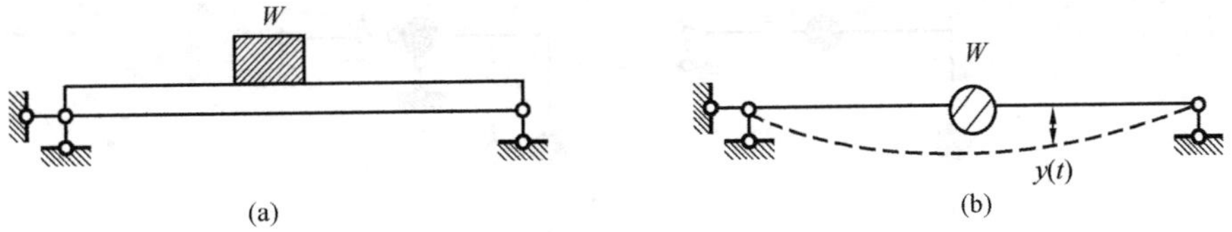

图 2-3　单自由度体系

取图 2-4（b）所示的计算简图，只有 3 个自由度。图 2-5（a）所示为高 310.1m 的南京电视塔，在动力分析中对塔身采取分段集中质量的方法，简化为带有 16 个质点的悬臂梁结构，如图 2-5（b）所示。

对于较复杂的体系，可以反过来用限制集中质量运动的方法确定体系的自由度。如图 2-6（a）所示的结构具有 2 个集中质量，为了限制它们的运动，至少要在集中质量上增设 3 个附加链杆，如图 2-6（b）所示，才能将它们完全固定，因此具有 3 个自由度。

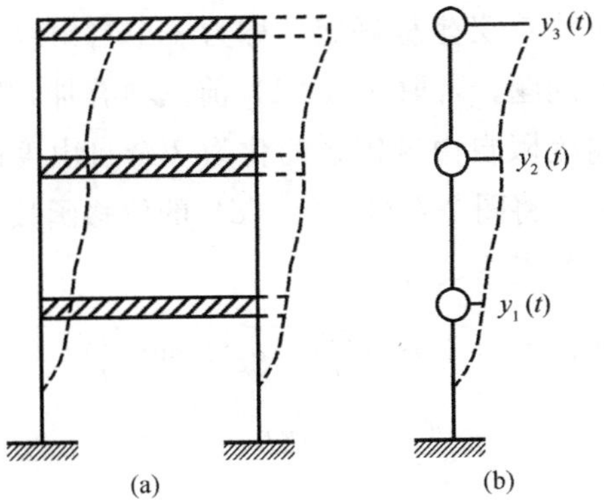

图 2-4　多自由度体系（自由度：3）

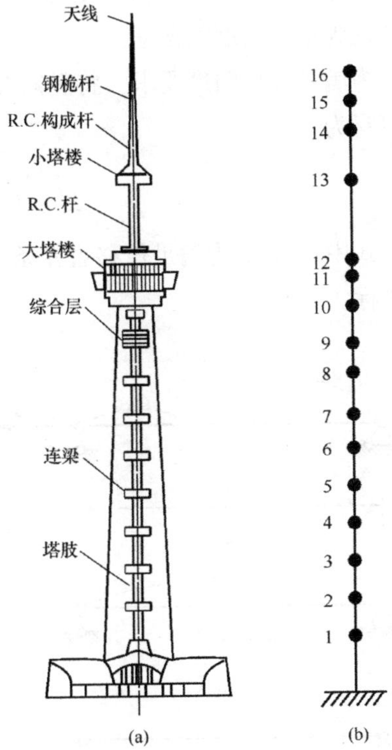

图 2-5　多自由度体系（自由度：16）

值得注意的是，这里的“质量”是指只有质量而没有大小的物体。因此，其运动状态只有线位移而没有角位移，所以在平面问题中 1 个质点一般有 2 个自由度，而在空间问题中 1 个质点则有 3 个自由度。

2.3.2　广义坐标法

广义坐标法是通过对体系运动的位移形态从数学的角度施加一定内在的约束，从而使体系的振动由无限自由度转化为有限自由度。这种约束位移形态的数学表达式称为位移函数（形函数），其中所含的独立参数便称为广义坐标。

如图 2-7（a）所示的分布质量简支梁，可假定其竖向振动的位移形态为正弦曲

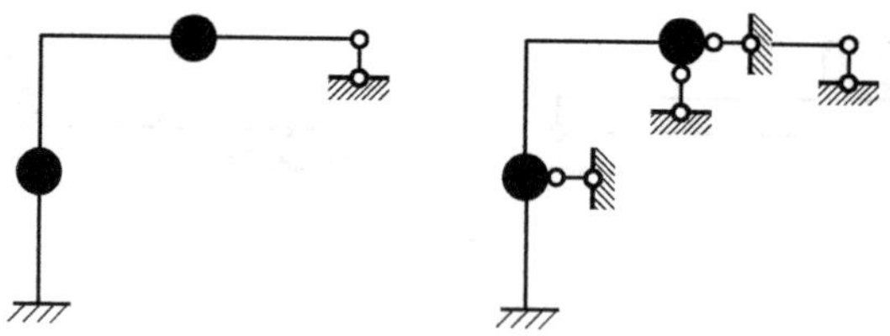

图 2-6　附加链杆法

线，即取位移函数为 $y = a_1(t)\sin(\pi x/l)$ ，系数 $a_1(t)$ 即为广义坐标，如图 2-7(b) 所示。由于仅采用一个参数 $a_1(t)$ 就能确定全梁上所有质量的位置，该体系的振动就转化为单自由度的振动。

为满足计算精度要求，将竖向振动位移用一簇位移函数的线性和表示，其表达式可写为

$$y(x,t) = \sum_{i=1}^{n} a_i(t)\phi_i(x) \tag{2-1}$$

式中，$\phi_i(x)$ 为满足位移边界条件的给定位移函数，$a_i(t)$ 为待定参数，称为广义坐标。

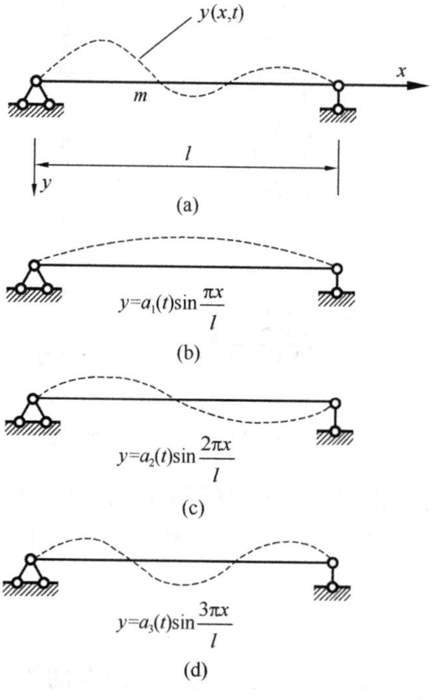

图 2-7　分布质量简支梁位移函数

此时，结构体系的位移形态 $y(x,t)$ 将由 n 个广义坐标确定，称为 n 个自由度的振动问题。若取式（2-1）前三项叠加，则就将无限自由度体系简化为 3 个自由度的体系，将图 2-7（b）～（d）的位移函数叠加，其表达式为

$$y(x,t) = a_1(t)\sin\frac{\pi x}{l} + a_2(t)\sin\frac{2\pi x}{l} + a_3(t)\sin\frac{3\pi x}{l} \tag{2-2}$$

对于某些具有分布质量的体系，质量所在部位的刚度远比其余部位大，作为广义坐标法的特例，可以将该体系视为刚体（一种特殊的质点系）。如在分析图 2-8（a）所示的弹性地基上设备基础的振动时，可以将基础视为刚体。当考虑基础在平面内振动时，体系共有 3 个自由度，即水平位移、竖向位移和角位移，如图 2-8（b）所示。当仅考虑基础在竖直方向的振动时，则只有 1 个竖直方向的自由度，如图 2-8

(c) 所示。图 2-9 所示体系若将分布质量段的刚度视为无限大，则体系共有 2 个自由度。

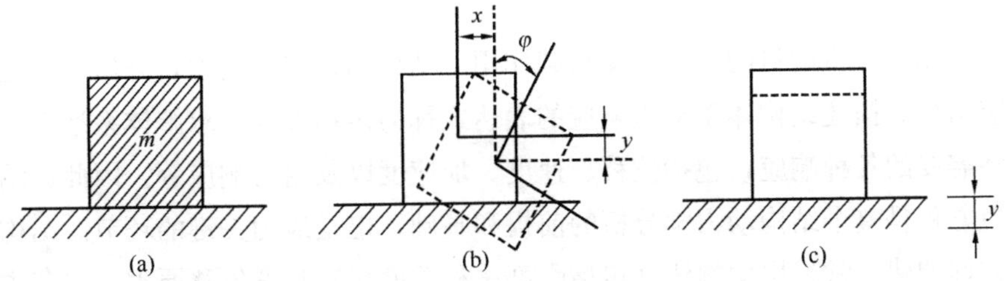

图 2-8　弹性地基上设备基础的振动

2.3.3　有限单元法

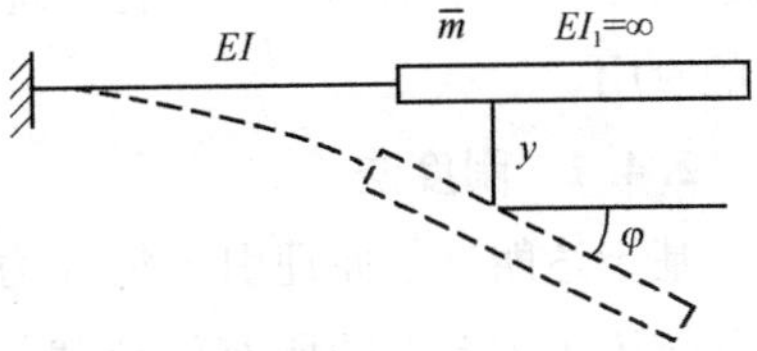

图 2-9　刚性分布质量段的悬臂振动

有限单元法是将有限单元法的思想用于解决结构的动力计算问题，可看作广义坐标法的一种特殊应用。对于分布质量的结构体系，其自由度个数为单元节点可能发生的独立位移未知量的总个数。有限单元法的要点是先把结构划分成适当数量的单元，然后对每个单元采用广义坐标法，通常取单元的若干个几何特征点处的广义位移作为广义坐标，并对每个广义坐标建立相应的位移函数，这样无限自由度体系就被简化成有限自由度体系。

以图 2-10 (a) 所示两端固定梁为例加以说明。把梁结构分为 5 个单元，若取节点位移参数（挠度 y 和转角 θ）作为广义坐标，则中间 4 个节点的 8 个位移参数 y_1、θ_1、y_2、θ_2、y_3、θ_3、y_4、θ_4 为该固定梁的广义坐标。每个节点位移参数只在相邻两个单元内引起挠度。在图 2-10 (b)、(c) 中分别给出节点位移参数 y_1 和 θ_1 相应的形状函数 $\phi_1(x)$ 和 $\phi_2(x)$。梁的挠度可用 8 个广义坐标及其形状函数表示为

$$y(x)=y_1\phi_1(x)+\theta_1\phi_2(x)+\cdots\cdots+y_4\phi_7(x)+\theta_4\phi_8(x) \tag{2-3}$$

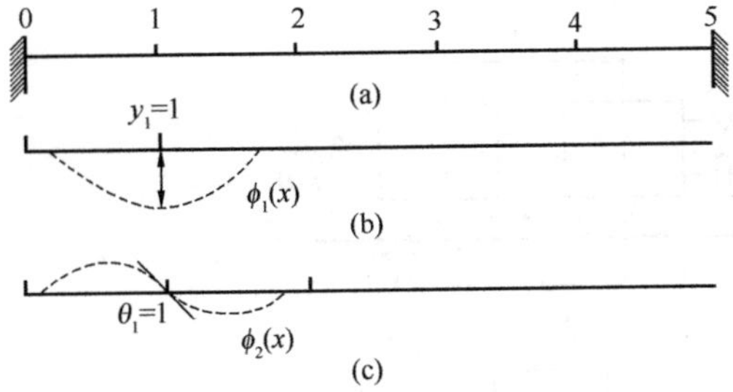

图 2-10　有限单元法

通过以上步骤，梁即转化为具有 8 个自由度的体系。可以看出，有限单元法综合了集中质量法和广义坐标法的某些特点，是非常灵活有效的离散化处理方法，它既提供了方便可靠的理想化模型，又特别适合于计算机进行分析，是最为有效的数值计算方法。用有限单元法编制的 ANSYS、ABAQUS、ADINA 等通用有限元分析软件，均有十分强大的瞬态、稳态、谱分析以及随机的动态分析功能。

2.4　结构运动方程的建立方法

结构动力分析的目的是求出动荷载作用下结构的位移和内力，并研究其随时间的响应历程。描述结构体系动力响应的表达式称为运动方程，求解体系运动方程就可得到需要的各种响应，包括位移、速度、加速度以及内力响应等。因此，结构体系动力方程是整个结构动力学分析的前提和基础，也是最为关键的环节。结构体系动力方程的建立常采用动静法（包括刚度法和柔度法）和虚位移原理，本节主要介绍如何采用刚度法、柔度法以及虚位移原理这 3 种方法建立简单的单自由度体系结构运动方程，本书的第 4 章将系统地介绍这 3 种方法在多自由度体系结构振动方程中的应用。

2.4.1　刚度法

基于达朗贝尔原理引入惯性力的概念，认为结构体系在运动的每一瞬时除了实际作用于体系上的所有外荷载外，还存在假想的惯性力，则在该瞬时体系将处于一种假想的平衡状态（亦称为动力平衡状态），这种将结构动力问题转化为静力问题的分析方法称为动静法。此时可以从力系平衡的角度出发，建立结构体系的运动方程。

刚度法是取每个结构为隔离体，分析所取隔离体所受的全部外力，既包含外荷载激励、惯性力和阻尼力，还有体系变形所产生的阻止其沿自由度方向运动的恢复力。建立隔离体的瞬时动平衡方程，即可得到体系的运动方程。

如图 2-11（a）所示悬臂柱顶端有一集中质量 m，并受到动力荷载 $p(t)$的作用，当悬臂柱的自身质量与集中质量 m 相比可以忽略时，可将其简化为图 2-11（b）所示的分析模型，即由质量块、弹簧以及对运动产生阻力的阻尼器所构成的体系作为简化分析模型。现以质量块的静平衡位置为坐标原点，以 y、$\dot{y}$ 和 $\ddot{y}$ 分别

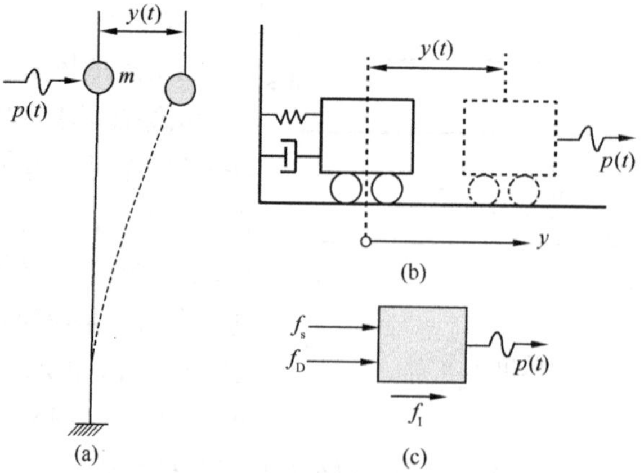

图 2-11　刚度法

表示质量块的位移、速度和加速度，并取与 y 方向相同为正。取质量块在任一瞬时的隔离体，画受力图，如图 2-11（c）所示，则沿运动方向作用于隔离体上的全部外力包括外荷载激励 $p(t)$；弹性恢复力 $f_s = -ky$，与位移 y 的方向相反，k 为弹簧的刚度系数；惯性力 $f_I = -m\ddot{y}$，与加速度 $\ddot{y}$ 的方向相反；阻尼力 $f_D = -c\dot{y}$，与速度 $\dot{y}$ 的方向相反，c 为黏滞阻尼系数。

由此可基于达朗贝尔原理列出图 2-11（c）所示的隔离体动平衡方程，该结构体系的运动方程为

$$p(t) + f_I + f_D + f_s = 0 \tag{2-4}$$

【例题 2-1】 图 2-12（a）所示的结构体系在动荷载 $p(t)$ 作用下运动，柱高为 l，为无重弹性杆，不计轴向变形。横梁刚度 EI_1 无穷大，不计体系阻尼。试用刚度法建立运动方程。

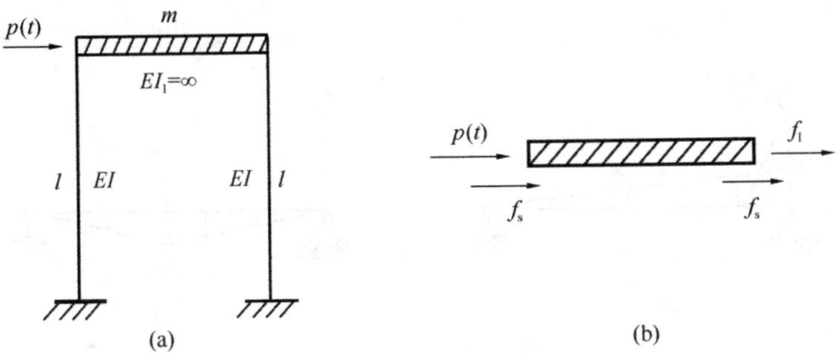

图 2-12　剪力框架

【解】

取上部横杆隔离体为研究对象，受力图如图 2-12（b）所示，根据达朗贝尔原理可得

$$f_I(t) + 2f_s(t) + p(t) = 0 \tag{a}$$

即

$$m\ddot{y} + \frac{24EI}{l^3}y = p(t) \tag{b}$$

【例题 2-2】 如图 2-13（a）所示结构体系，试建立其在外荷载 $p(t)$ 作用下的运动方程。

【解】

取质量块 m 为隔离体，假设质量块的位移为 $y(t)$，该结构体系的计算简图如

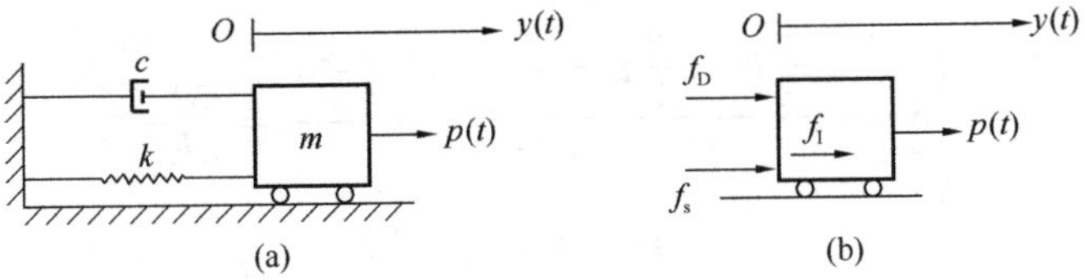

图 2-13　弹簧—质量系统

图 2-13 (b) 所示。可见，质量块 m 受到的惯性力为 $f_{\mathrm{I}}=-m\ddot{y}(t)$、阻尼力为 $f_{\mathrm{D}}=-c\dot{y}(t)$、弹性恢复力为 $f_{\mathrm{s}}=-ky(t)$。列平衡方程有

$$f_{\mathrm{I}}+f_{\mathrm{D}}+f_{\mathrm{s}}+p(t)=0 \tag{a}$$

亦可写为

$$m\ddot{y}(t)+c\dot{y}(t)+ky(t)=p(t) \tag{b}$$

【例题 2-3】 采用刚度法建立图 2-14 (a) 所示结构体系的运动方程。

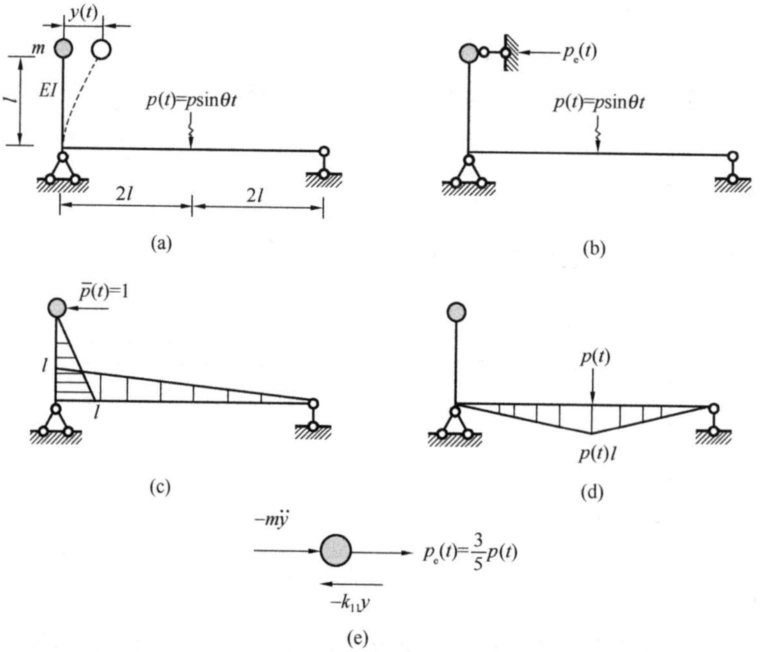

图 2-14 悬挂质量块

【解】

由于体系不考虑阻尼，则其运动方程可写为

$$m\ddot{y}+k_{11}y=p_{\mathrm{e}}(t) \tag{a}$$

式中，$p_{\mathrm{e}}(t)$ 为等效动荷载。

如图 2-14 (b)-(d)，根据结构力学力法求得

$$\delta_{11}p_{\mathrm{e}}(t)+\Delta_{1\mathrm{p}}=0 \tag{b}$$

其中

$$\begin{cases}\delta_{11}=\dfrac{\dfrac{1}{2}l^2\times\dfrac{2}{3}l+\dfrac{1}{2}\times 4l^2\times\dfrac{2}{3}l}{EI}=\dfrac{5l^3}{3EI}\\ \Delta_{1\mathrm{p}}=-\dfrac{\dfrac{1}{2}\times 4l\times p(t)l\times\dfrac{1}{2}l}{EI}=-\dfrac{p(t)l^3}{EI}\end{cases} \tag{c}$$

则可得

$$p_e(t)=-\frac{\Delta_{1p}}{\delta_{11}}=\frac{3}{5}p(t) \tag{d}$$

该结构体系的计算简图如图 2-14（e）所示。由于 $k_{11}=\frac{1}{\delta_{11}}=\frac{3EI}{5l^3}$，则该结构体系的动力方程可写为

$$m\ddot{y}+\frac{3EI}{5l^3}y=\frac{3}{5}p(t) \tag{e}$$

2.4.2　柔度法

当采用动静法建立结构体系的运动方程时，从位移协调的角度出发，称为柔度法。柔度法是以结构整体为研究对象，假想加上全部惯性力和阻尼力，与动荷载一起在任意时刻 t 视作静力荷载，用结构静力分析中计算位移的方法，求在 j 自由度方向单位广义力 $\overline{X}_j=1$ 作用下，第 i（$i=1, 2, 3, \cdots$）自由度方向的位移系数 δ_{ij} 和荷载所引起的第 i 自由度方向的位移 Δ_{ip}，然后根据叠加原理列出该时刻第 i 自由度方向位移的协调条件，即可得到体系的运动方程为

$$y(t)=\delta[-m\ddot{y}-c\dot{y}+p(t)] \tag{2-5}$$

显然，可将上式转化为

$$m\ddot{y}+c\dot{y}+\frac{1}{\delta}y=p(t) \tag{2-6}$$

刚度系数与柔度系数之间存在关系 $k=1/\delta$，因此式（2-5）与式（2-4）等价。

【例题 2-4】 图 2-15（a）所示结构体系横梁和立柱长度均为 l，为无重弹性杆，不计轴向变形，不计体系阻尼，试采用柔度法建立该结构体系的运动方程。

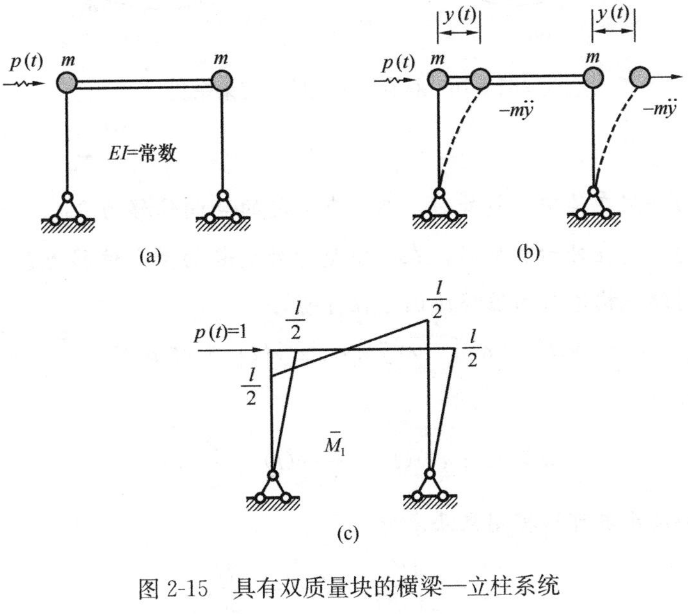

图 2-15　具有双质量块的横梁—立柱系统

【解】

该结构体系的计算分析图如图 2-15（b）所示，根据位移协调方程列出基本运动方程

$$y(t)=\delta_{11}[-2m\ddot{y}+p(t)] \tag{a}$$

上式可改写为

$$m\ddot{y}+\frac{1}{2\delta_{11}}y=\frac{1}{2}p(t) \tag{b}$$

柔度系数可根据图 2-15（c）求得 $\delta_{11}=\frac{l^3}{4EI}$。将 δ_{11} 代入上式可得该结构体系的运动方程为

$$m\ddot{y}+\frac{2EI}{l^3}y=\frac{1}{2}p(t) \tag{c}$$

【例题 2-5】 如图 2-16（a）所示简支梁结构体系，外荷载 p（t）作用在梁左侧 $l/3$ 跨处，另有一集中质量 m 在右侧 $l/3$ 跨处。体系的阻尼系数为 c，抗弯刚度为 EI。试列出该结构体系的运动方程。

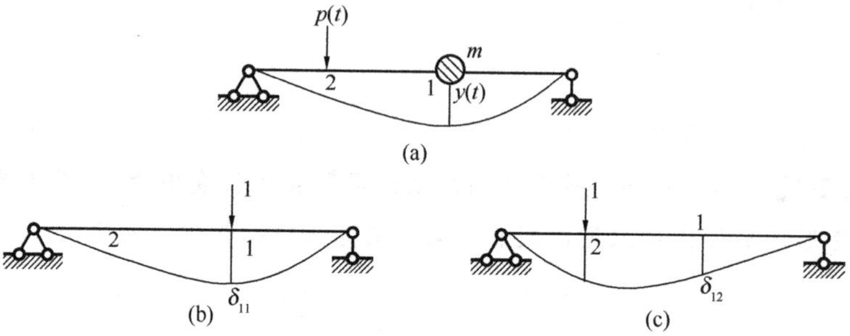

图 2-16 具有质量块的简支梁系统

【解】

设单位力作用在集中质量处时，在该点引起的竖向位移为 δ_{11}，如图 2-16（b）所示；单位力作用在外荷载处时，在集中质量处引起的竖向位移为 δ_{12}，如图 2-16（c）所示，则该结构体系的位移协调方程可写为

$$y(t)=\delta_{11}[-m\ddot{y}(t)-c\dot{y}(t)]+\delta_{12}p(t) \tag{a}$$

将其改为

$$m\ddot{y}(t)+c\dot{y}(t)+\frac{1}{\delta_{11}}y(t)=\frac{\delta_{12}}{\delta_{21}}p(t) \tag{b}$$

式中，柔度系数可根据图乘法求得

$$\delta_{11}=\frac{4l^3}{243EI},\quad \delta_{12}=\frac{7l^3}{486EI} \tag{c}$$

整理得

$$m\ddot{y}(t)+c\dot{y}(t)+\frac{243EI}{4l^3}y(t)=\frac{7}{8}p(t) \tag{d}$$

2.4.3　虚位移原理

如果结构体系相当复杂，而且包含许多彼此联系的质量点或质量块，则直接写出作用于体系上所有力的平衡方程可能是困难的。此时，虚位移原理就可用来建立结构运动方程。

如果一个平衡体系在一组力的作用下发生虚位移，即体系约束所允许的任何微小位移，则这些力所做的总功将等于零。按照虚位移原理，在虚位移上所做的总功为零，是和作用于体系上的力的平衡是等价的。因此，在建立体系的运动方程时，首先对于质点施加包括惯性力在内的所有的力，然后引入相应于每个自由度的虚位移，并使所做的虚功等于零，这样可以得到结构运动方程。此种方法的优点是虚功为标量，可以按照代数规则计算，从而避免复杂的矢量计算。

仍以图 2-11 所示单自由度结构体系为例，采用虚位移原理建立体系的运动方程，假设集中质量 m 发生虚位移 δ_y，则作用在质量 m 上所有力所做的虚功等于零，则有

$$p(t)\delta_y+f_I\delta_y+f_D\delta_y+f_s\delta_y=0 \tag{2-7}$$

进一步整理得

$$m\ddot{y}+c\dot{y}+ky=p(t) \tag{2-8}$$

可见，式（2-7）与式（2-4）相同。

【例题 2-6】 如图 2-17 所示结构体系由两根刚性杆通过铰 D 连接，杆 AD 单位长度质量为 $\overline{m}$，杆 DE 为无重刚杆，在杆 DE 中点处有一集中质量 m，并在该质量点上作用有外荷载 $p(t)$，点 B 和点 D 处分别受到阻尼器和弹簧的约束。试用虚位移原理建立图示结构体系的运动方程。

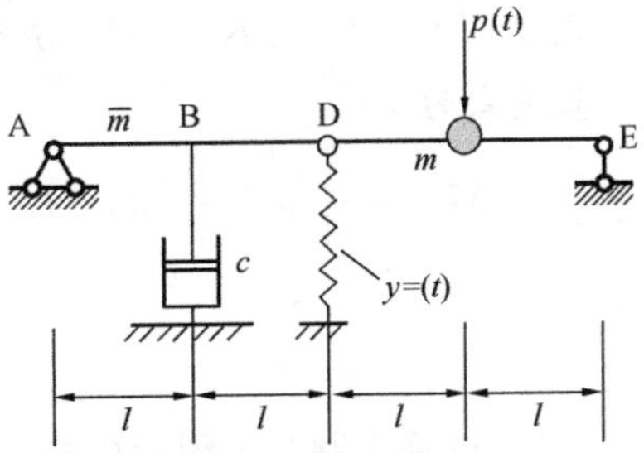

图 2-17　刚性杆—质量块系统

【解】

由于杆 AD 和 DE 为刚性杆，整个体系仅具有一个自由度。设铰 D 处的竖向位移 $y(t)$ 为基本自由度，则其余各点处的位移均可用其来表达。可见，该结构体系所受的全部力如下：

1. 铰 D 处的弹簧力

$$f_s=ky(t) \tag{a}$$

2. 铰 B 处的阻尼力

$$f_D=c\times\frac{1}{2}\dot{y}(t) \tag{b}$$

3. 质量块 m 的惯性力

$$f_{I1}=m\times\frac{1}{2}\ddot{y}(t) \tag{c}$$

4. 刚性杆平动惯性力

$$f_{I2}=\bar{m}\times 2l\times\frac{1}{2}\ddot{y}(t) \tag{d}$$

5. 刚性杆绕质心转动惯性矩

$$M_{I2}=I_2\frac{1}{2l}\times\ddot{y}(t)=\left[\bar{m}\times 2l\times\frac{(2l)^2}{12}\right]\times\frac{1}{2l}\times\ddot{y}(t)=\frac{\bar{m}l^2}{3}\ddot{y}(t) \tag{e}$$

在发生虚位移 δ_y 时，根据虚位移原理，作用于体系上的所有力做的虚功等于0，建立运动方程

$$\delta W=f_s\delta_y+f_D\frac{1}{2}\delta_y+f_{I1}\frac{1}{2}\delta_y+f_{I2}\frac{1}{2}\delta_y+M_{I2}\frac{\delta_y}{2l}+p(t)\frac{1}{2}\delta_y=0 \tag{f}$$

则有

$$-ky\delta_y-c\frac{1}{2}\dot{y}\frac{1}{2}\delta_y-m\frac{1}{2}\ddot{y}\frac{1}{2}\delta_y-\bar{m}l\ddot{y}\frac{1}{2}\delta_y-\frac{\bar{m}l^2}{3}\ddot{y}\frac{\delta_y}{2l}+p(t)\frac{1}{2}\delta_y=0 \tag{g}$$

合并同类项有

$$\left(\frac{1}{4}m+\frac{2}{3}\bar{m}l\right)\ddot{y}+\frac{c}{4}\dot{y}+ky=\frac{1}{2}p(t) \tag{h}$$

将上式简写为

$$M^*\ddot{y}+C^*\dot{y}+K^*y=P^*(t) \tag{i}$$

式中，M^*、C^*、K^*、P^* 分别称为广义质量、广义阻尼、广义刚度和广义荷载，表达式为

$$M^*=\frac{1}{4}m+\frac{2}{3}\bar{m}l,\quad C^*=\frac{c}{4},\quad K^*=k,\quad P^*(t)=\frac{1}{2}p(t) \tag{j}$$

习　题

2.1　试确定题2.1图示机构的自由度数。

2.2　题2.2图示的三角形桁架，各杆的边长相等，试用虚位移原理求1杆的内力。

2.3　题2.3图示机构，已知AB=BC=l，DB=a，弹簧的刚度系数为 k，当AC间的距离等于 s_0 时弹簧处于自然位置，现在C点作用一水平向右的力 F_p，求平衡时AC的距离 s。

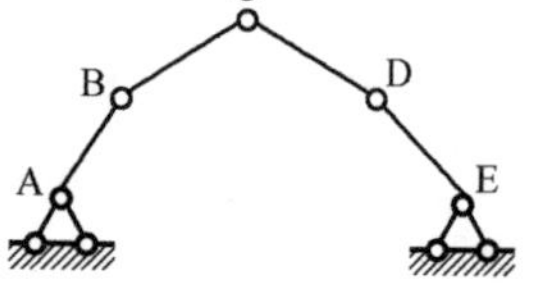

题2.1图

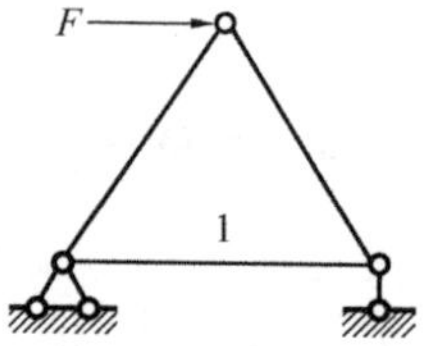

题2.2图

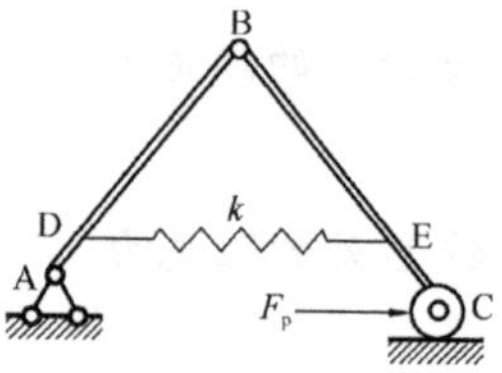

题2.3图

2.4　题 2.4 图示系统，质量块由刚度系数为 k 的弹簧与基础相连，质量块上又连接一摆长为 l 的单摆，质量块的质量为 M，单摆的质量为 m，试列出系统的运动微分方程。

2.5　题 2.5 图示一个匀质的刚性细杆悬挂在细绳 OA 上，绳的长度为 l，细杆的长度为 $\frac{1}{2}l$，质量为 m，试推导系统的运动微分方程。

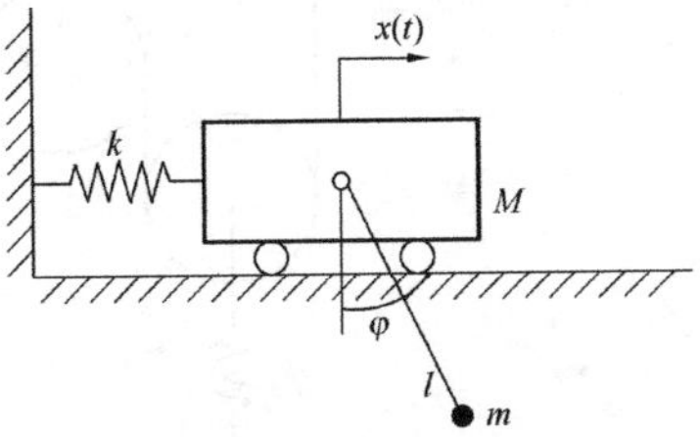

题 2.4 图

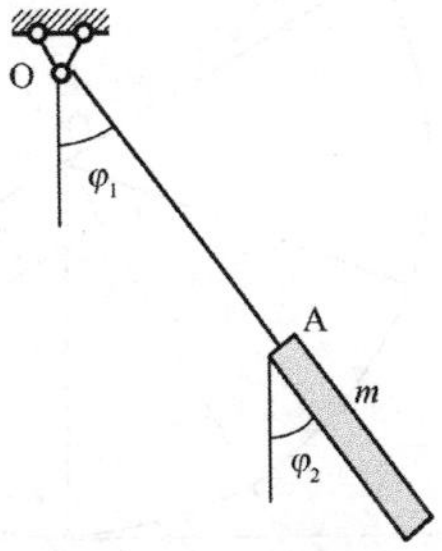

题 2.5 图

2.6　题 2.6 图示系统，已知各质点的质量 m，钢架的质量忽略不计，忽略杆的轴向变形，试确定系统的动力自由度。

2.7　题 2.7 图示系统，已知各质点的质量 m，钢架的质量忽略不计，忽略杆的轴向变形，试确定系统的动力自由度。

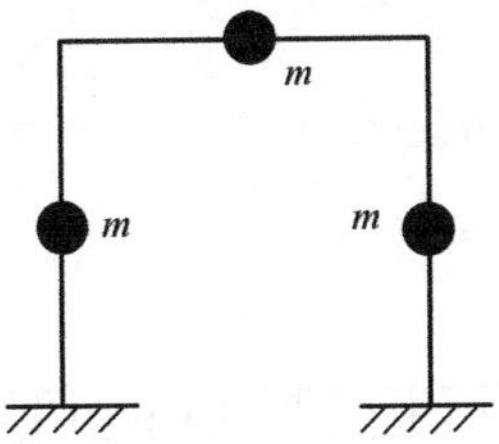

题 2.6 图

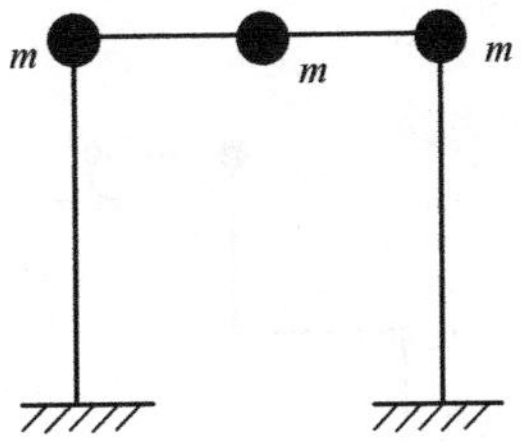

题 2.7 图

2.8　题 2.8 图示系统，已知各质点的质量 m，钢架的质量忽略不计，忽略杆的轴向变形，试确定系统的动力自由度。

2.9　题 2.9 图示系统，已知各质点的质量 m，钢架的质量忽略不计，忽略杆的轴向变形，试确定系统的动力自由度。

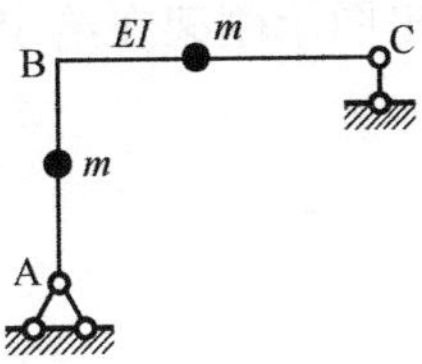

题 2.8 图

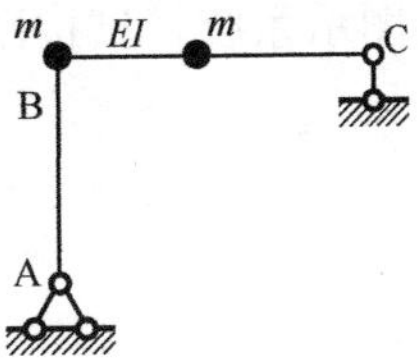

题 2.9 图

2.10　题 2.10 图示半圆柱体，质量为 m，在水平面上滚动而无滑动地做微幅摆振，圆柱半径为 r，质心 C 距圆心的距离为 e，图中的 φ_m 为最大摆幅，绕通过形心轴线的转动惯量为 I。试建立圆柱体做微小振动的运动方程。

2.11　题 2.11 图示两个滑轮分别由两根弹簧支持，用不可伸长的软绳绕过两滑轮悬吊一质量为 m 的重物，滑轮的重量不计，试求重物的运动方程。

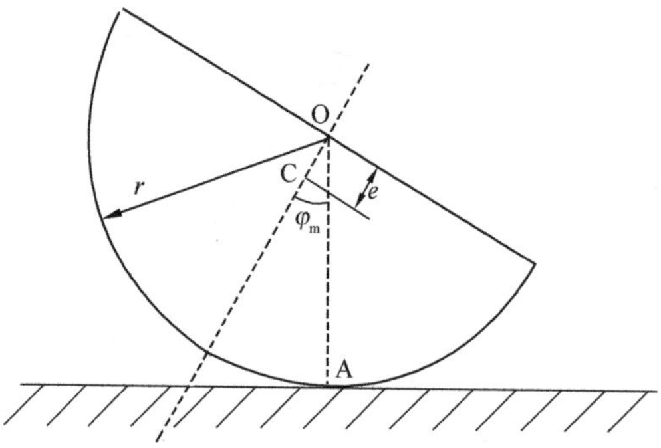

题 2.10 图

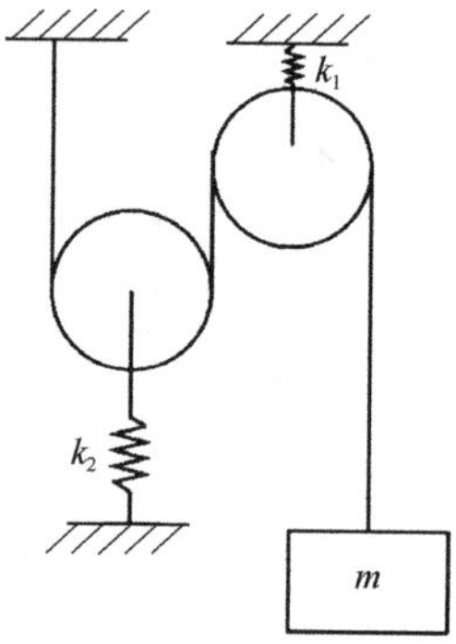

题 2.11 图

2.12　题 2.12 图示系统，不计杆件分布质量和轴向变形，确定图示刚架的自由度数。

2.13　题 2.13 图示结构，试用柔度法建立单自由度体系受均布荷载 $q(t)$ 作用的运动方程。

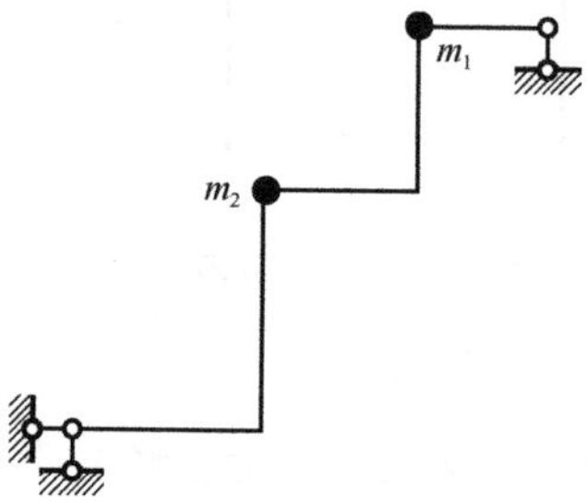

题 2.12 图

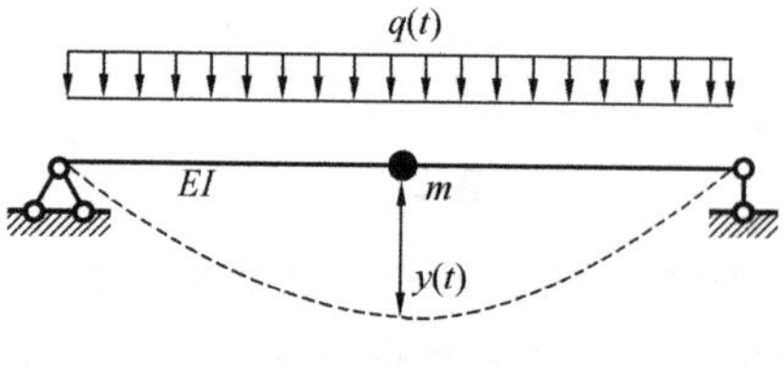

题 2.13 图

2.14　题 2.14 图示系统，试写出图中质点 m 的运动微分方程。

2.15　题 2.15 图示系统，试按刚度法列出图示刚架在给定荷载作用下的动力平衡方程。

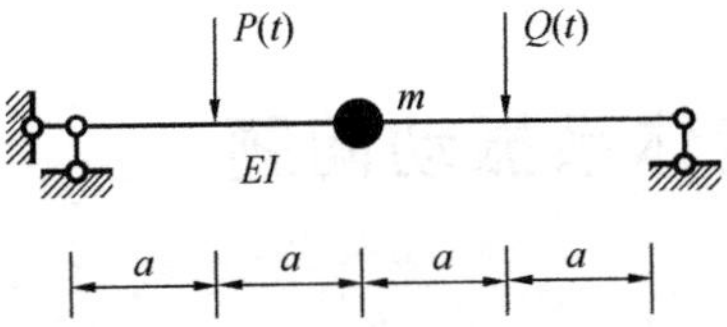

题 2.14 图

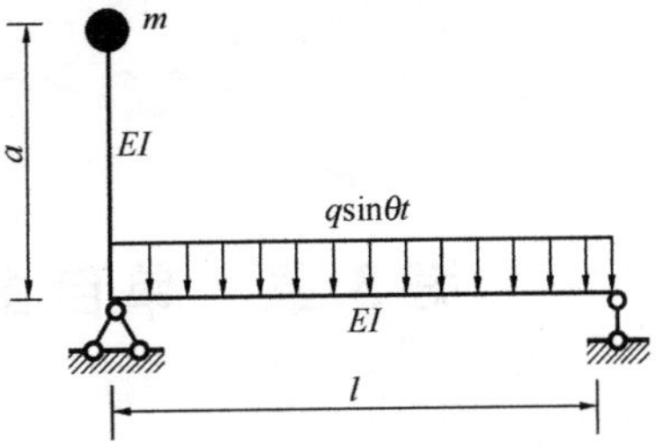

题 2.15 图

2.16　题 2.16 图示系统，不计杆件分布质量和轴向变形，确定图示刚架的动力自由度。

2.17　题 2.17 图示系统，不计杆件分布质量和轴向变形，确定图示刚架的动力自由度。

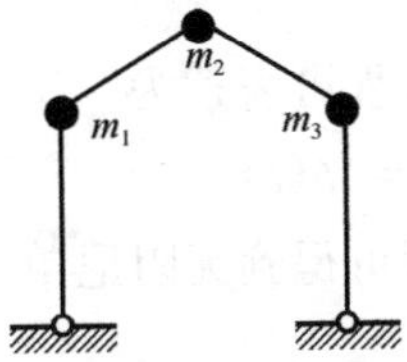

题 2.16 图

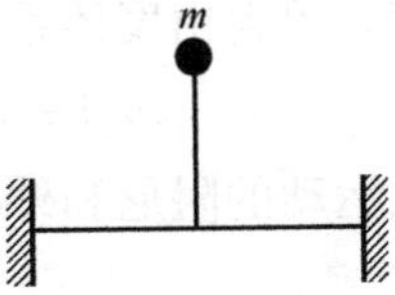

题 2.17 图

2.18　题 2.18 图示系统，求系统的运动方程。

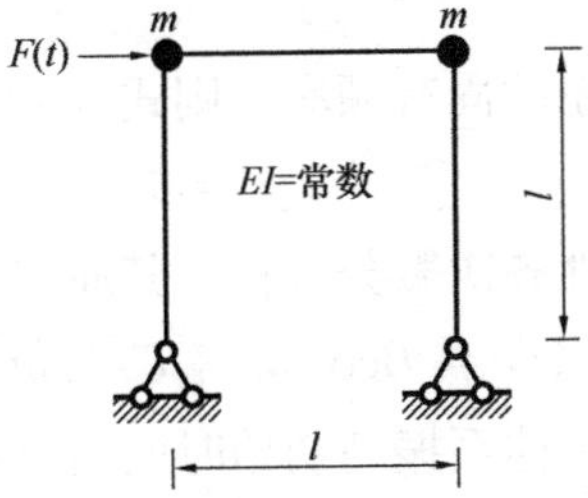

题 2.18 图

第 3 章　单自由度体系振动问题

单自由度结构体系的振动是结构动力学中最简单的振动形式，该部分内容基本涉及了结构振动分析中的所有概念和物理量，是多自由度结构体系振动分析的重要基础。单自由度体系振动包含单自由度结构体系的自由振动和强迫振动两大部分内容。

3.1　无阻尼单自由度体系自由振动

根据第 2 章内容，单自由度体系的运动方程可表达为

$$m\ddot{y}+c\dot{y}+ky=p(t) \tag{3-1}$$

如果不考虑体系运动的阻尼和外荷载，即可得到无阻尼单自由度体系的自由振动方程

$$m\ddot{y}+ky=0 \tag{3-2}$$

将上式左右两端同除以 m，可得

$$\ddot{y}+\frac{k}{m}y=0 \tag{3-3}$$

若令 $k/m=\omega^2$，ω 为体系的固有频率，则式（3-3）可表达为

$$\ddot{y}+\omega^2 y=0 \tag{3-4}$$

式（3-4）为常系数的线性齐次微分方程，其通解为

$$y(t)=B\cos\omega t+C\sin\omega t \tag{3-5}$$

式中，B 、C 为常系数，由体系振动初始时的初位移和初速度决定。假设 $t=0$ 时刻体系的初位移为 y_0 和初速度为 $\dot{y}_0$，将上式对时间求导可得任意瞬时体系的速度为

$$\dot{y}(t)=-B\omega\sin\omega t+C\omega\cos\omega t \tag{3-6}$$

将体系初位移 y_0 和初速度 $\dot{y}_0$ 代入式（3-5）和式（3-6），可计算出常系数

$$B=y_0,C=\frac{\dot{y}_0}{\omega}$$

由此，无阻尼单自由度体系自由振动方程式（3-2）的解为

$$y(t)=y_0\cos\omega t+\frac{\dot{y}_0}{\omega}\sin\omega t=A\sin(\omega t+\varphi) \tag{3-7}$$

式中，A 为体系振动的幅值；φ 为体系振动的相位，两者的表达式为

$$A=\sqrt{y_0^2+\left(\frac{\dot{y}_0}{\omega}\right)^2},\quad \varphi=\arctan\frac{y_0\omega}{\dot{y}_0}$$

式（3-7）完整地描述了无阻尼单自由度体系的自由振动形式，即体系自由振动是简谐的，振动角频率为 ω 。将式（3-7）绘制成图形可得如图 3-1 所示的 $y-t$ 关系曲线。

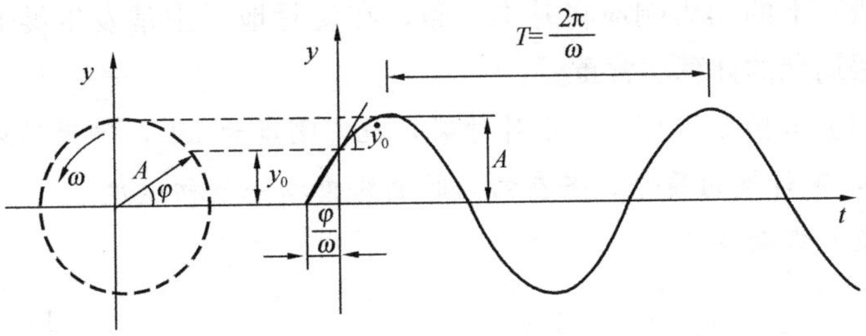

图 3-1　无阻尼单自由度体系自由振动 $y-t$ 关系曲线

若假定相位 $\varphi=0$，则可得到体系振动位移、速度和加速度三者间的关系为

$$\begin{cases} y(t)=A\sin\omega t \\ \dot{y}(t)=A\,\omega\cos\omega t=A\,\omega\sin\left(\omega t+\dfrac{\pi}{2}\right) \\ \ddot{y}(t)=-A\,\omega^2\sin\omega t=A\,\omega^2\sin(\omega t+\pi) \end{cases} \tag{3-8}$$

由式（3-8）可知，速度的相位比位移的相位超前 $\pi/2$，加速度的相位比速度的相位超前 $\pi/2$；位移为零时，加速度为零，但速度达到最大值；位移最大时，速度为零，加速度达到最大值，但位移和加速度相位相反；加速度大小和位移成正比，但其方向总是与位移相反，即始终指向平衡位置。

显然，式（3-7）满足周期运动条件 $y(t+T)=y(t)$ ，其周期为 $T=2\pi/\omega$ 。自由振动过程中，质点每隔一定的时间 T 又回到原来的位置，因此 T 也称为结构的自振周期。自振周期的倒数称为频率 $f=1/T$，单位为“1/s”或“Hz”；ω 称为圆频率或角频率，三者之间的关系如下

$$\omega=\frac{2\pi}{T}=2\pi f \tag{3-9}$$

圆频率 ω 的计算对于掌握工程结构的振动特性非常重要，也是研究强迫振动的基础，常用的频率计算公式为

$$\omega=\sqrt{\frac{k}{m}}=\sqrt{\frac{1}{m\delta}} \tag{3-10}$$

式中，δ 为体系柔度系数。

由式（3-10）可知：

1. 自振频率只与结构质量和刚度有关，与外界干扰因素无关，外荷载激励的

大小只能影响体系振幅 A 的大小，而不能影响自振周期 T 的大小。

2. 体系刚度越大，自振频率就越大，即体系振动越快；体系质量越大，自振频率就越小，即体系振动越慢。

3. 自振周期 T 是反映结构动力性能的一个很重要的参数。若两个结构体系周期相差很大，则其动力性能也将相差很大；相反，若两个结构体系自振周期相近，其在外荷载激励下的动力响应将基本一致，在实际地震中常发生类似的现象。因此，体系自振周期的计算非常重要。

【例题 3-1】 如图 3-2（a）所示外伸梁，抗弯刚度为 EI，伸臂的端点固定质量为 M 的重物，不计梁的质量。若在初始时刻给重物一个初速度 v_0，试求系统的自由振动频率及其振动响应。

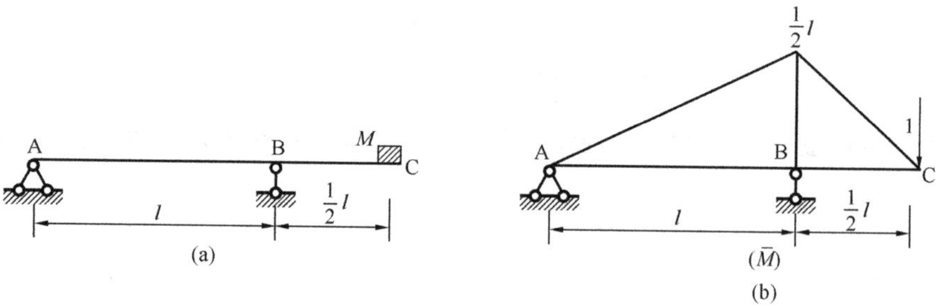

图 3-2 具有集中质量块的外伸梁

【解】

重物 M 在垂直方向上振动，为单自由度振动体系。为计算体系的自由振动频率，首先绘制单位荷载作用下的弯矩图，如图 3-2（b）所示，则系统的柔度系数为

$$\delta=\frac{1}{EI}\left(\frac{l^2}{4}+\frac{l^2}{8}\right)\times\frac{l}{3}=\frac{l^3}{8EI} \tag{a}$$

由此计算系统的频率为

$$\omega=\sqrt{\frac{1}{m\delta}}=\sqrt{\frac{8EI}{Ml^3}} \tag{b}$$

由于该系统为无阻尼单自由度振动，初始条件为初位移 $y_0=0$、初速度 $\dot{y}_0=v_0$。由式（3-7）可知系统的自由振动方程为

$$y(t)=A\sin(\omega t+\varphi) \tag{c}$$

式中

$$A=\sqrt{y_0^2+\left(\frac{\dot{y}_0}{\omega}\right)^2}=\frac{\dot{y}_0}{\omega}=v_0\sqrt{\frac{8EI}{Ml^3}},\quad \varphi=\arctan\frac{y_0\omega}{\dot{y}_0}=0$$

3.2　有阻尼单自由度体系自由振动

无阻尼自由振动总是以动能和势能交换为特征，结构一旦发生运动便永不停止，体系没有能量耗散，振动过程中体系总能量始终保持不变，这种现象实际上是不可能发生的。试验表明，任何一种振动都将随着时间的推移而逐渐衰减，最终振幅逐渐消失，这种振幅随时间不断减小的运动称为有阻尼振动。

考虑阻尼时，单自由度自由振动的运动方程为

$$m\ddot{y}+c\dot{y}+ky=0 \tag{3-11}$$

将上式左右两端同除以 m，并令 $\omega=\sqrt{\frac{k}{m}}$、$\xi=\frac{c}{2m\omega}$，则有

$$\ddot{y}+2\xi\omega\dot{y}+\omega^2 y=0 \tag{3-12}$$

设微分方程（3-12）的解为

$$y(t)=Ce^{\lambda t} \tag{3-13}$$

将式（3-13）代入式（3-12）中，可得

$$\lambda^2+2\xi\omega\lambda+\omega^2=0 \tag{3-14}$$

式（3-14）的解为

$$\lambda=\omega(-\xi\pm\sqrt{\xi^2-1}) \tag{3-15}$$

根据小阻尼（$\xi<1$）、大阻尼（$\xi>1$）和临界阻尼（$\xi=1$）3种情况，可得出体系的3种不同的运动形态，现分别讨论如下。

3.2.1　小阻尼情况

小阻尼情况下，$\xi<1$，则有

$$\lambda=-\omega\xi\pm i\omega\sqrt{1-\xi^2} \tag{3-16}$$

令 $\omega_d=\omega\sqrt{1-\xi^2}$，式（3-16）可改写为

$$\lambda=-\omega\xi\pm i\omega_d \tag{3-17}$$

此时，微分方程（3-12）的解为

$$y(t)=e^{-\xi\omega t}(C_1\cos\omega_d t+C_2\sin\omega_d t) \tag{3-18}$$

再引入初始条件 y_0、$\dot{y}_0$ 求解常数 C_1、C_2，并将其代入式（3-18）中可得

$$y(t)=e^{-\xi\omega t}\left(y_0\cos\omega_d t+\frac{\dot{y}_0+\xi\omega y_0}{\omega_d}\sin\omega_d t\right) \tag{3-19}$$

式（3-19）也可写为

$$y(t)=e^{-\xi\omega t}A\sin(\omega_d t+\varphi_d) \tag{3-20}$$

式中

$$A=\sqrt{y_0^2+\left(\frac{\dot{y}_0+\xi\omega y_0}{\omega_d}\right)^2},\ \varphi_d=\arctan\frac{\omega_d y_0}{\dot{y}_0+\xi\omega y_0}$$

式（3-20）描述了小阻尼单自由度体系自由振动的位移响应规律，其 $y-t$ 关系曲线如图 3-3 所示。可以看出，这是一条逐渐衰减的波动曲线，由于阻尼的作用，改变了体系的运动状态。

在有阻尼体系中，体系的振幅、自振频率和自振周期分别为

$$A(t)=Ae^{-\xi\omega t}\text{ , }\omega_d=\omega\sqrt{1-\xi^2}\text{ , }T_d=\frac{2\pi}{\omega_d}=\frac{T}{\sqrt{1-\xi^2}}$$

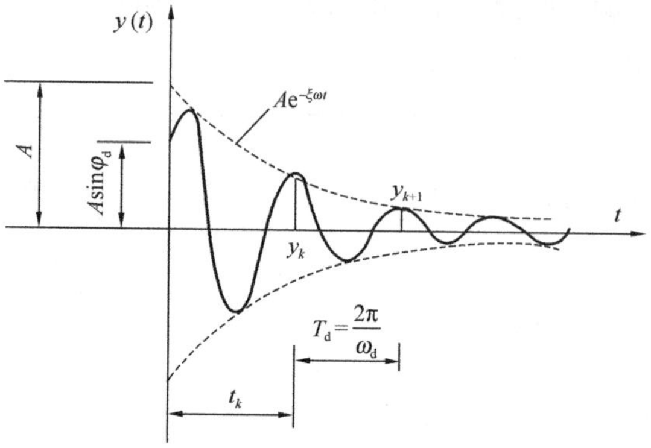

图 3-3　小阻尼单自由度体系自由振动 $y-t$ 关系曲线

下面主要讨论考虑阻尼作用时，体系振幅、频率的变化情况：

1. 阻尼对频率的影响

有阻尼体系中，由于系统频率 $\omega_d=\omega\sqrt{1-\xi^2}$，显然可知阻尼将使结构系统的自振频率减小，周期延长。但在实际工程中，结构系统的阻尼比 ξ 一般都小于 0.2，如钢筋混凝土结构的阻尼比一般取 5%，钢结构的阻尼比一般取 2%，所以通常情况下 $\omega_d\approx\omega$，忽略各阻尼对结构自振频率的影响。

2. 阻尼对振动幅值的影响

有阻尼体系中，由于体系的振幅 $A(t)=Ae^{-\xi\omega t}$，系统运动按照指数 $e^{-\xi\omega t}$ 的规律衰减。经过一个周期后 $T_d=2\pi/\omega_d$ 后，相邻两个振幅 y_{k+1} 和 y_k 之间的比值为

$$\frac{y_{k+1}}{y_k}=\frac{Ae^{-\xi\omega(t_k+T_d)}}{Ae^{-\xi\omega t_k}}=e^{-\xi\omega T_d} \tag{3-21}$$

可见，阻尼比 ξ 越大，衰减速度越快。由式（3-21）可得

$$\ln\frac{y_k}{y_{k+1}}=\xi\omega T_d=\xi\omega\frac{2\pi}{\omega_d}\approx 2\pi\xi \tag{3-22}$$

此时有

$$\xi=\frac{1}{2\pi}\ln\frac{y_k}{y_{k+1}} \tag{3-23}$$

式中，$\ln\dfrac{y_k}{y_{k+1}}$ 称为振幅的对数递减率。同样，若用 y_{k+n} 和 y_k 表示两个相隔 n 个

周期的振幅，则有

$$\xi = \frac{1}{2\pi n}\ln\frac{y_k}{y_{k+n}} \tag{3-24}$$

【例题 3-2】 已知一单自由度有阻尼振动系统的周期为 0.3s，阻尼比为 0.1，在初始位移为 1mm 的情况下自由振动，试求振幅衰减到初始位移的 5%以下所需的时间（以整周计）。

【解】

设系统振动 n 周后振幅衰减到初始位移的 5%以下，则由式（3-24）可知

$$\xi = \frac{1}{2\pi n}\ln\frac{y_k}{y_{k+n}} = \frac{1}{2\pi n}\ln\frac{y_0}{y_n} \tag{a}$$

可得

$$n = \frac{1}{2\pi\xi}\ln\frac{y_0}{y_n} = \frac{1}{2\pi\times 0.1}\ln\frac{1}{0.05} = 4.77 \tag{b}$$

因此，当经过 5 个周期（1.5s）后，系统的振幅可下降到初始位移的 5%以下。

【例题 3-3】 如图 3-4 所示刚架横梁的刚度无穷大，柱子抗弯刚度 $EI = 4.5\times 10^6 \mathrm{N\cdot m^2}$，刚架质量全部集中在横梁上，质量 m=5000kg。为测试结构的阻尼特性，使横梁水平向右运动 25mm 后释放作自由振动，5 个周期后测得刚架侧移量为 7.12mm。试计算该刚架的阻尼比、阻尼系数以及考虑阻尼时刚架的自振频率。

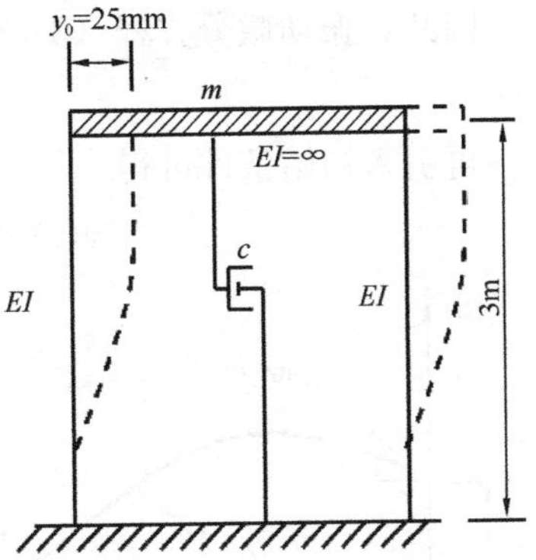

图 3-4　刚架横梁系统

【解】

由题意得 $y_0 = 25\mathrm{mm}$、$y_5 = 7.12\mathrm{mm}$，将其代入式（3-24）中，得系统阻尼比为

$$\xi = \frac{1}{2\pi n}\ln\frac{y_0}{y_5} = \frac{1}{2\pi\times 5}\ln\frac{25}{7.125} = 0.04 \tag{a}$$

系统固有频率为

$$\omega = \sqrt{\frac{k}{m}} = \sqrt{\frac{2\times 12\times 4.5\times 10^6}{5000\times 3^3}} = 28.28\mathrm{rad/s} \tag{b}$$

系统阻尼系数为

$$c = 2m\xi\omega = 2\times 5000\times 0.04\times 28.28 = 11313.6\mathrm{kg/s} \tag{c}$$

由此，系统考虑阻尼时，频率为

$$\omega_{\mathrm{d}} = \omega\sqrt{1-\xi^2} = 28.28\times\sqrt{1-0.04^2} = 28.26\mathrm{rad/s} \tag{d}$$

可见，系统考虑阻尼和不考虑阻尼，两者的频率相差仅为 0.08%。

3.2.2　大阻尼情况

当 $\xi > 1$ 时，系统属于大阻尼范畴，运动方程的通解为

$$\begin{cases} y(t) = C_1 e^{\lambda_1 t} + C_2 e^{\lambda_2 t} \\ \lambda_1 = (-\xi + \sqrt{\xi^2 - 1})\omega \\ \lambda_2 = (-\xi - \sqrt{\xi^2 - 1})\omega \end{cases} \tag{3-25}$$

由式（3-25）可见，$\lambda_1 < 0$、$\lambda_2 > 0$，$e^{\lambda_1 t}$ 和 $e^{\lambda_2 t}$ 均随着 t 的增大而单调下降，此时式（3-25）描述的运动已经没有振荡性，只是一种衰减运动而已。

实际工程结构振动中，一般都属于小阻尼范畴，大阻尼情况在实际问题中很少遇到，因此本书也将重点放在小阻尼系统中讨论。

3.2.3 临界阻尼情况

当 $\xi = 1$ 时，是体系由衰减振动转为不发生振动的纯衰减运动的分界线，由式（3-16）可知

$$\lambda = -\omega \tag{3-26}$$

因此，振动微分方程（3-12）的解为

$$y(t) = (C_1 + C_2 t)e^{-\omega t} \tag{3-27}$$

再引入初始条件可得

$$y(t) = [y_0(1 + \omega t) + \dot{y}_0 t]e^{-\omega t} \tag{3-28}$$

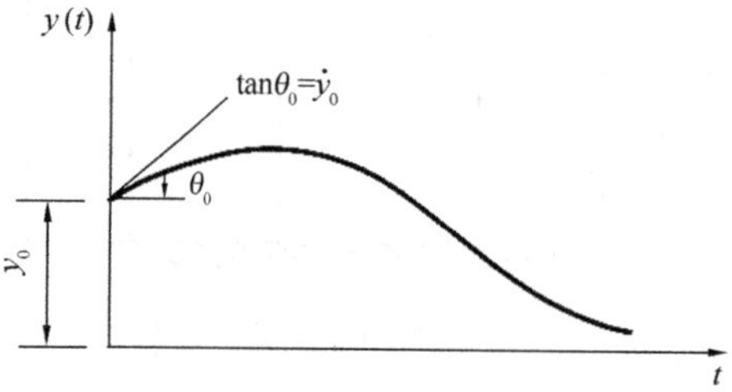

图 3-5 临界阻尼时的单自由度体系自由振动 $y—t$ 关系曲线

绘制式（3-28）的 $y—t$ 关系曲线如图 3-5 所示。可见，虽然曲线仍具有衰减性质，但已经不具有如图 3-3 所示的波动性质。

当系统处于 $\xi = 1$ 的临界状态时，系统在自由反应中将不再引起振动，这时的阻尼常数称为临界阻尼常数，其表达式为

$$c_r = 2m\omega = 2\sqrt{mk} \tag{3-29}$$

由 $\xi = \frac{c}{2m\omega}$，可得

$$\xi = \frac{c}{c_r} \tag{3-30}$$

式中，ξ 为阻尼常数 c 与临界阻尼常数 c_r 的比值，称为阻尼比。

3.3 无阻尼单自由度体系强迫振动

在外荷载 $p(t)$ 作用下，无阻尼单自由度体系的强迫振动方程可写为

$$m\ddot{y} + ky = p(t) \tag{3-31}$$

将式（3-31）左右两端同除 m，可得

$$\ddot{y}(t)+\omega^2 y(t)=\frac{p(t)}{m} \tag{3-32}$$

式（3-32）即为无阻尼单自由度系统受动力荷载 $p(t)$ 时强迫振动的微分方程，是一个二阶常系数微分方程。若动力荷载 $p(t)$ 的变化规律已知，求解微分方程即可得到无阻尼强迫振动的解。

3.3.1　简谐荷载作用

设体系受到的动力荷载激励为简谐荷载，公式表达为

$$p(t)=p\sin\theta t \tag{3-33}$$

式中，p 为简谐荷载的最大值，称为幅值。将式（3-33）代入式（3-32），即得运动方程为

$$\ddot{y}+\omega^2 y=\frac{p}{m}\sin\theta t \tag{3-34}$$

先求方程的特解，设特解为

$$y(t)=A\sin\theta t \tag{3-35}$$

将式（3-35）代入式（3-34），求解可得

$$A=\frac{p}{m(\omega^2-\theta^2)} \tag{3-36}$$

因此，方程（3-34）的特解为

$$y(t)=\frac{p}{m\omega^2\left(1-\frac{\theta^2}{\omega^2}\right)}\sin\theta t \tag{3-37}$$

如令

$$y_{st}=\frac{p}{m\omega^2}=p\delta \tag{3-38}$$

则 y_{st} 可称为最大静位移（即把荷载最大值当作静荷载作用时结构所产生的位移），则

$$y(t)=y_{st}\frac{1}{1-\frac{\theta^2}{\omega^2}}\sin\theta t \tag{3-39}$$

由此，微分方程（3-34）的通解可写为

$$y(t)=C_1\sin\omega t+C_2\cos\omega t+y_{st}\frac{1}{1-\frac{\theta^2}{\omega^2}}\sin\theta t \tag{3-40}$$

式中，C_1 和 C_2 为积分常数，需由初始条件确定。设在 $t=0$ 时的初始位移和初始速度均为 0，则将该初始条件代入式（3-40）及其一阶导数式，可求出常系数为

$$C_1=-y_{st}\frac{\frac{\theta}{\omega}}{1-\frac{\theta^2}{\omega^2}},\ C_2=0$$

将 C_1 和 C_2 代入式（3-40），即得

$$y(t)=y_{st}\frac{1}{1-\frac{\theta^2}{\omega^2}}\left(\sin\theta t-\frac{\theta}{\omega}\sin\omega t\right) \tag{3-41}$$

由此可知，强迫振动是由按外荷载频率 θ 振动和按自振频率 ω 振动两部分组成。式（3-41）等式右边第一项表示结构体系的强迫振动，表示振动过程中外界能量输入对结构体系振动的影响；第二项表示自由振动项，取决于初始扰动对结构的影响，即初始时刻的外界能量输入，该项按自振频率 ω 振动。在实际振动过程中存在着阻尼力，按自振频率振动的那部分将会逐渐消失，最后只剩下按荷载频率振动的那部分。把振动刚开始两种振动同时存在的阶段称为过渡阶段，而把后来只按荷载频率振动的阶段称为平稳阶段。由于过渡阶段延续的时间较短，在实际问题中平稳阶段的振动较为重要。下面将重点讨论平稳阶段的振动响应。

在平稳阶段，系统的振动响应为

$$y(t)=y_{st}\frac{1}{1-\frac{\theta^2}{\omega^2}}\sin\theta t \tag{3-42}$$

最大动位移（即振幅）为

$$y_{max}=y_{st}\frac{1}{1-\frac{\theta^2}{\omega^2}} \tag{3-43}$$

最大动位移 y_{max} 与最大静位移 y_{st} 的比值称为动力放大系数或动力系数，用 β 表示，即

$$\beta=\frac{y_{max}}{y_{st}}=\frac{1}{1-\frac{\theta^2}{\omega^2}} \tag{3-44}$$

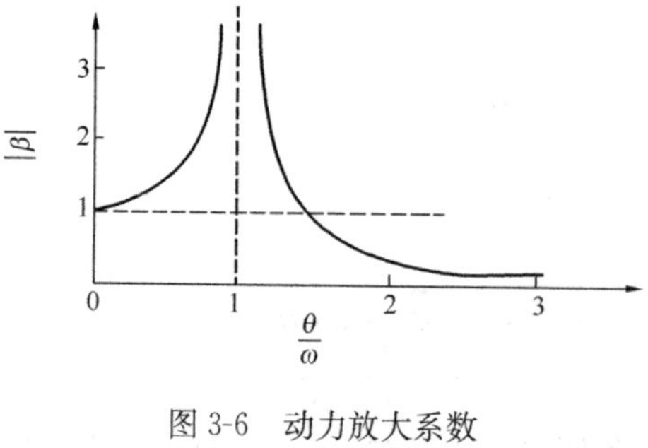

图 3-6　动力放大系数

动力放大系数 β 与频率 θ/ω 有关，其大小反映了干扰力对结构的动力作用，若能求出动力放大系数 β 值，即可根据式（3-43）求出纯强迫振动的振幅。将动力放大系数 β 与频率比 θ/ω 之间的关系绘制成振幅频率特性曲线，如图 3-6 所示。

由图 3-6 可归纳简谐荷载作用下无阻尼单自由度系统纯强迫振动的一般规律，如下所述：

1. 当 $\theta\ll\omega$ 时

动力放大系数 β 趋近 1，说明外荷载激励的频率远远小于结构的自振频率，外荷载激励所产生的动力效应很弱，外荷载激励接近于静力作用，此时纯强迫振动的

振幅可用静力来计算。

2. 当 $\theta \gg \omega$ 时

动力放大系数趋近 0，说明外荷载激励的频率很高时，最大动力位移 y_{max} 趋近 0，即振动趋于静止状态，系统只在静力平衡位置做极微小的振动。

3. 当 $\theta = \omega$ 时

动力放大系数绝对值 $|\beta|$ 趋近无穷大，表明当外荷载激励的频率与结构自振频率相近或重合，系统的位移和内力都将无限放大，产生共振现象。实际结构设计中应极力避免共振现象的出现，可通过改变外荷载的激励频率，或者通过改变结构的构造、尺寸、材料等，从而改变自振频率，以此来避免共振现象。

【例题 3-4】 如图 3-7(a) 所示简支梁结构体系，跨度为 4m，惯性矩 $I = 8.8 \times 10^{-5}\text{m}^4$，弹性模量 $E = 210\text{GPa}$。在跨度中点安置电动机，质量 $W = 35\text{kN}$，转速 $n = 500\text{r/min}$。由于偏心，电动机在转动时产生了离心力，其幅值为 $p_0 = 10\text{kN}$，离心力的竖向分力为 $p_0 \sin\theta t$。梁自身的质量和阻尼忽略不计，求平稳阶段梁的最大弯矩和挠度。

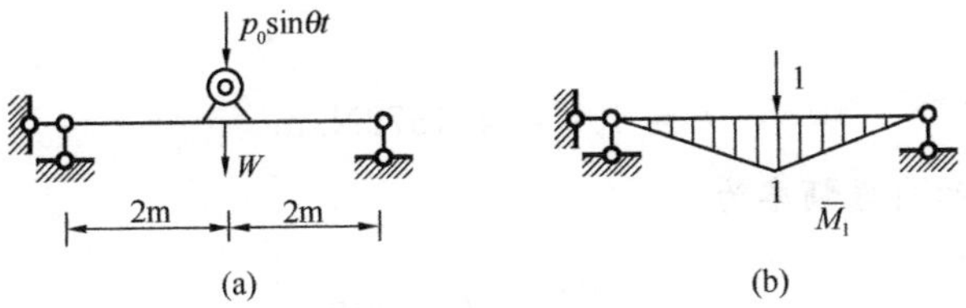

图 3-7　具有集中质量的简支梁简谐荷载强迫振动

【解】

该简支梁结构体系只有竖向振动，属于简谐荷载作用下单自由度的强迫振动问题。在跨中单位力作用下的弯矩图如图 3-7(b) 所示，跨中位移为

$$\delta = \frac{l^3}{48EI} \tag{a}$$

外荷载激励频率和系统自振频率分别为

$$\begin{cases} \theta = \dfrac{2\pi n}{60} = \dfrac{2\pi \times 500}{60} = 52.36\text{rad/s} \\ \omega = \sqrt{\dfrac{1}{m\delta}} = \sqrt{\dfrac{48 \times 2.1 \times 10^8 \times 8.8 \times 10^{-5} \times 9.8}{35 \times 4^3}} = 62.30\text{rad/s} \end{cases} \tag{b}$$

则系统动力放大系数为

$$\beta = \frac{1}{1 - \dfrac{\theta^2}{\omega^2}} = 3.4 \tag{c}$$

由此，系统的最大弯矩和梁中点的最大挠度分别为

$$\begin{cases} M_{\max} = M^{W} + \beta M_{st}^{F} = \dfrac{35 \times 4}{4} + 3.4 \times \dfrac{10 \times 4}{4} = 69\text{kN} \cdot \text{m} \\ y_{\max} = \Delta_{st} + \beta \Delta_{st}^{F} = \dfrac{Wl^3}{48EI} + \beta \dfrac{p_0 l^3}{48EI} = 4.98\text{mm} \end{cases} \tag{d}$$

【例题 3-5】 如图 3-8 所示悬臂梁上有一个电动机，电动机的荷载激励为 $p(t) = p_0 \sin\theta t$，$p_0 = 48.02\text{N}$。电动机转速 $n = 1200\text{r/min}$，质量为 $m = 123\text{kg}$。梁截面的惯性矩为 $I = 78\text{cm}^4$，弹性模量 $E = 210\text{GPa}$，悬臂梁长为 1m。试求悬臂梁的最大动位移和最大动弯矩。

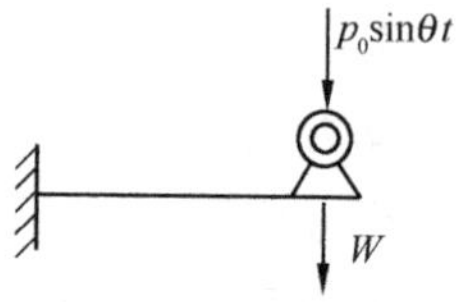

图 3-8　具有集中质量的悬臂梁简谐荷载强迫振动

【解】

该悬臂结构体系只有竖向振动，属于简谐荷载作用下单自由度的强迫振动问题。单位力作用在悬臂梁端部时产生的竖向位移为

$$\delta = \frac{l^3}{3EI} = 2.08 \times 10^{-6}\text{m/N} \tag{a}$$

系统刚度为

$$k = 1/\delta = 481572\text{N/m} \tag{b}$$

悬臂梁结构的自振频率为

$$\omega = \sqrt{\frac{k}{m}} = 62.6\text{rad/s} \tag{c}$$

频率比为

$$\frac{\theta}{\omega} = \frac{2\pi n/60}{\omega} = 2 \tag{d}$$

系统静位移为

$$y_{st} = \frac{p_0}{k} = 0.01\text{cm} \tag{e}$$

动力放大系数为

$$\beta = \frac{1}{1 - \dfrac{\theta^2}{\omega^2}} = -0.33 \tag{f}$$

则该悬臂梁结构端部的最大动位移为

$$A = \beta y_{st} = -3.29 \times 10^{-3}\text{cm} \tag{g}$$

悬臂梁固定端处的最大动弯矩为

$$M = \beta M_{st} = -0.33 \times 48.02 = -15.85\text{N} \cdot \text{m} \tag{h}$$

【例题 3-6】 如图 3-9(a) 所示，悬臂梁受简谐荷载作用，质量均集中于其端部。已知：$W = 10\text{kN}$，$p = 2.5\text{kN}$，$E = 2 \times 10^5\text{MPa}$，$I = 1130\text{cm}^4$，$\theta = 57.6\text{rad/s}$，

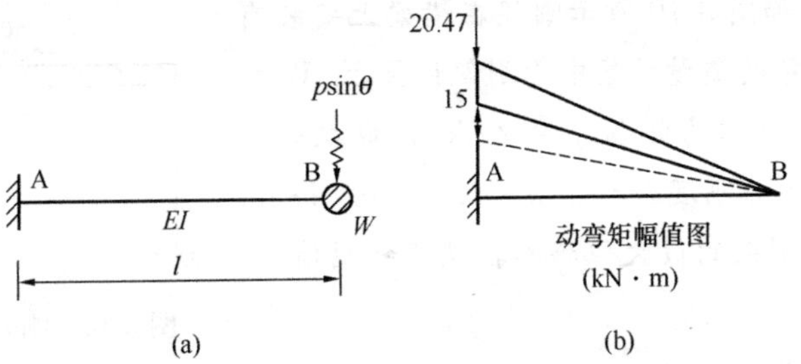

图 3-9 质量集中于端部的悬臂梁简谐荷载强迫振动

$l=1.5\text{m}$。试求该悬臂梁结构在图示简谐荷载作用下的最大竖向位移和梁 A 处的弯矩幅值。

【解】

该悬臂梁结构的柔度系数为

$$\delta=\frac{l^3}{3EI}=\frac{1.5^3}{3\times2\times10^{11}\times1130\times10^{-8}}=4.98\times10^{-7}\text{m/N} \tag{a}$$

重力引起的弯矩和位移分别为

$$\begin{cases}M_W=Wl=15\text{kN}\cdot\text{m}\\ \Delta_W=W\delta=4.98\text{mm}\end{cases} \tag{b}$$

则该悬臂梁结构体系自振频率为

$$\omega=\sqrt{\frac{1}{m\delta}}=\sqrt{\frac{g}{\Delta_W}}=44.37\text{rad/s} \tag{c}$$

简谐荷载作用下体系的动力系数为

$$\beta=\left|\frac{1}{1-\dfrac{\theta^2}{\omega^2}}\right|=1.46 \tag{d}$$

动荷载幅值引起的静位移和内力分别为

$$\begin{cases}y_{st}=p\delta=2.5\times10^3\times4.98\times10^{-7}=1.24\times10^{-3}\text{m}\\ M_{st}=pl=3.75\text{kN}\cdot\text{m}\end{cases} \tag{e}$$

体系动荷载引起的位移和弯矩幅值为

$$\begin{cases}A=\beta y_{st}=1.81\text{mm}\\ M_A=\beta M_{st}=5.47\text{kN}\cdot\text{m}\end{cases} \tag{f}$$

由此，体系在简谐荷载作用下的最大竖向位移和梁端 A 处的弯矩幅值为

$$\begin{cases}A_{max}=\Delta_W+A=6.79\text{mm}\\ M_{max}=M_W+M_A=20.47\text{kN}\cdot\text{m}\end{cases} \tag{g}$$

图 3-9(b) 给出了该悬臂梁结构在简谐荷载作用下的动弯矩幅值图。

【例题 3-7】 如图 3-10 所示刚架在横梁上安装有电机，电机和刚架的质量均集中于刚架横梁上，$W=20\text{kN}$，电机水平离心力幅值 $p=2.5\text{kN}$，电机转速 $n=550\text{r/min}$，柱的线刚度 $i=EI/h=5.88\times10^6\text{N}\cdot\text{m}$。试求电机工作时刚架的最大位移和柱端弯矩幅值。

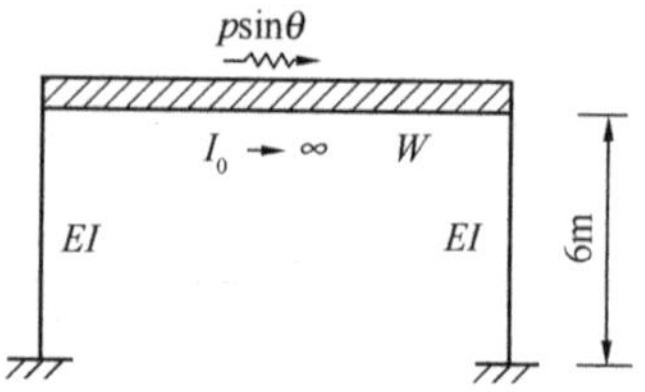

图 3-10　刚架横梁简谐荷载强迫振动

【解】

该系统刚度为

$$k=2\times\frac{12EI}{h^3}=3.92\times10^6\text{N/m} \tag{a}$$

动荷载幅值引起的静位移和内力分别为

$$\begin{cases} y_{st}=\dfrac{p}{k}=0.64\text{mm} \\ M_{st}=\dfrac{p}{2}\dfrac{h}{2}=3.75\text{kN}\cdot\text{m} \end{cases} \tag{b}$$

体系自振频率和外荷载激励频率分别为

$$\begin{cases} \omega=\sqrt{\dfrac{k}{m}}=\sqrt{\dfrac{gk}{W}}=43.83\text{rad/s} \\ \theta=\dfrac{2\pi n}{60}=57.60\text{rad/s} \end{cases} \tag{c}$$

简谐荷载作用下体系的动力系数为

$$\beta=\left|\frac{1}{1-\dfrac{\theta^2}{\omega^2}}\right|=1.38 \tag{d}$$

则简谐荷载作用下体系的最大水平位移和柱端弯矩幅值分别为

$$\begin{aligned} A&=\beta y_{st}=0.88\text{mm} \\ M_{max}&=\beta M_{st}=5.16\text{kN}\cdot\text{m} \end{aligned} \tag{e}$$

3.3.2　瞬时冲击荷载作用

瞬时冲击荷载的特点是其作用时间与体系的自振周期相比非常短。假定单自由度体系处于静止状态，在极短的时间内作用一冲击荷载于质点上，如图 3-11(a) 所示。瞬时冲击荷载 p 与其作用时间 Δt 的乘积称为瞬时冲量，以图中阴影的面积表示。

根据动量定律，体系的质点在时间 $t-t_0$ 内的动量变化等于冲量，即

$$m\dot{y}-m\dot{y}_0=p(t-t_0) \tag{3-45}$$

式中，t_0、v_0 分别为初始时间和初始速度。由于体系 $t_0=0$ 时处于静止状态，得到

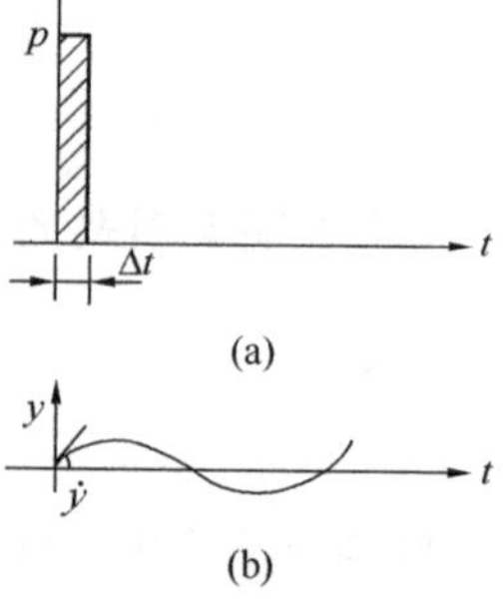

图 3-11　单自由度体系瞬时冲击荷载振动 y—t 关系曲线

$$\dot{y}=\frac{pt}{m} \tag{3-46}$$

将上式对时间从 0 到 t 积分，得

$$y=\frac{1}{2}\frac{p}{m}t^2 \tag{3-47}$$

当荷载作用时间 $t=\Delta t$ 时质点的速度和位移分别为

$$\dot{y}=\frac{p\Delta t}{m},\ y=\frac{1}{2}\frac{p}{m}(\Delta t)^2 \tag{3-48}$$

体系在瞬时冲击荷载移去后，运动成为自由振动。这时的初始速度和初始位移用式（3-48）表示。由于荷载作用时间 Δt 很短，式（3-48）表明初始位移 y 是一个二阶微量可以忽略。因此，初始位移 $y=0$。这样，体系在瞬时冲击荷载作用下，无阻尼自由振动的初始条件为 $y=0$、$\dot{y}=p\Delta t/m$。根据式（3-7），质点的位移为

$$y(t)=\frac{\dot{y}}{\omega}\sin\omega t=\frac{p\Delta t}{m\omega}\sin\omega t \tag{3-49}$$

质点振动的位移时程曲线如图 3-11(b) 所示，式（3-49）的瞬时冲击荷载是从 $t=0$ 开始作用的，如果瞬时冲击荷载不是从 $t=0$ 开始作用，而是从 $t=\tau$，那么式（3-49）中的位移响应时间 t 应改为（$t-\tau$），则式（3-49）变为

$$\begin{cases} y(t)=\dfrac{p\Delta t}{m\omega}\sin\omega(t-\tau), & t\geqslant\tau \\ y(t)=0, & t<\tau \end{cases} \tag{3-50}$$

3.3.3　一般动荷载作用

在一般动荷载 $p(t)$ 作用下，可以把整个荷载看成是无数的瞬时冲击荷载 $p(\tau)$ 的连续作用之和。在极小的时间间隔 $\mathrm{d}\tau$ 内，瞬时冲击荷载 $p(\tau)$ 引起的位移由式（3-50）得到

$$\mathrm{d}y(t)=\frac{p(\tau)\mathrm{d}\tau}{m\omega}\sin\omega(t-\tau) \tag{3-51}$$

整个动荷载作用下任一时间 t 的位移为

$$y(t)=\int_0^t\frac{p(\tau)}{m\omega}\sin\omega(t-\tau)\mathrm{d}\tau \tag{3-52}$$

上式为单自由度体系在一般动荷载作用于质点时，产生无阻尼振动的位移响应计算式，在动力学中称为杜哈梅积分。如果初始位移 y_0 和初始速度 $\dot{y}_0$ 不为零，则位移响应为

$$y(t)=y_0\cos\omega t+\frac{\dot{y}_0}{\omega}\sin\omega t+\frac{1}{m\omega}\int_0^t p(\tau)\sin\omega(t-\tau)\mathrm{d}\tau \tag{3-53}$$

1. 突加荷载

当 $t=0$ 时，在体系上突加常量荷载 p，且一直保持不变，如图 3-12(a) 所示，

将 $p(t)=p$ 代入式（3-53）中，经积分，即得位移响应为

$$y(t)=\frac{p}{m\omega^2}(1-\cos\omega t)=y_{st}(1-\cos\omega t)=y_{st}\left(1-\cos\frac{2\pi t}{T}\right) \qquad (3\text{-}54)$$

式中，$y_{st}=p/m\omega^2$ 为静荷载 p 作用下的静位移。

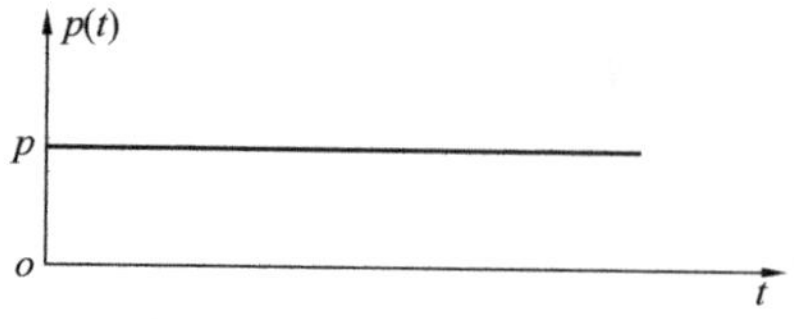

(a)

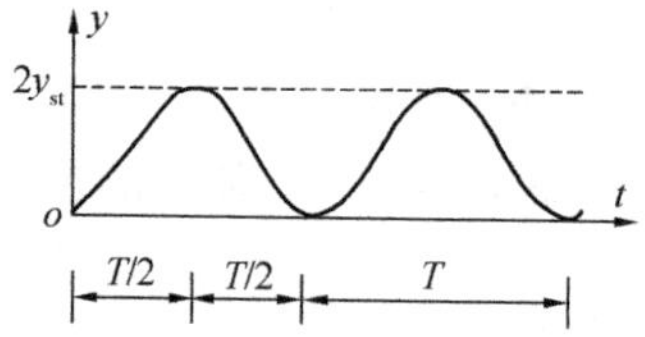

(b)

图 3-12 无阻尼单自由度体系突加常量荷载振动 y—t 关系曲线

（a）突加荷载；（b）位移时程曲线

根据式（3-54）绘出位移时程曲线如图 3-12(b) 所示。

根据式（3-54），最大动位移 y_{max} 发生在 $t=T/2$ 时，其值为 $2y_{st}$。可见，突加常量荷载的动力系数为

$$\beta=\frac{y_{max}}{y_{st}}=2 \qquad (3\text{-}55)$$

因此，突加常量荷载产生的最大动位移要比相应的静位移大一倍，这反映了惯性力的影响。

2. 矩形脉冲荷载

矩形脉冲荷载特点是当 $t=0$ 时，在质体上突加常量荷载 p，而且一直保持不变，直到 $t=t_1$ 时突然卸去。体系在这种荷载作用下的位移响应，需按两个阶段分别计算。

第一阶段（$0\leqslant t\leqslant t_1$）：

此阶段与突加荷载相同，因此动位移反应仍按式（3-54）计算。

第二阶段（$t\geqslant t_1$）：

此阶段动位移反应可用叠加原理求解，此阶段的荷载可看作突加荷载 p 叠加上 $t=t_1$ 时的负突加荷载 $-p$，故当 $t\geqslant t_1$ 时，利用式（3-54）可得

$$y(t)=y_{st}(1-\cos\omega t)-y_{st}[1-\cos\omega(t-t_1)]=2y_{st}\sin\frac{\omega t_1}{2}\sin\omega\left(t-\frac{t_1}{2}\right) \qquad (3\text{-}56)$$

当 $t_1\geqslant\frac{T}{2}$ 时，最大动位移响应发生在第一阶段，此时动力系数为 $\beta=2$。

当 $t_1<\frac{T}{2}$ 时，最大动位移响应发生在第二阶段，由式（3-56）得知最大动位移响应为

$$y_{max}=2y_{st}\sin\frac{\omega t_1}{2}=2y_{st}\sin\frac{\pi t_1}{T} \qquad (3\text{-}57)$$

因此，动力系数为

$$\beta=2\sin\frac{\pi t_1}{T} \qquad (3\text{-}58)$$

3. 线性衰减荷载

线性衰减荷载的特点是荷载从初值线性衰减至 0，爆炸荷载可看作一种线性衰减荷载。线性衰减荷载的表达式为

$$\begin{cases} p(t) = p\left(1-\dfrac{t}{t_1}\right), & t \leqslant t_1 \\ p(t) = 0, & t > t_1 \end{cases} \tag{3-59}$$

在线性衰减荷载作用下单自由度体系的质点位移响应可分为两个阶段，按式（3-53）积分求得。

第一阶段（$0 \leqslant t \leqslant t_1$）：

$$y(t) = \frac{1}{m\omega}\int_0^t p\left(1-\frac{\tau}{t_1}\right)\sin\omega(t-\tau)\mathrm{d}\tau = \frac{p}{m\omega^2}\left[(1-\cos\omega t)+\frac{1}{t_1}\left(\frac{\sin\omega t}{\omega}-t\right)\right]$$

$$= y_{st}\left[1-\cos\omega t+\frac{1}{t_1}\left(\frac{\sin\omega t}{\omega}-t\right)\right]$$

$$= y_{st}\left[1-\cos 2\pi\left(\frac{t}{T}\right)+\frac{1}{2\pi}\left(\frac{T}{t_1}\right)\sin 2\pi\left(\frac{t}{T}\right)-\frac{t}{t_1}\right] \tag{3-60}$$

第二阶段（$t \geqslant t_1$）：

$$y(t) = \frac{1}{m\omega}\int_0^t p\left(1-\frac{\tau}{t_1}\right)\sin\omega(t-\tau)\mathrm{d}\tau = y_{st}\left\{\frac{1}{\omega t_1}[\sin\omega t-\sin\omega(t-t_1)]-\cos\omega t\right\}$$

$$= y_{st}\left\{\frac{1}{2\pi}\left(\frac{T}{t_1}\right)\left[\sin 2\pi\left(\frac{t}{T}\right)-\sin 2\pi\left(\frac{t}{T}-\frac{t_1}{T}\right)\right]-\cos 2\pi\left(\frac{t}{T}\right)\right\} \tag{3-61}$$

对于线性衰减荷载，最大位移响应可用速度为 0（即位移的一阶导数）条件下的时间值来计算。最大位移响应出现的阶段与 t_1/T（荷载持续时间与自振周期之比）有关。当 $t_1/T > 0.4$ 时，最大位移响应在第一阶段出现，否则，就在第二阶段出现。

3.4　有阻尼单自由度体系强迫振动

单自由度结构体系有阻尼强迫振动的运动方程为

$$m\ddot{y}+c\dot{y}+ky = p \tag{3-62}$$

或

$$\ddot{y}+2\xi\omega\dot{y}+\omega^2 y = \frac{p}{m} \tag{3-63}$$

由常微分方程的理论可知，式（3-63）的通解是由相应齐次方程的通解与非齐次方程的特解叠加组成，通解即为单自由度结构体系有阻尼自由振动的解，而特解则可用杜哈梅积分来表达。

根据式（3-19），体系由初速度 $\dot{y}_0$（初位移 $y_0=0$）所引起的振动为

$$y(t)=\mathrm{e}^{-\xi\omega t}\frac{\dot{y}_0}{\omega_\mathrm{d}}\sin\omega_\mathrm{d}t \tag{3-64}$$

由于冲量 $s=m\dot{y}_0$，在初始时刻由冲量引起的振动为

$$y(t)=\mathrm{e}^{-\xi\omega t}\frac{s}{m\omega_\mathrm{d}}\sin\omega_\mathrm{d}t \tag{3-65}$$

将任意荷载 $p(t)$ 的加载过程看成由一系列瞬时冲量组成，在 $t=\tau$ 到 $t=\tau+\mathrm{d}\tau$ 时间段内荷载的微分冲量为 $\mathrm{d}s=p(\tau)\mathrm{d}\tau$，则此微分冲量所引起的动力响应为

$$\mathrm{d}y(t)=\frac{p(\tau)\mathrm{d}\tau}{m\omega_\mathrm{d}}\mathrm{e}^{-\xi\omega(t-\tau)}\sin\omega_\mathrm{d}(t-\tau) \tag{3-66}$$

可见，在任意荷载作用下的位移响应表达式为

$$y(t)=\frac{1}{m\omega_\mathrm{d}}\int_0^t p(\tau)\mathrm{e}^{-\xi\omega(t-\tau)}\sin\omega_\mathrm{d}(t-\tau)\mathrm{d}\tau \tag{3-67}$$

式（3-67）即为开始处于静止状态的单自由度体系在任意动力荷载 $p(t)$ 作用下产生的有阻尼强迫振动的位移公式，则单自由度结构体系有阻尼强迫振动的微分方程（3-63）的全解为

$$y(t)=\mathrm{e}^{-\xi\omega t}\left(y_0\cos\omega_\mathrm{d}t+\frac{\dot{y}_0+\xi\omega y_0}{\omega_\mathrm{d}}\sin\omega_\mathrm{d}t\right)+\frac{1}{m\omega_\mathrm{d}}\int_0^t p(\tau)\mathrm{e}^{-\xi\omega(t-\tau)}\sin\omega_\mathrm{d}(t-\tau)\mathrm{d}\tau \tag{3-68}$$

任意动力荷载 $p(t)$ 具有多种形式，如简谐荷载、突加荷载、瞬时冲击荷载、爆炸荷载等，本书将重点阐述有阻尼单自由度结构体系在简谐荷载作用下的动力响应及其强迫振动特点。将式（3-63）中的外荷载激励改为简谐荷载，则有

$$\ddot{y}+2\xi\omega\dot{y}+\omega^2y=\frac{p_0\sin\theta t}{m} \tag{3-69}$$

仅考虑小阻尼条件下（$\xi<1$）的单自由度结构体系，其运动微分方程（3-69）的解可用齐次解 $\bar{y}(t)$ 和特解 $y^*(t)$ 来表达，则其全解为

$$y(t)=\bar{y}(t)+y^*(t) \tag{3-70}$$

齐次解 $\bar{y}(t)$ 即为单自由度有阻尼结构体系自由振动的解，即

$$\bar{y}(t)=\mathrm{e}^{-\xi\omega t}(C_1\cos\omega_\mathrm{d}t+C_2\sin\omega_\mathrm{d}t) \tag{3-71}$$

由于阻尼体系的响应和荷载并不同相位，将特解 $y^*(t)$ 写为

$$y^*(t)=G_1\cos\theta t+G_2\sin\theta t \tag{3-72}$$

将式（3-72）代入式（3-70）中，将含 $\sin\theta t$ 和 $\cos\theta t$ 的因子分别独立出来列方程，有

$$\begin{cases}[-G_1\theta^2-G_2\theta(2\xi\omega)+G_1\omega^2]\sin\theta t=\dfrac{p_0}{m}\sin\theta t\\[-G_2\theta^2+G_1\theta(2\xi\omega)+G_2\omega^2]\cos\theta t=0\end{cases} \tag{3-73}$$

上式中正弦项和余弦项不同时为零，上述两式必须同时满足。将式（3-73）左右两边同时除以 ω^2，有（$k=m\omega^2$，并令 $\gamma=\theta/\omega$，γ 为频率比）

$$\begin{cases} G_1(1-\gamma^2)-G_2(2\xi\gamma)=\dfrac{p_0}{k} \\ G_2(1-\gamma^2)+G_1(2\xi\gamma)=0 \end{cases} \tag{3-74}$$

联立方程（3-74）可求得

$$\begin{cases} G_1=\dfrac{p_0}{k}\dfrac{1-\gamma^2}{(1-\gamma^2)^2+(2\xi\gamma)^2} \\ G_2=\dfrac{p_0}{k}\dfrac{-2\xi\gamma}{(1-\gamma^2)^2+(2\xi\gamma)^2} \end{cases} \tag{3-75}$$

由此，可将特解 $y^*(t)$ 改写为

$$y^*(t)=A\sin(\theta t-\varphi) \tag{3-76}$$

式中，A 为强迫振动的幅值，φ 为响应的相位滞后于荷载相位的角度，φ 的取值范围为 $0<\varphi<180°$，两者的表达式为

$$\begin{cases} A=\sqrt{G_1^2+G_2^2}=\dfrac{p_0}{k}\dfrac{1}{\sqrt{(1-\gamma^2)^2+(2\xi\gamma)^2}} \\ \varphi=\arctan\dfrac{2\xi\gamma}{1-\gamma^2} \end{cases} \tag{3-77}$$

将齐次解和特解代入全解有

$$y(t)=\bar{y}(t)+y^*(t)=e^{-\xi\omega t}(C_1\cos\omega_d t+C_2\sin\omega_d t)+A\sin(\theta t-\varphi) \tag{3-78}$$

式中，C_1 和 C_2 根据初始条件计算确定。设 $t=0$ 时刻，体系初位移为 y_0、初速度为

$\dot{y}_0$，则可求得式（3-69）的全解为

$$y(t)=e^{-\xi\omega t}\left(y_0\cos\omega_d t+\frac{\dot{y}_0+\xi\omega y_0}{\omega_d}\sin\omega_d t\right) \\ -e^{-\xi\omega t}A\left(-\sin\varphi\cos\omega_d t+\frac{-\xi\omega\sin\varphi+\theta\cos\varphi}{\omega_d}\sin\omega_d t\right)+A\sin(\theta t-\varphi) \tag{3-79}$$

式（3-79）中第1项表示由初始条件决定的自由振动项，按照体系的固有频率 ω_d 振动；第2项表示伴随振动项，体系仍然按照固有频率 ω_d 振动，但振幅与强迫振动的外荷载激励有关；第3项为强迫振动项，体系按照外荷载激励的频率振动。第1项和第2项由于阻尼的衰减作用，经过一段时间后将逐渐消失，第3项与外荷载激励有关，不随时间衰减。因此，将第1项和第2项称为过渡状态，第3项称为稳态振动。实际上，结构体系在外荷载激励下的稳态振动响应更为重要。

简谐荷载作用下体系强迫振动具有如下特点：

1. 稳态振动的频率等于外荷载激励的频率。

2. 稳态强迫振动的振幅与初始条件无关并且不随时间变化，强迫振动的振幅

A 为荷载幅值 p_0 引起的静位移的 β 倍，公式表达为

$$A = y_{st} \cdot \beta = \frac{p_0}{k} \frac{1}{\sqrt{(1-\gamma^2)^2 + (2\xi\gamma)^2}} \tag{3-80}$$

式中，y_{st} 为体系在动荷载幅值 p_0 作用下引起的静位移；β 为动力系数或动力放大系数，表示最大振动位移幅值与静位移 y_{st} 之间的比值。

3. 幅频响应特征

根据式（3-80）绘制幅频响应曲线，如图 3-13 所示，由图 3-13 可知：

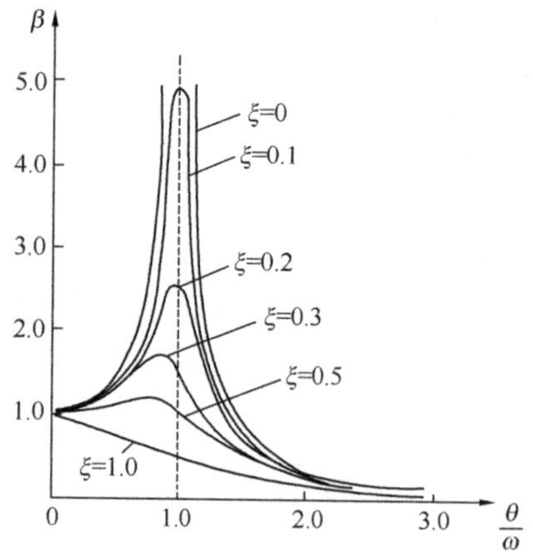

图 3-13　简谐荷载下体系强迫振动幅频响应曲线

① 阻尼比 $\xi = 0$

此时，

$$\beta = \left| \frac{1}{1-\gamma^2} \right| \tag{3-81}$$

式（3-81）即为无阻尼的动力放大系数。若 $\gamma = \theta/\omega = 1$，即外载激励频率与体系固有频率相等，此时动力放大系数 $\beta \to \infty$，这是无阻尼体系的共振系数。

② 阻尼比 $\xi \neq 0$

由 $\frac{d\beta}{d\gamma} = 0$ 求得体系动力放大系数的极值点为 $\gamma = \sqrt{1-2\xi^2}$，对应体系动力放大系数的最大值为

$$\beta_{max} = \frac{1}{2\xi\sqrt{1-\xi^2}} \tag{3-82}$$

式（3-82）表明，有阻尼情况的最大动力放大系数出现在 $\gamma < 1$ 的情况，当考虑体系小阻尼特点时，动力放大系数的最大值可近似取为

$$\beta_{max} \approx \frac{1}{2\xi} \tag{3-83}$$

可见，系统阻尼比越小，动力放大系数越大，尤其是在共振区内（一般 $0.75 < \gamma < 1.25$ 范围内），阻尼比对动力放大系数的影响极大，这也是小阻尼工程结构在其设计过程中要避免共振区的原因所在。而在远离共振区，阻尼比的影响较小，计算强迫振动时可不考虑阻尼的影响。当频率比很小，即体系外荷载激励频率远小于其固有频率时，动力放大系数趋近 1，此时外荷载激励可作为静荷载处理；当频率很大时，即体系外荷载频率远大于其固有频率时，动力放大系数趋近 0，此时系统的振幅亦趋近于 0。通过调整系统的阻尼比和频率比，可对体系振动响应进行有效控制从而可减小强迫振动带来的不利影响。

【例题 3-8】 如图 3-14 所示，重物 $W = 500\text{N}$，悬挂在刚度 $k = 4\text{N/mm}$ 的弹簧

上，在简谐荷载 $p(t)=p_0\sin\theta t$（$p_0=50\text{N}$）的作用下作竖向振动。已知体系阻尼系数 $c=0.05\text{N}\cdot\text{s/mm}$。试求简谐荷载的频率多大时体系产生共振及在共振环境下体系的振幅。

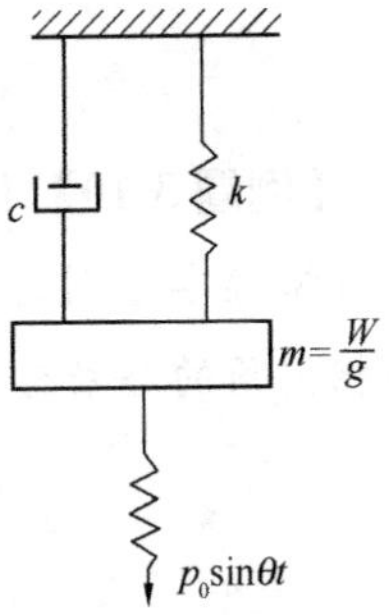

图 3-14　重物简谐荷载下强迫振动

【解】

当外荷载激励频率等于系统的固有频率时，体系发生共振，有

$$\theta=\omega=\sqrt{\frac{k}{m}}=\sqrt{\frac{kg}{W}}=\sqrt{\frac{4\times10^3\times9.8}{500}}=8.85\text{rad/s} \tag{a}$$

体系阻尼比为

$$\xi=\frac{c}{2m\omega}=\frac{0.05\times10^3}{2\times8.85\times\left(\frac{500}{9.8}\right)}=0.055 \tag{b}$$

动力放大系数为

$$\beta=\frac{1}{2\xi}=9.03 \tag{c}$$

则体系发生共振时产生的振幅为

$$A=[y(t)]_{\max}=\beta y_{st}=\beta\frac{p_0}{k}=112.94\text{mm} \tag{d}$$

【例题 3-9】 如图 3-15 所示机器与基础的总质量为 $m=24\text{t}$，基础面积为 $A=18\text{m}^2$。土壤的弹性压缩模量为 $E=3000\text{kN/m}^3$，机器运转转速 $n=800\text{r/min}$，简谐荷载幅值 $p=p_0\sin\theta t$，$p_0=12\text{kN}$，土壤的阻尼比为 0.07。试求机器与基础作竖向受迫振动时的振幅。

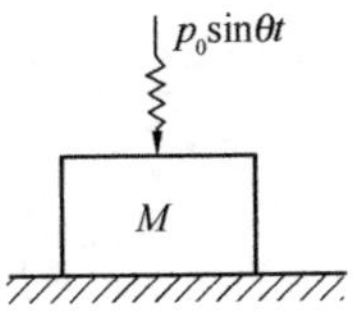

图 3-15　机器简谐荷载下的强迫振动

【解】

土壤的刚度系数为

$$k=EA=54000\text{kN/m} \tag{a}$$

系统固有频率为

$$\omega=\sqrt{\frac{k}{m}}=\sqrt{\frac{5.4\times10^7}{24\times10^3}}=47.43\text{rad/s} \tag{b}$$

简谐荷载激励频率为

$$\theta=\frac{2n\pi}{60}=83.77\text{s}^{-1} \tag{c}$$

体系动力放大系数为

$$\beta=\frac{1}{\sqrt{\left[1-\left(\frac{\theta}{\omega}\right)^2\right]^2+\left(2\xi\frac{\theta}{\omega}\right)^2}}=0.46 \tag{d}$$

则体系在简谐荷载作用下的振幅为

$$A = [y(t)]_{\max} = \beta y_{st} = \beta \frac{p_0}{k} = 0.10\text{mm} \tag{e}$$

【例题 3-10】 利用激振器测量某单层厂房。加载形式为简谐激励，前后两次测量激振频率分别为 $\theta_1 = 16\text{rad/s}$、$\theta_2 = 25\text{rad/s}$。前后两次测量得到的激振力、振幅和相位角的结果分别为

$$\begin{cases} p_1 = 500\text{N},\ A_1 = 0.72\mu\text{m},\ \varphi_1 = 15^\circ \\ p_2 = 500\text{N},\ A_2 = 1.45\mu\text{m},\ \varphi_2 = 55^\circ \end{cases}$$

试求：体系的等效质量、等效刚度、固有频率、黏滞阻尼器系数和阻尼比。

【解】

体系稳态强迫振动振幅的计算公式为

$$A = \frac{p_0}{k}\frac{1}{\sqrt{(1-\gamma^2)^2+(2\xi\gamma)^2}} = \frac{p_0}{k}\frac{1}{1-\gamma^2}\frac{1}{\sqrt{1+\left(\frac{2\xi\gamma}{1-\gamma^2}\right)^2}} \tag{a}$$

引入相位角的计算公式

$$\tan\varphi = \frac{2\xi\gamma}{1-\gamma^2} \tag{b}$$

将其代入式（a）可得

$$A = \frac{p_0}{k}\frac{1}{1-\gamma^2}\cos\varphi \Rightarrow k - k\gamma^2 = \frac{p_0\cos\varphi}{A} \Rightarrow k - k\left(\frac{\theta}{\omega}\right)^2 = \frac{p_0\cos\varphi}{A} \Rightarrow k - m\theta^2 = \frac{p_0\cos\varphi}{A} \tag{c}$$

将两次测试结果代入上式有

$$\begin{cases} k - m\times 16^2 = \dfrac{500\times\cos 15^\circ}{0.72\times 10^{-6}} \\ k - m\times 25^2 = \dfrac{500\times\cos 55^\circ}{1.45\times 10^{-6}} \end{cases} \tag{d}$$

联立上式可求得体系等效质量和等效刚度分别为

$$\begin{cases} m = 1.29\times 10^6\text{kg} \\ k = 1.01\times 10^9\text{N/m} \end{cases} \tag{e}$$

进而可得该单层厂房的固有频率为

$$\omega = \sqrt{\frac{k}{m}} = 27.9\text{rad/s} \tag{f}$$

联立式（a）和式（b）可得

$$\xi = \frac{p_0\sin\varphi}{2Ak\gamma} = \frac{p_0\sin\varphi}{2Ak\dfrac{\theta}{\omega}} \tag{g}$$

将任一次测试数据代入上面的阻尼比计算公式有

$$\xi = \frac{p_0\sin\varphi}{2Ak\gamma} = \frac{500\sin 15^\circ}{2\times 0.72\times 10^{-6}\times 1.01\times 10^9\times\dfrac{16}{27.9}} = 0.15 \tag{h}$$

则可得到体系的黏滞阻尼系数为

$$c = \xi \cdot 2m\omega = 1.12 \times 10^7 \mathrm{N \cdot s/m} \tag{i}$$

习　题

3.1　题3.1图示外伸梁，梁的抗弯刚度为 EI，伸臂的端点固定一质量为 M 的重物，不计梁的质量，试确定其自由振动的频率；若在初始时刻给重物一个初速度 v_0，求其自由振动的响应，包括振幅和相位。

3.2　题3.2图示系统，一根梁两端由刚度系数为 k 的弹簧支承，$EI=\infty$。在梁上有一质量为 M 的重物，略去梁的质量，试计算重物作自由振动的周期。

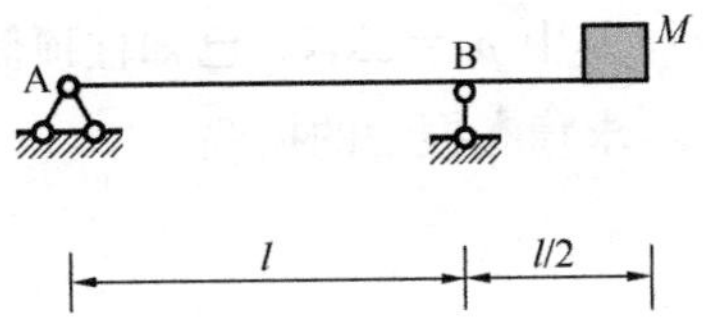

题3.1图

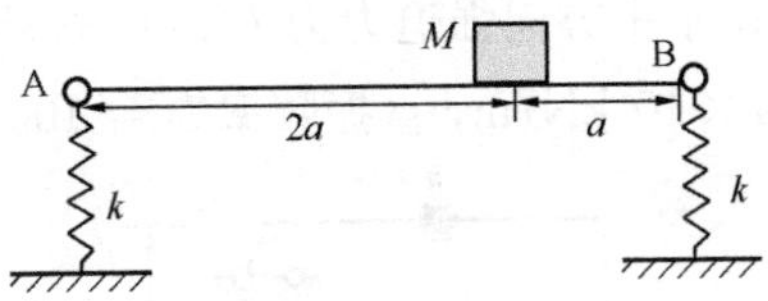

题3.2图

3.3　题3.3图示系统，两跨的连续梁，右跨的中央安装了质量为 M 的电机，梁的抗弯刚度为 EI，不考虑梁的自重，试求电机作竖向自由振动的固有频率。

3.4　题3.4图示 L 形平面刚架，构件的抗弯刚度为 EI，求质量块 M 水平自由振动的频率。

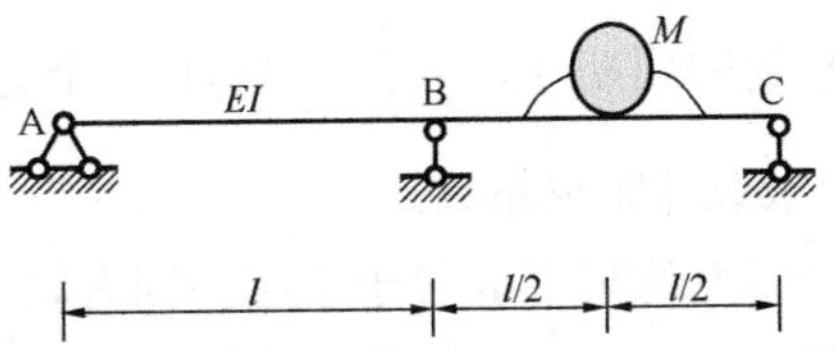

题3.3图

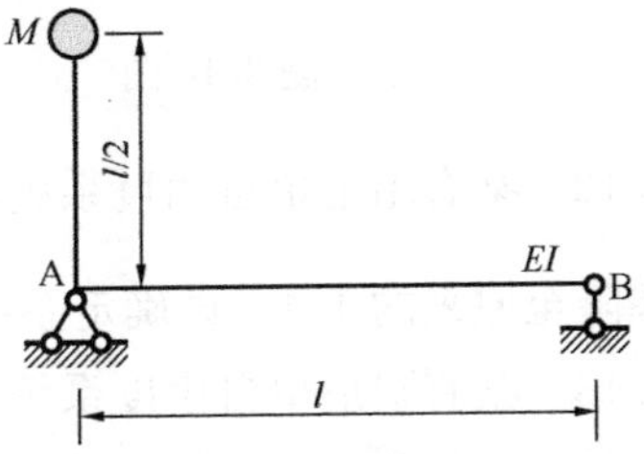

题3.4图

3.5　在习题3.1中，若考虑梁的分布质量的影响，假定梁单位长度的质量为 $m=\dfrac{M}{2l}$，试确定系统的固有频率（提示：以物块的竖向位移 $y(t)$ 为广义坐标，梁的变形曲线近似用自由端受竖向集中力作用时的静挠度曲线，并用 $y(t)$ 来表示梁的变形曲线）。

3.6　在习题3.3中，假定梁单位长度的质量为 $m=\dfrac{M}{2l}$，试确定系统的固有频率。

3.7　在习题3.3中，若电机的转速为 p(rad/s)，转子的偏心质量为 m，偏心距为 e，试计算马达动位移的幅值。

3.8　题 3.8 图示梁不计自重，求自振频率 ω。

3.9　题 3.9 图示单跨梁不计自重，杆无弯曲变形，弹性支座刚度为 k，求自振频率 ω。

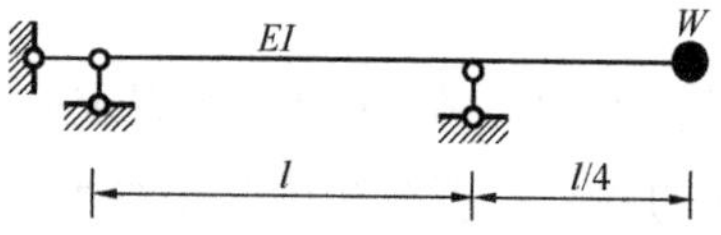

题 3.8 图

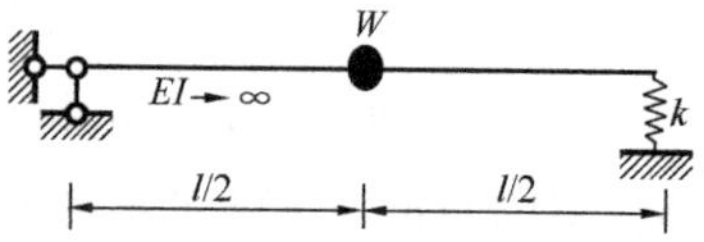

题 3.9 图

3.10　题 3.10 图示系统试求其自振频率。略去杆件自重及阻尼影响。

3.11　题 3.11 图示系统，电机重 $W=10\text{kN}$ 置于刚性横梁上，电机转速 $n=500\text{r/min}$，水平方向强迫力为 $p(t)=p_0\sin(\theta t)$，其中 $p_0=2\text{kN}$。已知柱顶侧移刚度 $k=1.02\times10^4\text{kN/m}$，自振频率 $\omega=100\text{rad/s}$。求稳态振动的振幅。

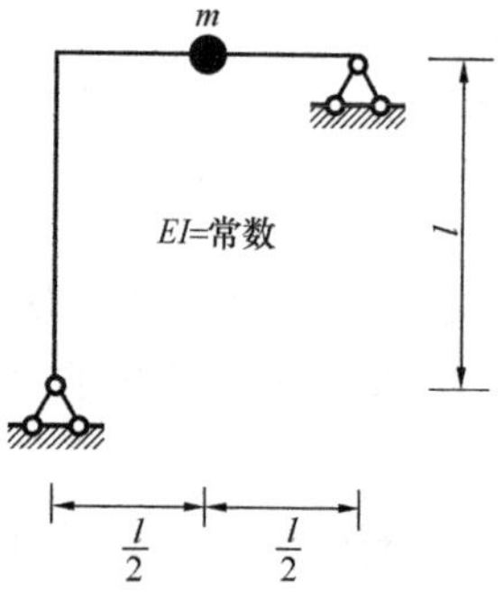

题 3.10 图

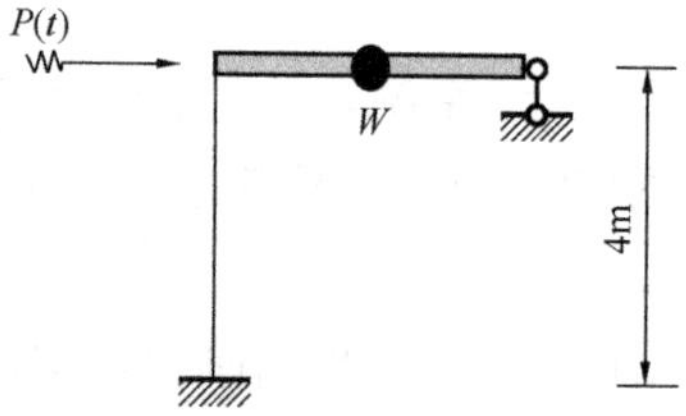

题 3.11 图

3.12　某有阻尼单自由度系统，观察到的周期 $T_d=\dfrac{1}{2}\text{s}$，振动 10 个完整周期后振幅降至原来的 1/4，试确定系统的等效黏滞阻尼系数。

3.13　某有阻尼单自由度系统，当激振力的频率 p 等于系统的固有频率 ω 时，质点的稳态动位移幅值是静位移的 6.5 倍。试确定系统的等效黏滞阻尼系数。

3.14　在习题 3.13 中，当 $v=\dfrac{p}{\omega}=0.5$ 时，求质点的动位移的幅值，设质点的静位移 x_{st} 为已知。

3.15　在习题 3.1 中，若在支座 A 作用一外力矩，其变化规律如题 3.15 图所示，试求重物 M 的动力响应表达式。

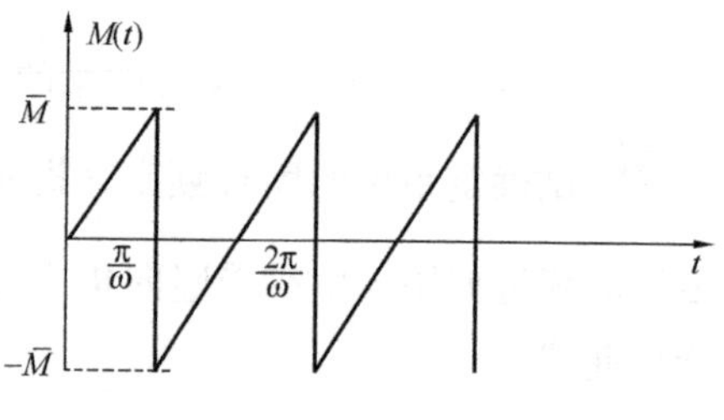

题 3.15 图

3.16　已知某弹簧质量系统，质体的质量为 10kg，在黏性阻尼中振动频率为 10Hz，相隔 5 个周期振幅衰减 50%，试计算系统的阻尼系数及阻尼比。

第 4 章　多自由度体系振动问题

第 3 章中讨论了单自由度体系的振动，在此基础上，本章进一步讨论两自由度体系和多自由度体系的自由振动和在简谐荷载下的强迫振动。

4.1　无阻尼两自由度体系的自由振动

在工程实际中，很多问题可以简化成单自由度体系进行计算，但也有一些问题不能这样处理，例如多层房屋的侧向振动、不等高排架的振动等都要当成多自由度体系进行计算。按建立运动方程的方法，多自由度体系自由振动的求解的方法主要有两种：刚度法和柔度法。本节首先讨论两自由度体系的自由振动问题。

4.1.1　刚度法

图 4-1(a) 所示为一个具有 2 个集中质量的体系，具有两自由度。现按刚度法推导无阻尼自由振动的微分方程，取质量 m_1 和 m_2 作隔离体，如图 4-1(b) 所示。隔离体 m_1 和 m_2 所受的力有下列两种：

1. 惯性力 $-m_1\ddot{y}_1$ 和 $-m_2\ddot{y}_2$，分别与加速度 $\ddot{y}_1$ 和 $\ddot{y}_2$ 的方向相反。

2. 弹性力 f_{s1} 和 f_{s2} 分别与位移 y_1 和 y_2 的方向相反。

根据达朗贝尔原理，可列出平衡方程如下：

$$\begin{cases} m_1\ddot{y}_1 + f_{s1} = 0 \\ m_2\ddot{y}_2 + f_{s2} = 0 \end{cases} \tag{4-1}$$

式中，弹性力 f_{s1} 和 f_{s2} 是质量 m_1 和 m_2 与结构之间的相互作用力，图 4-1(b) 中的 f_{s1} 和 f_{s2} 是质点受到结构的力，图 4-1(c) 中 f'_{s1} 和 f'_{s2} 是结构受到质点的反作

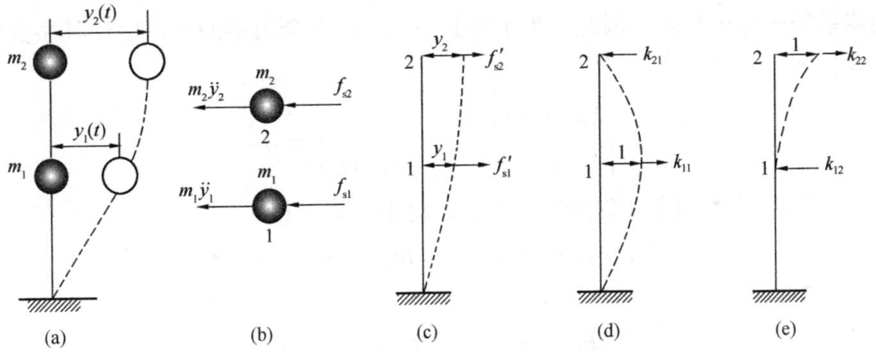

图 4-1　无阻尼两自由度体系自由振动

用力，二者的方向彼此相反。结构所受的力 f'_{s1} 和 f'_{s2} 与位移 y_1 和 y_2 之间应满足刚度方程：

$$\begin{cases} f'_{s1} = k_{11}y_1 + k_{12}y_2 \\ f'_{s2} = k_{21}y_1 + k_{22}y_2 \end{cases} \tag{4-2}$$

这里，k_{ij} 是结构的刚度系数，如图 4-1(d) 和图 4-1(e) 所示。例如，k_{12} 是使点 2 沿运动方向产生单位位移（点 1 位移保持为零）时在点 1 需施加的力。

将式（4-2）代入式（4-1），可得

$$\begin{cases} m_1\ddot{y}_1(t) + k_{11}y_1(t) + k_{12}y_2(t) = 0 \\ m_2\ddot{y}_2(t) + k_{21}y_1(t) + k_{22}y_2(t) = 0 \end{cases} \tag{4-3}$$

式（4-3）即为按刚度法建立的无阻尼两自由度体系的自由振动微分方程。

与单自由度体系自由振动的情况一样，这里也假设两个质点作简谐振动，式（4-3）的解设为

$$\begin{cases} y_1(t) = A_1\sin(\omega t + \varphi) \\ y_2(t) = A_2\sin(\omega t + \varphi) \end{cases} \tag{4-4}$$

式（4-4）所表示的运动具有以下特点：

1. 在振动过程中，两个质点具有相同的频率 ω 和相同的相位角 φ，A_1 和 A_2 是位移幅值。

2. 在振动过程中，两个质点的位移在数值上随时间而变化，但二者的比值始终保持不变，即

$$\frac{y_1(t)}{y_2(t)} = \frac{A_1}{A_2} = \text{常数}$$

这种结构位移形状保持不变的振动形式可称为主振型或振型。将式（4-4）代入式（4-3）消去公因子 $\sin(\omega t + \varphi)$ 后，得

$$\begin{cases} (k_{11} - \omega^2 m_1)A_1 + k_{12}A_2 = 0 \\ k_{21}A_1 + (k_{22} - \omega^2 m_2)A_2 = 0 \end{cases} \tag{4-5}$$

式（4-5）为 A_1、A_2 的齐次方程。$A_1 = A_2 = 0$ 虽然是方程的解，但它对应于结构体系处于静止状态。因此，为了得到 A_1、A_2 不全为零的解，应使其系数行列式为零，即

$$\begin{vmatrix} k_{11} - \omega^2 m_1 & k_{12} \\ k_{21} & k_{22} - \omega^2 m_2 \end{vmatrix} = 0 \tag{4-6}$$

式（4-6）称为频率方程或特征方程，将上式展开得

$$(k_{11} - \omega^2 m_1)(k_{22} - \omega^2 m_2) - k_{12}k_{21} = 0$$

整理后，得

$$(\omega^2)^2 - \left(\frac{k_{11}}{m_1} + \frac{k_{22}}{m_2}\right)\omega^2 + \frac{k_{11}k_{22} - k_{12}k_{21}}{m_1 m_2} = 0 \tag{4-7}$$

式（4-7）是 ω^2 的二次方程，由此可解出 ω^2 的两个根为

$$\omega^2=\frac{1}{2}\left(\frac{k_{11}}{m_1}+\frac{k_{22}}{m_2}\right)\pm\sqrt{\left[\frac{1}{2}\left(\frac{k_{11}}{m_1}+\frac{k_{22}}{m_2}\right)\right]^2-\frac{k_{11}k_{22}-k_{12}k_{21}}{m_1m_2}} \tag{4-8}$$

这两个根都是正的。由此可见，两自由度的体系有2个自振频率。用 ω_1 表示其中最小的圆频率，称为第一自振圆频率或基本自振圆频率。另一个圆频率 ω_2 称为第二自振圆频率。求出自振圆频率 ω_1 和 ω_2 之后，再来确定它们各自相应的振型。由于系数行列式为0，方程组中的两个方程是线性相关的，将 ω_1 代入式（4-5），可以求出 A_1、A_2 的一个比值（为与位移幅值符号 A 相区别，本书将对应于第 j 振型的第 i 质点位移幅值用符号 ϕ_{ij} 表示），这个比值所确定的为第一振型，有

$$\frac{A_{11}}{A_{21}}=\frac{\phi_{11}}{\phi_{21}}=-\frac{k_{12}}{k_{11}-\omega_1^2m_1} \tag{4-9}$$

这里，ϕ_{11} 和 ϕ_{21} 分别表示第一振型中质点1和2的振幅，如图4-2(b)所示。

同样，将 ω_2 代入式（4-5）可以求出 A_1、A_2 的另一个比值。这个比值所确定的另一个振动形式称为第二振型，有

$$\frac{\phi_{12}}{\phi_{22}}=-\frac{k_{12}}{k_{11}-\omega_2^2m_1} \tag{4-10}$$

这里，ϕ_{12} 和 ϕ_{22} 分别表示第二振型中质点1和2的振幅，如图4-2(c)所示。

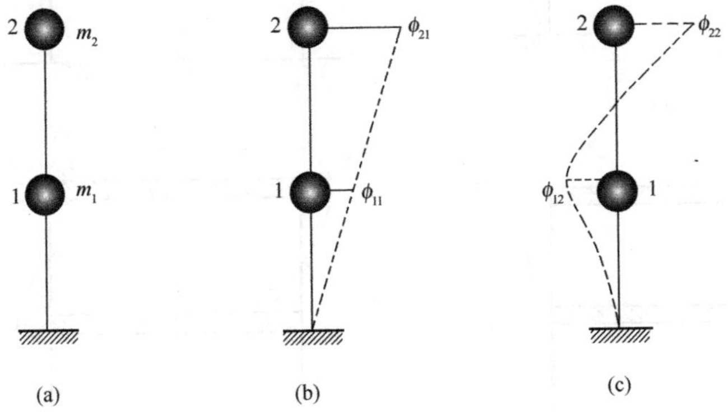

图4-2 无阻尼两自由度体系自由振动主振型

两自由度体系如果按某个主振型自由振动时，由于它的振动形式保持不变，因此这个两自由度体系实际上是像一个单自由度体系那样在振动。两自由度体系能够按某个主振型自由振动的条件是：初始位移和初始速度应当与此主振型相对应。

在一般情形下，两自由度体系的自由振动可看作是两种频率及其主振型的组合振动，即

$$\begin{cases}y_1(t)=\phi_{11}\sin(\omega_1t+\varphi_1)+\phi_{12}\sin(\omega_2t+\varphi_2)\\y_2(t)=\phi_{21}\sin(\omega_1t+\varphi_1)+\phi_{22}\sin(\omega_2t+\varphi_2)\end{cases} \tag{4-11}$$

式（4-11）即为微分方程（4-3）的全解，其中待定常数 ϕ_{ij} 可由初始条件来确定。

【例题 4-1】 图 4-3(a) 所示两层刚架，其横梁为无限刚性。设质量集中在楼层上，第一、二层的质量分别为 m_1、m_2。层间侧移刚度分别为 k_1、k_2，即层间产生单位相对侧移时所需施加的力，如图 4-3(b) 所示。试求刚架水平振动时的自振频率和主振型。

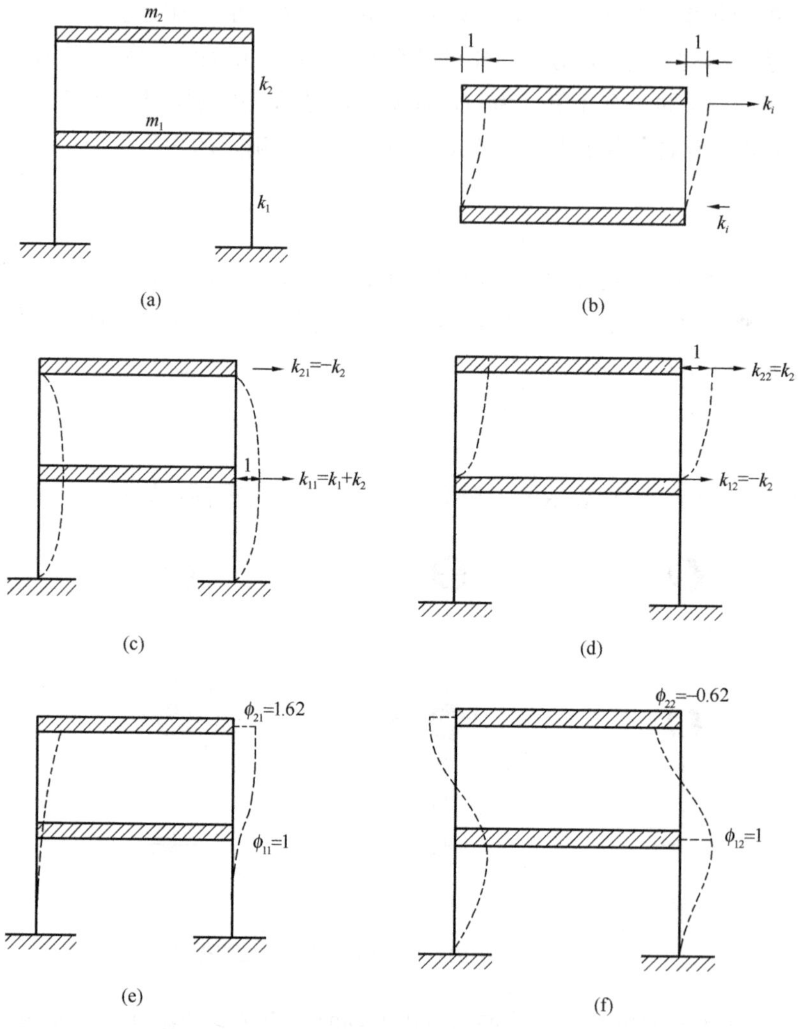

图 4-3　两层刚架结构无阻尼水平自由振动

【解】

由图 4-3(c) 和图 4-3(d) 可求出结构的刚度系数如下：

$$k_{11}=k_1+k_2,\ k_{21}=-k_2,\ k_{12}=-k_2,\ k_{22}=k_2$$

将刚度系数代入式（4-7），得

$$(k_1+k_2-\omega^2 m_1)(k_2-\omega^2 m_2)-k_2^2=0 \tag{a}$$

分两种情况讨论：

1. 当 $m_1=m_2=m$，$k_1=k_2=k$ 时

此时式（a）变为

$$(2k-\omega^2 m)(k-\omega^2 m)-k^2=0 \tag{b}$$

由此求得两个频率分别为

$$\begin{aligned}\omega_1^2&=\frac{(3-\sqrt{5})}{2}\frac{k}{m}=0.38\frac{k}{m}\\ \omega_2^2&=\frac{(3+\sqrt{5})}{2}\frac{k}{m}=2.62\frac{k}{m}\end{aligned} \tag{c}$$

求振型时，可由式（4-9）和式（4-10）求出振幅比值，从而画出振型图。

$$\begin{aligned}&\text{第一主振型：}\quad \frac{\phi_{11}}{\phi_{21}}=\frac{k}{2k-0.38k}=\frac{1}{1.62}\\ &\text{第二主振型：}\quad \frac{\phi_{12}}{\phi_{22}}=\frac{k}{2k-2.62k}=-\frac{1}{0.62}\end{aligned} \tag{d}$$

两个主振型如图 4-3(e)、(f) 所示。

2. 当 $m_1=nm_2$，$k_1=nk_2$ 时

此时式（a）变为

$$[(n+1)k_2-\omega^2 nm_2](k_2-\omega^2 m_2)-k_2^2=0 \tag{e}$$

由此求得

$$\begin{aligned}\omega_1^2&=\frac{1}{2}\left[\left(2+\frac{1}{n}\right)-\sqrt{\frac{4}{n}+\frac{1}{n^2}}\right]\frac{k_2}{m_2}\\ \omega_2^2&=\frac{1}{2}\left[\left(2+\frac{1}{n}\right)+\sqrt{\frac{4}{n}+\frac{1}{n^2}}\right]\frac{k_2}{m_2}\end{aligned} \tag{f}$$

代入式（4-9）和式（4-10），可求出主振型

$$\begin{aligned}&\text{第一主振型：}\quad \frac{\phi_{21}}{\phi_{11}}=\frac{1}{2}+\sqrt{n+\frac{1}{4}}\\ &\text{第二主振型：}\quad \frac{\phi_{22}}{\phi_{12}}=\frac{1}{2}-\sqrt{n+\frac{1}{4}}\end{aligned} \tag{g}$$

如 $n=90$ 时，

$$\frac{\phi_{21}}{\phi_{11}}=\frac{10}{1},\ \frac{\phi_{22}}{\phi_{12}}=-\frac{9}{1} \tag{h}$$

由此可见，当顶部质量和刚度突然变小时，顶部位移比下部位移要大很多。建筑结构中，这种因顶部质量和刚度突然变小，在振动中引起巨大反响的现象，称为鞭梢效应。地震灾害调查中发现，屋顶的小阁楼等附属结构物破坏严重，主要因为顶部质量和刚度的突变，由鞭梢效应引起的结果。

4.1.2 柔度法

现在改用柔度法来讨论两自由度体系的自由振动问题。仍以图 4-1(a) 所示两自由度的体系为例进行讨论。按柔度法建立自由振动微分方程的思路是：在自由振动过程中的任一时刻 t，质量 m_1、m_2 的位移 $y_1(t)$、$y_2(t)$ 应当等于体系在当时惯性力 $-m_1\ddot{y}_1(t)$、$-m_2\ddot{y}_2(t)$ 作用下所产生的静力位移。

据此可列出方程如下：

$$\begin{cases} y_1(t) = -m_1\ddot{y}_1(t)\delta_{11} - m_2\ddot{y}_2(t)\delta_{12} \\ y_2(t) = -m_1\ddot{y}_1(t)\delta_{21} - m_2\ddot{y}_2(t)\delta_{22} \end{cases} \tag{4-12}$$

这里 δ_{ij} 是体系的柔度系数。这个按柔度法建立的方程可与按刚度法建立的方程（4-3）加以对照。

仍设解为如下形式：

$$\begin{cases} y_1(t) = A_1\sin(\omega t + \varphi) \\ y_2(t) = A_2\sin(\omega t + \varphi) \end{cases} \tag{a}$$

这里，假设多自由度体系按某一主振型像单自由度体系那样作自由振动，A_1 和 A_2 是两质点的振幅。由式（a）可知两个质点的惯性力为

$$\begin{cases} -m_1\ddot{y}_1(t) = m_1\omega^2 A_1\sin(\omega t + \varphi) \\ -m_2\ddot{y}_2(t) = m_2\omega^2 A_2\sin(\omega t + \varphi) \end{cases} \tag{b}$$

将式（a）和式（b）代入式（4-12），消去公因子 $\sin(\omega t + \varphi)$ 后，得

$$\begin{cases} A_1 = (\omega^2 m_1 A_1)\delta_{11} + (\omega^2 m_2 A_2)\delta_{12} \\ A_2 = (\omega^2 m_1 A_1)\delta_{21} + (\omega^2 m_2 A_2)\delta_{22} \end{cases} \tag{4-13}$$

为了得到 A_1、A_2 不全为零的解，应使系数行列式等于零，即

$$\begin{vmatrix} \delta_{11}m_1 - \dfrac{1}{\omega^2} & \delta_{12}m_2 \\ \delta_{21}m_1 & \delta_{22}m_2 - \dfrac{1}{\omega^2} \end{vmatrix} = 0 \tag{4-14}$$

式（4-14）即为用柔度系数表示的频率方程或特征方程，由它可以求出两个频率 ω_1 和 ω_2。将式（4-14）展开，并令 $\lambda = \dfrac{1}{\omega^2}$，可得

$$\lambda^2 - (\delta_{11}m_1 + \delta_{22}m_2)\lambda + (\delta_{11}\delta_{22}m_2m_1 - \delta_{12}\delta_{21}m_1m_2) = 0$$

由此可以解出 λ 的两个根为

$$\lambda_{1,2} = \frac{(\delta_{11}m_1 + \delta_{22}m_2) \pm \sqrt{(\delta_{11}m_1 + \delta_{22}m_2)^2 - 4(\delta_{11}\delta_{22} - \delta_{12}\delta_{21})m_1m_2}}{2} \tag{4-15}$$

于是求得体系的振动圆频率值分别为

$$\omega_1 = \frac{1}{\sqrt{\lambda_1}},\quad \omega_2 = \frac{1}{\sqrt{\lambda_2}} \tag{4-16}$$

将 $\omega=\omega_1$ 和 $\omega=\omega_2$ 代入式 (4-13)，可得

$$\frac{\phi_{11}}{\phi_{21}}=-\frac{\delta_{12}m_2}{\delta_{11}m_1-\dfrac{1}{\omega_1^2}}=\frac{\delta_{12}m_2}{\delta_{11}m_1-\lambda_1} \tag{4-17}$$

$$\frac{\phi_{12}}{\phi_{22}}=-\frac{\delta_{12}m_2}{\delta_{11}m_1-\dfrac{1}{\omega_2^2}}=\frac{\delta_{12}m_2}{\delta_{11}m_1-\lambda_2}$$

从上面的讨论中可归纳出几点：

1. 在两（或多）自由度体系自由振动问题中，主要问题是确定体系的全部自振频率及其相应的主振型。

2. 两（或多）自由度体系的自振频率不止一个，其个数与自由度的个数相等。自振频率可由特征方程求出。

3. 每个自振频率有自己相应的主振型。主振型就是多自由度体系能够按单自由度振动时所具有的特定形式。

4. 与单自由度体系相同，多自由度体系的自振频率和主振型也是体系本身的固有性质。自振频率只与体系本身的刚度系数及其质量的分布形式有关，而与外荷载无关。

4.2　简谐荷载下无阻尼两自由度体系的强迫振动

本节主要讨论无阻尼条件下，两自由度体系在简谐荷载作用下的强迫振动问题。

4.2.1　刚度法

以图 4-4 所示两自由度体系为例，在动力荷载作用下的振动方程为

$$\begin{cases}m_1\ddot{y}_1(t)+k_{11}y_1(t)+k_{12}y_2(t)=p_1(t)=p_1\sin\theta t\\ m_2\ddot{y}_2(t)+k_{21}y_1(t)+k_{22}y_2(t)=p_2(t)=p_2\sin\theta t\end{cases} \tag{4-18}$$

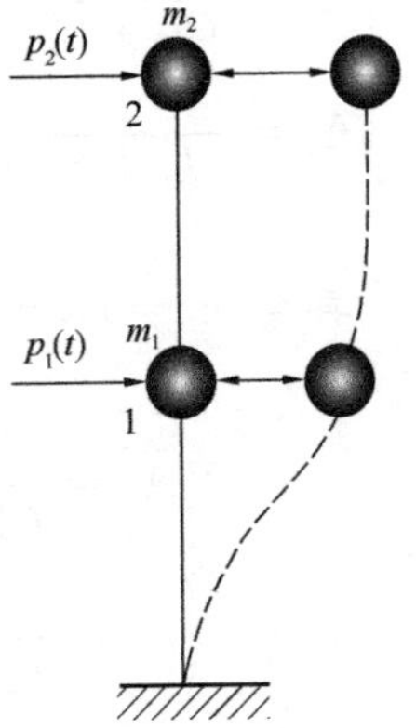

图 4-4　简谐荷载下无阻尼两自由度体系强迫振动刚度法

则在平稳振动阶段，各质点也作简谐振动

$$\begin{cases}y_1(t)=A_1\sin\theta t\\ y_2(t)=A_2\sin\theta t\end{cases} \tag{4-19}$$

将式 (4-19) 代入式 (4-18)，消去公因子 $\sin\theta t$ 后，得

$$\begin{cases}(k_{11}-\theta^2m_1)A_1+k_{12}A_2=p_1\\ k_{21}A_1+(k_{22}-\theta^2m_2)A_2=p_2\end{cases} \tag{4-20}$$

由此可解得位移幅值为

$$\begin{cases} A_1 = \dfrac{(k_{11} - \theta^2 m_2) p_1 - k_{12} p_2}{(k_{11} - \theta^2 m_1)(k_{22} - \theta^2 m_2) - k_{12} k_{21}} = \dfrac{J_1}{J_0} \\ A_2 = \dfrac{-k_{21} p_1 + (k_{11} - \theta^2 m_1) p_2}{(k_{11} - \theta^2 m_1)(k_{22} - \theta^2 m_2) - k_{12} k_{21}} = \dfrac{J_2}{J_0} \end{cases} \tag{4-21}$$

将式（4-21）的位移幅值代入式（4-19），即得两自由度无阻尼体系在简谐荷载作用下，任意时刻 t 的位移为

$$\begin{cases} y_1(t) = A_1 \sin\theta t = \dfrac{(k_{11} - \theta^2 m_2) p_1 - k_{12} p_2}{(k_{11} - \theta^2 m_1)(k_{22} - \theta^2 m_2) - k_{12} k_{21}} \sin\theta t = \dfrac{J_1}{J_0} \sin\theta t \\ y_2(t) = A_2 \sin\theta t = \dfrac{-k_{21} p_1 + (k_{11} - \theta^2 m_1) p_2}{(k_{11} - \theta^2 m_1)(k_{22} - \theta^2 m_2) - k_{12} k_{21}} \sin\theta t = \dfrac{J_2}{J_0} \sin\theta t \end{cases} \tag{4-22}$$

式（4-22）中的 J_0 与式（4-6）中的行列式具有相同的形式，只是将式（4-6）行列式中的 ω 换成了 J_0 中的 θ。因此，如果荷载频率 θ 与任一个自振频率 ω_1、ω_2 重合，则有 $J_0 = 0$。此时，当 J_1、J_2 不全为零时，则位移幅值即为无限大，即出现共振现象。

【例题 4-2】 如图 4-5 所示刚架在底层横梁上作用简谐荷载 $p_1(t) = p\sin\theta t$。试画出第一、二层横梁的振幅 A_1、A_2 与荷载频率 θ 之间的关系曲线。设 $m_1 = m_2 = m$，$k_1 = k_2 = k$。

【解】

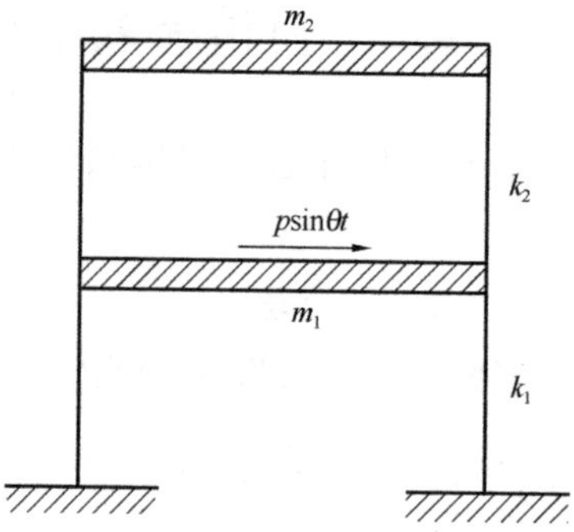

图 4-5 两层刚架结构简谐荷载下强迫振动

刚度系数为

$$k_{11} = k_1 + k_2,\ k_{12} = k_{21} = -k_2,\ k_{22} = k_2 \tag{a}$$

荷载幅值为

$$p_1 = p,\ p_2 = 0 \tag{b}$$

代入式（4-21），可求得位移幅值为

$$\begin{cases} A_1 = \dfrac{(k_2 - \theta^2 m_2) p}{(k_1 + k_2 - \theta^2 m_1)(k_2 - \theta^2 m_2) - k_2^2} \\ A_2 = \dfrac{k_2 p}{(k_1 + k_2 - \theta^2 m_1)(k_2 - \theta^2 m_2) - k_2^2} \end{cases} \tag{c}$$

再令 $m_1 = m_2 = m$、$k_1 = k_2 = k$ 代入上式，得

$$\begin{cases} A_1 = \dfrac{(k - m\theta^2) p}{(2k - \theta^2 m)(k - m\theta^2) - k^2} = \dfrac{(k - m\theta^2) p}{m^2(\theta^2 - \omega_1^2)(\theta^2 - \omega_2^2)} \\ A_2 = \dfrac{kp}{(2k - \theta^2 m)(k - m\theta^2) - k^2} = \dfrac{kp}{m^2(\theta^2 - \omega_1^2)(\theta^2 - \omega_2^2)} \end{cases} \tag{d}$$

其中，两个频率 ω_1 和 ω_2 已由【例题 4-1】中求出：

$$\omega_1^2 = \frac{(3 - \sqrt{5})}{2} \frac{k}{m},\ \omega_2^2 = \frac{(3 + \sqrt{5})}{2} \frac{k}{m} \tag{e}$$

将其代入位移幅值，得

$$
\begin{cases}
A_1 = \dfrac{p}{k} \dfrac{\left(1 - \dfrac{m}{k}\theta^2\right)}{\left(1 - \dfrac{\theta^2}{\omega_1^2}\right)\left(1 - \dfrac{\theta^2}{\omega_2^2}\right)} \\
A_2 = \dfrac{p}{k} \dfrac{1}{\left(1 - \dfrac{\theta^2}{\omega_1^2}\right)\left(1 - \dfrac{\theta^2}{\omega_2^2}\right)}
\end{cases} \tag{f}
$$

图 4-6 为振幅参数 $\dfrac{A_1}{\frac{p}{k}}$、$\dfrac{A_2}{\frac{p}{k}}$ 与荷载频率参数 $\dfrac{\theta}{\sqrt{\frac{k}{m}}}$ 之间的关系曲线。由图看出，当 $\theta = 0.618\sqrt{\dfrac{k}{m}} = \omega_1$ 和 $\theta = 1.618\sqrt{\dfrac{k}{m}} = \omega_2$，$A_1$ 和 A_2 趋于无穷大。可见，在两自由度体系中，在两种情况下（$\theta = \omega_1$ 和 $\theta = \omega_2$），可能出现共振现象。

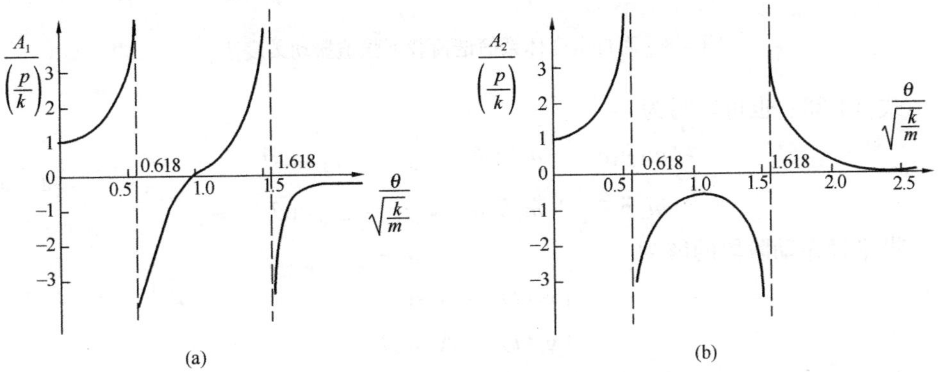

图 4-6　幅频响应曲线

讨论：

当 $\dfrac{k_2}{m_2} = \theta^2$ 时，则位移幅值可计算为

$$
\begin{cases}
A_1 = 0 \\
A_2 = -\dfrac{p}{k_2}
\end{cases}
$$

这说明，在图 4-7(a) 的结构上，附加以适当的 m_2、k_2 系统可以消除 m_1 的振动，如图 4-7(b) 所示，这就是动力吸振器的原理，设计吸振器时，可先根据 m_2 的许可振幅 $A_2 = \dfrac{p}{k_2}$ 选定 k_2，再由 $m_2 = \dfrac{k_2}{\theta^2}$ 确定 m_2 的值。

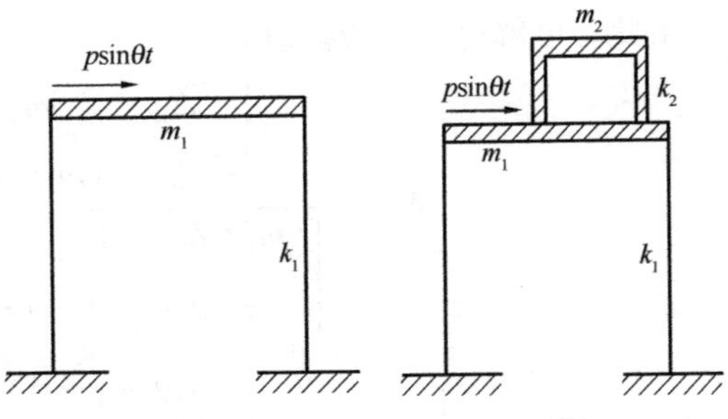

图 4-7　动力吸振器原理

4.2.2 柔度法

图 4-8(a) 所示两自由度体系，受简谐荷载作用，在任一时刻 t，质点 1、2 的位移为 y_1 和 y_2，可以由体系在惯性力 $-m_1\ddot{y}_1$、$-m_2\ddot{y}_2$ 和动力荷载共同作用下的位移，如图 4-8(b) 所示，通过叠加写出

$$\begin{cases} y_1 = (-m_1\ddot{y}_1)\delta_{11} + (-m_2\ddot{y}_2)\delta_{12} + \Delta_{1p}\sin\theta t \\ y_2 = (-m_1\ddot{y}_1)\delta_{21} + (-m_2\ddot{y}_2)\delta_{22} + \Delta_{2p}\sin\theta t \end{cases} \tag{4-23}$$

式中，Δ_{1p}、Δ_{2p} 为荷载幅值在质点 1、2 产生的静力位移。

图 4-8　两自由度体系简谐荷载下强迫振动柔度法

式 (4-23) 也可以写为

$$\begin{cases} m_1\ddot{y}_1\delta_{11} + m_2\ddot{y}_2\delta_{12} + y_1 = \Delta_{1p}\sin\theta t \\ m_1\ddot{y}_1\delta_{21} + m_2\ddot{y}_2\delta_{22} + y_2 = \Delta_{2p}\sin\theta t \end{cases} \tag{4-24}$$

设平稳振动阶段的解为

$$\begin{cases} y_1(t) = A_1\sin\theta t \\ y_2(t) = A_2\sin\theta t \end{cases}$$

代入式 (4-24)，消去公因子 $\sin\theta t$ 后，得

$$\begin{cases} (m_1\theta^2\delta_{11} - 1)A_1 + m_2\theta^2\delta_{12}A_2 + \Delta_{1p} = 0 \\ m_1\theta^2\delta_{21}A_1 + (m_2\theta^2\delta_{22} - 1)A_2 + \Delta_{2p} = 0 \end{cases} \tag{4-25}$$

由此，可解得位移的幅值为

$$\begin{cases} A_1 = \dfrac{\begin{vmatrix} -\Delta_{1p} & m_2\theta^2\delta_{12} \\ -\Delta_{2p} & (m_2\theta^2\delta_{22} - 1) \end{vmatrix}}{\begin{vmatrix} (m_1\theta^2\delta_{11} - 1) & m_2\theta^2\delta_{12} \\ m_1\theta^2\delta_{21} & (m_2\theta^2\delta_{22} - 1) \end{vmatrix}} = \dfrac{J_1}{J_0} \\ A_2 = \dfrac{\begin{vmatrix} (m_1\theta^2\delta_{11} - 1) & -\Delta_{1p} \\ m_2\theta^2\delta_{21} & -\Delta_{2p} \end{vmatrix}}{\begin{vmatrix} (m_1\theta^2\delta_{11} - 1) & m_2\theta^2\delta_{12} \\ m_1\theta^2\delta_{21} & (m_2\theta^2\delta_{22} - 1) \end{vmatrix}} = \dfrac{J_2}{J_0} \end{cases} \tag{4-26}$$

式 (4-26) 中的 J_0 以与自由振动中的行列式具有相同的形式，只是其中的 ω 换成了 J_0 中的 θ。因此，当荷载频率 θ 与任一个自振频率 ω_1、ω_2 相等时，则 $J_0 = 0$。当 J_1、J_2 不全为零时，位移幅值将趋于无限大，即出现共振现象。

【例题 4-3】试求图 4-9（a）所示体系的动位移和动弯矩的幅值图。并计算出质量 m_1 所在截面的位移动力系数和弯矩动力系数。已知 $m_1=m_2=m$，EI 为常数，$\theta=3.54\sqrt{EI/ml^3}$。

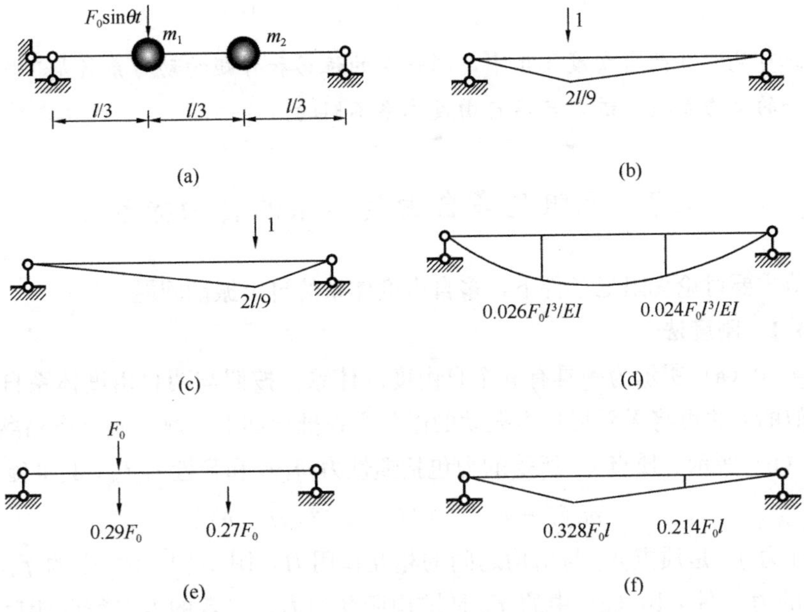

图 4-9　具有两质量块的简支梁简谐荷载下的强迫振动

【解】

采用柔度法求解，如图 4-9（b）和图 4-9（c）所示。体系柔度系数分别为

$$\delta_{11}=\delta_{22}=\frac{4l^3}{243EI},\ \delta_{12}=\delta_{21}=\frac{7l^3}{486EI},\ \Delta_{1p}=\frac{4F_0l^3}{243EI},\ \Delta_{2p}=\frac{7F_0l^3}{486EI} \tag{a}$$

则体系位移幅值如图 4-9（d）所示，可表示为

$$\begin{cases}A_1=\dfrac{J_1}{J_0}=0.026\dfrac{F_0l^3}{EI}\\[2ex] A_2=\dfrac{J_2}{J_0}=0.024\dfrac{F_0l^3}{EI}\end{cases} \tag{b}$$

惯性力幅值为

$$\begin{cases}f_{I1}=m_1\theta^2A_1=0.326F_0\\ f_{I2}=m_2\theta^2A_2=0.301F_0\end{cases} \tag{c}$$

将惯性力幅值和荷载幅值同时作用在体系上，如图 4-9（e）所示，可求得动弯矩幅值图如图 4-9（f）所示。

位移动力系数为

$$y_{1st}=\Delta_{1p}=\frac{4F_0l^3}{243EI},\ \mu_{y1}=\frac{A_1}{y_{1st}}=1.58 \tag{d}$$

弯矩动力系数为

$$M_{1st}=\frac{2F_0l}{9},\ \mu_{M1}=\frac{M_{01}}{M_{1st}}=1.48 \tag{e}$$

由此可见，在两自由度体系中，同一点的位移和弯矩的动力系数是不同的，即没有统一的动力系数，这是与单自由度体系不同的。

4.3 无阻尼多自由度体系的自由振动

本节主要讨论无阻尼条件下，多自由度体系的自由振动问题。

4.3.1 刚度法

图 4-10（a）所示为一具有 n 个自由度的体系。按照与两自由度体系自由振动问题类似的方法可将无阻尼自由振动的微分方程推导如下。取各质点作隔离体，如图 4-10（b）所示。质点 m_i 所受的力包括惯性力 $m_i\ddot{y}_i$ 和弹性力 f_{si}，其平衡方程为

$$m_i\ddot{y}_i+f_{si}=0\ (i=1,2,\cdots,n) \tag{4-27}$$

弹性力 f_{si} 是质点 m_i 与结构之间的相互作用力，图 4-10（b）中的 f_{si} 是质点 m_i 所受的力，图 4-10（c）中的 f'_{si} 是结构所受的力，二者的方向彼此相反。结构所受的力 f'_{si} 与结构的位移 y_1、y_2、…、y_n 之间应满足刚度方程如下：

$$f'_{si}=k_{i1}y_1+k_{i2}y_2+\cdots+k_{in}y_n(i=1,2,\cdots,n) \tag{4-28}$$

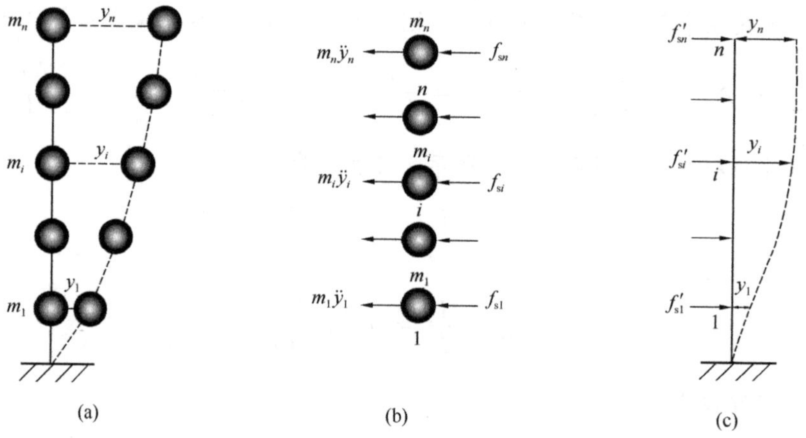

图 4-10 无阻尼多自由度体系自由振动

这里，k_{ij} 是结构的刚度系数，即使点 j 产生单位位移（其他各点的位移保持为零）时在点 i 所需施加的力。将式（4-28）代入式（4-27），即得自由振动微分方程组如下：

$$\begin{cases} m_1\ddot{y}_1 + k_{11}y_1 + k_{12}y_2 + \cdots + k_{1n}y_n = 0 \\ m_2\ddot{y}_2 + k_{21}y_1 + k_{22}y_2 + \cdots + k_{2n}y_n = 0 \\ \vdots \\ m_n\ddot{y}_n + k_{n1}y_1 + k_{n2}y_2 + \cdots + k_{nn}y_n = 0 \end{cases} \tag{4-29}$$

式（4-29）可用矩阵形式表示如下：

$$\begin{bmatrix} m_1 & & & \\ & m_2 & & \\ & & \ddots & \\ & & & m_n \end{bmatrix} \begin{Bmatrix} \ddot{y}_1 \\ \ddot{y}_2 \\ \vdots \\ \ddot{y}_n \end{Bmatrix} + \begin{bmatrix} k_{11} & k_{12} & \cdots & k_{1n} \\ k_{21} & k_{22} & \cdots & k_{2n} \\ \vdots & \vdots & \ddots & \vdots \\ k_{n1} & k_{n2} & \cdots & k_{nn} \end{bmatrix} \begin{Bmatrix} y_1 \\ y_2 \\ \vdots \\ y_n \end{Bmatrix} = \begin{Bmatrix} 0 \\ 0 \\ \vdots \\ 0 \end{Bmatrix} \tag{4-30}$$

或简写为

$$\boldsymbol{M}\ddot{\boldsymbol{Y}} + \boldsymbol{K}\boldsymbol{Y} = \boldsymbol{0} \tag{4-31}$$

式中，$\boldsymbol{Y}$ 和 $\ddot{\boldsymbol{Y}}$ 分别是位移向量和加速度向量，$\boldsymbol{M}$ 和 $\boldsymbol{K}$ 分别是质量矩阵和刚度矩阵，其中 $\boldsymbol{K}$ 是对角矩阵，$\boldsymbol{M}$ 是对称方阵，有

$$\boldsymbol{M} = \begin{bmatrix} m_1 & & & \\ & m_2 & & \\ & & \ddots & \\ & & & m_n \end{bmatrix}, \boldsymbol{K} = \begin{bmatrix} k_{11} & k_{12} & \cdots & k_{1n} \\ k_{21} & k_{22} & \cdots & k_{2n} \\ \vdots & \vdots & \ddots & \vdots \\ k_{n1} & k_{n2} & \cdots & k_{nn} \end{bmatrix}$$

假设该多自由度结构体系受简谐荷载激励，则式（4-31）的解可表达为

$$\boldsymbol{Y} = \boldsymbol{A}\sin(\omega t + \varphi) \tag{4-32}$$

这里，$\boldsymbol{A}$ 是位移幅值向量，即

$$\boldsymbol{A} = \begin{Bmatrix} A_1 \\ A_2 \\ \vdots \\ A_n \end{Bmatrix}$$

将式（4-32）代入式（4-31），消去公因子 $\sin(\omega t + \varphi)$，可得振型方程为

$$(\boldsymbol{K} - \omega^2\boldsymbol{M})\boldsymbol{A} = \boldsymbol{0} \tag{4-33}$$

式（4-33）是向量 $\boldsymbol{A}$ 的齐次方程。为得到 $\boldsymbol{A}$ 的非零解，应使系数行列式为零，即

$$J = |\boldsymbol{K} - \omega^2\boldsymbol{M}| = 0 \tag{4-34}$$

式（4-34）为有限多自由度体系的频率方程。其展开形式如下：

$$J = \begin{vmatrix} k_{11} - \omega^2 m_1 & k_{12} & \cdots & k_{1n} \\ k_{21} & k_{22} - \omega^2 m_2 & k_{23} & k_{2n} \\ \vdots & \vdots & \ddots & \vdots \\ k_{n1} & k_{n2} & \cdots & k_{nn} - \omega^2 m_n \end{vmatrix} = 0 \tag{4-35}$$

将行列式展开，可得到一个关于频率参数 ω^2 的 n 次代数方程（n 是体系自由度的个数），求出这个方程的 n 个根 ω_1^2、ω_2^2、…、ω_n^2。把全部自振频率按照由小到大的顺序排列，即可得出体系的 n 个自振频率 ω_1、$\omega_2 \cdots \omega_n$。其中最小的频率称为基本自振频率或第一自振频率。

将所求得的任一频率 $\omega_i^2(i=1, 2, \cdots, n)$ 代入式（4-33）中，因为方程系数的行列式为零，所以只能由其中的 $n-1$ 个方程解得各质量振幅之间的一组比值为

$$Y_1^{(i)}:Y_2^{(i)}:\cdots:Y_2^{(i)}=A_1^{(i)}:A_2^{(i)}:\cdots:A_n^{(i)}$$

其中 $\mathbf{A}^{(i)\mathrm{T}}=\boldsymbol{\Phi}^{(i)\mathrm{T}}=\{A_{1i}, A_{2i}, \cdots, A_{ni}\}=\{\phi_{1i}, \phi_{2i}, \cdots, \phi_{ni}\}$ 为多自由度体系自由振动的主振型向量，简称为振型向量。对应 n 个自振频率，可以求得 n 个线性无关的主振型向量。

为了使主振型向量的元素具有确定值，可令其中某个元素的值为 1，则其余元素的值可以按照上述比值关系求得，这样得到的主振型称为标准化主振型。

另一种标准化的做法是规定主振型满足下式：

$$\boldsymbol{\Phi}^{(i)\mathrm{T}}\boldsymbol{M}\boldsymbol{\Phi}^{(i)}=1 \tag{4-36}$$

【例题 4-4】 试求图 4-11 所示三层刚架的自振频率和主振型。设横梁的变形略去不计，第一、二、三层的层间刚度系数分别为 k、$k/3$ 和 $k/5$。刚架的质量都集中在楼板上，第一、二、三层楼板处的质量分别为 $2m$、m 和 m。

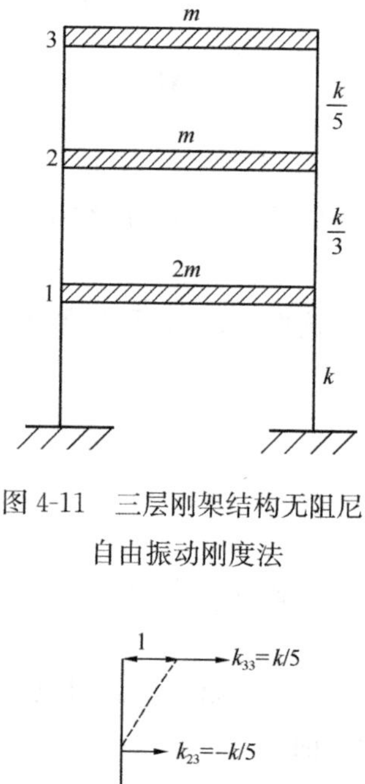

图 4-11　三层刚架结构无阻尼自由振动刚度法

【解】

(1) 求自振频率

刚架的刚度系数如图 4-12 所示，刚度矩阵和质量矩阵分别为

$$\boldsymbol{K}=\frac{k}{15}\begin{bmatrix}20 & -5 & 0\\ -5 & 8 & -3\\ 0 & -3 & 3\end{bmatrix}, \boldsymbol{M}=m\begin{bmatrix}2 & 0 & 0\\ 0 & 1 & 0\\ 0 & 0 & 1\end{bmatrix} \quad \text{(a)}$$

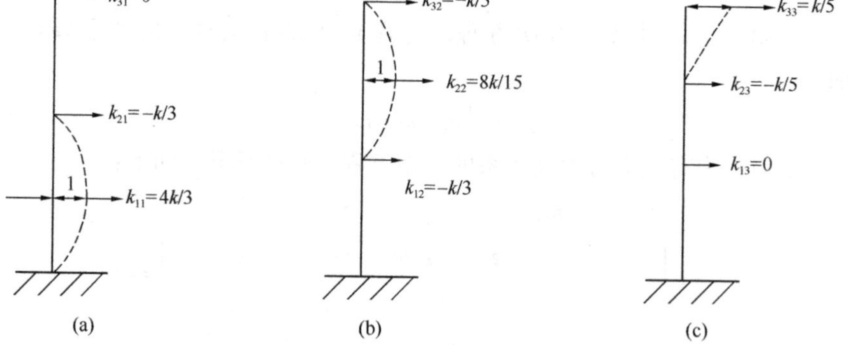

图 4-12　刚架刚度系数

将其代入频率方程（4-34），并令 $\eta=\frac{15m}{k}\omega^2$，可得

$$J=|\boldsymbol{K}-\omega^2\boldsymbol{M}|=\frac{k}{15}\begin{vmatrix}20-2\eta & -5 & 0\\ -5 & 8-\eta & -3\\ 0 & -3 & 3-\eta\end{vmatrix}=0 \tag{b}$$

其展开式为

$$\eta^3-42\eta^2+225\eta-225=0 \tag{c}$$

求解可得

$$\eta_1=1.29,\ \eta_2=6.68,\ \eta_3=13.03 \tag{d}$$

则该结构体系的频率分别为

$$\omega_1=0.29\sqrt{\frac{k}{m}},\ \omega_2=0.67\sqrt{\frac{k}{m}},\ \omega_3=0.93\sqrt{\frac{k}{m}} \tag{e}$$

(2) 求主振型

主振型 $\boldsymbol{Y}^{(i)}$ 由式（4-33）求解。在标准化主振型中，我们规定第三个元素 $\phi_{3i}=1$。首先，求第一主振型。将 ω_1 和 η_1 代入得

$$\boldsymbol{K}-\omega_1^2\boldsymbol{M}=\frac{k}{15}\begin{bmatrix}17.41 & -5 & 0\\ -5 & 6.71 & -3\\ 0 & -3 & 1.71\end{bmatrix} \tag{f}$$

代入式（4-33）中并展开，保留后两个方程，得

$$\begin{cases}-5\phi_{11}+6.07\phi_{21}-3\phi_{31}=0\\ -3\phi_{21}+1.71\phi_{31}=0\end{cases} \tag{g}$$

由于规定 $\phi_{31}=1$，上式解为

$$\boldsymbol{\Phi}^{(i)}=\begin{Bmatrix}\phi_{11}\\ \phi_{21}\\ \phi_{31}\end{Bmatrix}=\begin{Bmatrix}0.16\\ 0.57\\ 1\end{Bmatrix} \tag{h}$$

其次，求第二主振型。将 ω_2 和 η_2 代入得

$$\boldsymbol{K}-\omega_2^2\boldsymbol{M}=\frac{k}{15}\begin{bmatrix}6.64 & -5 & 0\\ -5 & 1.32 & -3\\ 0 & -3 & -3.68\end{bmatrix} \tag{i}$$

代入式（4-33），保留后两个方程，得

$$\begin{cases}-5\phi_{12}+1.32\phi_{22}-3\phi_{32}=0\\ -3\phi_{22}-3.68\phi_{32}=0\end{cases} \tag{j}$$

令 $\phi_{32}=1$，上式的解为

$$\boldsymbol{\Phi}^{(2)}=\begin{Bmatrix}\phi_{12}\\\phi_{22}\\\phi_{32}\end{Bmatrix}=\begin{Bmatrix}-0.92\\-1.23\\1\end{Bmatrix} \tag{k}$$

最后求第三主振型。将 ω_3 和 η_3 代入得

$$\boldsymbol{K}-\omega_3^2\boldsymbol{M}=\frac{k}{15}\begin{bmatrix}-6.05 & -5 & 0\\-5 & -5.03 & -3\\0 & -3 & -10.03\end{bmatrix} \tag{l}$$

代入式（4-33），保留后两个方程，得

$$\begin{cases}-5\phi_{13}+5.03\phi_{23}+3\phi_{33}=0\\3\phi_{23}+10.03\phi_{33}=0\end{cases} \tag{m}$$

令 $\phi_{33}=1$，上式的解为

$$\boldsymbol{\Phi}^{(3)}=\begin{Bmatrix}\phi_{13}\\\phi_{23}\\\phi_{33}\end{Bmatrix}=\begin{Bmatrix}2.76\\-3.34\\1\end{Bmatrix} \tag{n}$$

三个主振型的大致形状如图 4-13 所示。

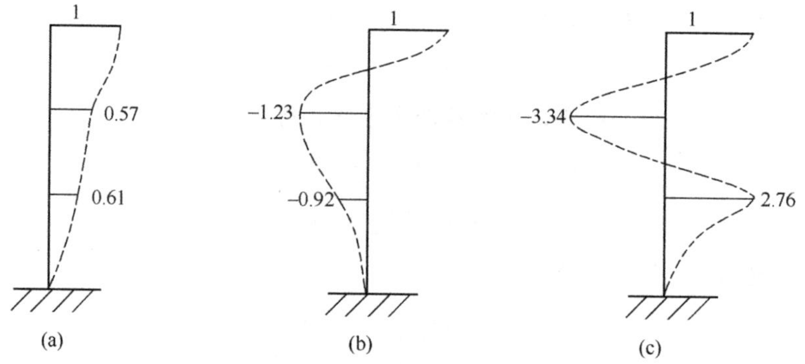

图 4-13　三层刚架自由振动主振型

4.3.2　柔度法

采用柔度法建立上述有限自由度体系的运动方程，以此求解结构的振动特性。利用刚度法可得

$$(\boldsymbol{K}-\omega^2\boldsymbol{M})\boldsymbol{\Phi}=\mathbf{0} \tag{4-37}$$

用 $\boldsymbol{K}^{-1}$ 乘以上式，并利用刚度矩阵与柔度矩阵之间的关系 $\boldsymbol{\Gamma}=\boldsymbol{K}^{-1}$，可得

$$(\boldsymbol{I}-\omega^2\boldsymbol{\Gamma}\boldsymbol{M})\boldsymbol{\Phi}=\mathbf{0} \tag{4-38}$$

再令 $\lambda=\dfrac{1}{\omega^2}$，可得

$$(\boldsymbol{\Gamma}\boldsymbol{M}-\lambda\boldsymbol{I})\boldsymbol{\Phi}=\mathbf{0} \tag{4-39}$$

式（4-39）为 n 个自由度体系的振型方程。由此可得结构体系的频率方程为

$$J=|\boldsymbol{\Gamma M}-\lambda \boldsymbol{I}|=0 \tag{4-40}$$

其展开形式为

$$J=\begin{vmatrix}\delta_{11}m_1-\lambda & \delta_{12}m_2 & \cdots & \delta_{1n}m_n\\ \delta_{21}m_1 & \delta_{22}m_2-\lambda & \cdots & \delta_{2n}m_n\\ \vdots & \vdots & \ddots & \vdots\\ \delta_{n1}m_1 & \delta_{n2}m_2 & \cdots & \delta_{nn}m_n-\lambda\end{vmatrix}=0 \tag{4-41}$$

由此可得关于 λ 的 n 次代数方程，可解出 n 个根 λ_1、λ_2、$\cdots$、λ_n，进而得到 n 个频率 ω_1、ω_2、$\cdots$、ω_n，然后将频率代入振型方程即可求得结构体系的 n 阶振型。

【例题 4-5】 试用柔度法重做例题 4-4。设第一层的层间柔度系数为 $\delta_1=\dfrac{1}{k}$，即单位层间力引起的层间位移，第二、三层的层间柔度系数分别为 $\delta_2=\dfrac{3}{k}$，$\delta_3=\dfrac{5}{k}$。

【解】

由层间柔度系数求得该三层刚架的柔度矩阵，

$$\boldsymbol{\Gamma}=\delta\begin{bmatrix}1&1&1\\1&4&4\\1&4&9\end{bmatrix},\ \boldsymbol{\Gamma M}=\delta m\begin{bmatrix}1&1&1\\1&4&4\\1&4&9\end{bmatrix}\begin{bmatrix}2&0&0\\0&1&0\\0&0&1\end{bmatrix}=\delta m\begin{bmatrix}2&1&1\\2&4&4\\2&4&9\end{bmatrix}$$

如图 4-14（b）、(c)、(d）所示。

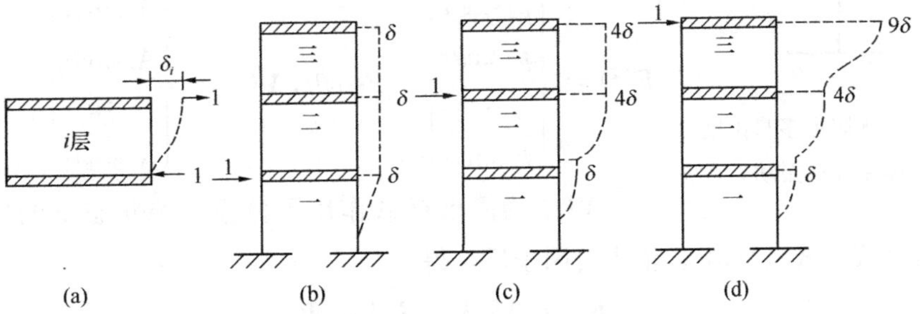

图 4-14　三层刚架无阻尼自由振动柔度法

将其代入频率方程（4-40），并令 $\eta=\dfrac{1}{\delta m\omega^2}$，可得

$$J=|\boldsymbol{\Gamma M}-\lambda\boldsymbol{I}|=\delta m\begin{bmatrix}2-\eta&1&1\\2&4-\eta&4\\2&4&9-\eta\end{bmatrix}=0\Rightarrow\eta^3-15\eta^2+42\eta-15=0 \quad \text{(a)}$$

由此可求得 $\eta_1=11.60$、$\eta_2=2.25$、$\eta_3=1.15$，则可求得结构体系的频率为

$$\omega_1=0.294\sqrt{\frac{1}{\delta m}},\ \omega_2=0.67\sqrt{\frac{1}{\delta m}},\ \omega_3=0.93\sqrt{\frac{1}{\delta m}} \quad \text{(b)}$$

代入振型方程（4-39），同样可求解体系的三个主振型，此处过程省略，有兴趣的同学可自行求解，其结果同例题4-4。

4.4　无阻尼多自由度体系的强迫振动

本节主要讨论无阻尼条件下，多自由度体系在简谐荷载和一般动荷载作用下的强迫振动问题。

4.4.1　简谐荷载作用

将两自由度结构体系推广到多自由度结构体系，则对于具有 n 个自由度的体系，如图4-15所示，强迫振动方程为

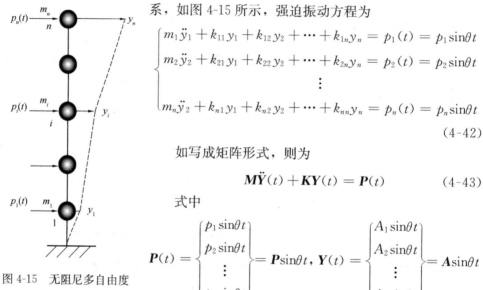

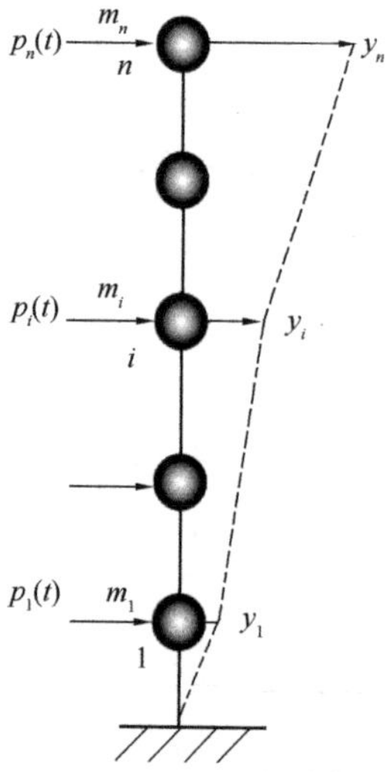

图4-15　无阻尼多自由度体系强迫振动

$$\begin{cases} m_1\ddot{y}_1+k_{11}y_1+k_{12}y_2+\cdots+k_{1n}y_n=p_1(t)=p_1\sin\theta t \\ m_2\ddot{y}_2+k_{21}y_1+k_{22}y_2+\cdots+k_{2n}y_n=p_2(t)=p_2\sin\theta t \\ \vdots \\ m_n\ddot{y}_2+k_{n1}y_1+k_{n2}y_2+\cdots+k_{nn}y_n=p_n(t)=p_n\sin\theta t \end{cases} \tag{4-42}$$

如写成矩阵形式，则为

$$\boldsymbol{M}\ddot{\boldsymbol{Y}}(t)+\boldsymbol{K}\boldsymbol{Y}(t)=\boldsymbol{P}(t) \tag{4-43}$$

式中

$$\boldsymbol{P}(t)=\begin{Bmatrix} p_1\sin\theta t \\ p_2\sin\theta t \\ \vdots \\ p_n\sin\theta t \end{Bmatrix}=\boldsymbol{P}\sin\theta t,\ \boldsymbol{Y}(t)=\begin{Bmatrix} A_1\sin\theta t \\ A_2\sin\theta t \\ \vdots \\ A_n\sin\theta t \end{Bmatrix}=\boldsymbol{A}\sin\theta t$$

$\boldsymbol{Y}(t)$ 为简谐荷载作用下体系平稳状态下的振动响应，将其代入式（4-43），消去公因子后，得

$$(\boldsymbol{K}-\theta^2\boldsymbol{M})\boldsymbol{A}=\boldsymbol{J}_0\boldsymbol{A}=\boldsymbol{P} \tag{4-44}$$

如果 $\theta\neq\omega$、$|\boldsymbol{J}_0|\neq0$，则可求得体系的位移振幅 $\boldsymbol{A}$，即得到任意时刻 t 体系各质点的位移响应。如果 $\theta=\omega$、$|\boldsymbol{J}_0|=0$，式（4-43）的解 $\boldsymbol{A}$ 趋于无穷大，则体系在荷载频率 θ 与体系自振频率中的任一个 ω_i 相等时，可能出现共振现象。对于具有 n 个自由度的体系来说，在 n 种情况下 $[\theta=\omega_i(i=1,2,\cdots,n)]$ 都可能出现共振现象。

4.4.2　一般动荷载作用

在通常情况下，质量矩阵 $\boldsymbol{M}$ 和刚度矩阵 $\boldsymbol{K}$ 并不都是对角矩阵，振动方程是一组相互耦联的微分方程。当 n 较大时，求解联立方程的工作非常繁重。为了使计算得到简化，可以采用振型分解法来讨论多自由度体系在一般动荷载下的振动问题。所谓振型分解法就是以体系自由振动时的主振型作为基础来描述质点的动位移，利

用主振型关于质量矩阵和刚度矩阵的正交性，将振动微分方程组转化为 n 个相互独立的微分方程。其中，每一个方程只包含对应一个主振型的一种位移，相当于一个单自由度体系的振动，可以独立求解。这种可以使方程组解耦的坐标称为正则坐标，它是一种广义坐标。

具体做法如下：

首先，根据坐标变换的有关规则，取体系正则坐标 $\boldsymbol{\eta}=\{\eta_1, \eta_2, \cdots, \eta_n\}^{\mathrm{T}}$ 与几何坐标 $\boldsymbol{Y}=\{y_1, y_2, \cdots, y_n\}^{\mathrm{T}}$ 之间的关系为

$$\boldsymbol{Y}=\boldsymbol{\Phi}\boldsymbol{\eta} \tag{4-45}$$

式中，$\boldsymbol{\Phi}=\{\boldsymbol{\Phi}^{(1)}, \boldsymbol{\Phi}^{(2)}, \cdots, \boldsymbol{\Phi}^{(n)}\}$ 称为主阵矩阵，它是正则坐标与几何之间的转换矩阵。将其代入式（4-45）中

$$\boldsymbol{Y}=\boldsymbol{\Phi}^{(1)}\eta_1+\boldsymbol{\Phi}^{(2)}\eta_2+\cdots+\boldsymbol{\Phi}^{(n)}\eta_n \tag{4-46}$$

式（4-46）的意义就是将质点的动位移向量按主振型进行分解，而正则坐标 η_i 就是实际位移 $\boldsymbol{Y}$ 按主振型分解时的系数。

其次，在一般动荷载作用下，n 个自由度体系的振动方程为

$$\boldsymbol{M}\ddot{\boldsymbol{Y}}+\boldsymbol{K}\boldsymbol{Y}=\boldsymbol{P}(t) \tag{4-47}$$

将式（4-45）代入式（4-47），再左乘 $\boldsymbol{\Phi}^{\mathrm{T}}$，可得

$$\boldsymbol{\Phi}^{\mathrm{T}}\boldsymbol{M}\boldsymbol{\Phi}\ddot{\boldsymbol{\eta}}+\boldsymbol{\Phi}^{\mathrm{T}}\boldsymbol{K}\boldsymbol{\Phi}\boldsymbol{\eta}=\boldsymbol{\Phi}^{\mathrm{T}}\boldsymbol{P}(t) \tag{4-48}$$

引入广义刚度矩阵 $\boldsymbol{K}^{*}=\boldsymbol{\Phi}^{\mathrm{T}}\boldsymbol{K}\boldsymbol{\Phi}$ 和广义质量矩阵 $\boldsymbol{M}^{*}=\boldsymbol{\Phi}^{\mathrm{T}}\boldsymbol{M}\boldsymbol{\Phi}$，再把 $\boldsymbol{\Phi}^{\mathrm{T}}\boldsymbol{P}(t)$ 看作广义荷载向量，记作

$$\boldsymbol{P}^{*}(t)=\boldsymbol{\Phi}\boldsymbol{P}(t) \tag{4-49}$$

式中，$P_i^{*}(t)=\boldsymbol{\Phi}^{(i)\mathrm{T}}\boldsymbol{P}(t)$ 为第 i 个主振型相应的广义荷载，于是式（4-48）写成

$$\boldsymbol{M}^{*}\ddot{\boldsymbol{\eta}}+\boldsymbol{K}^{*}\boldsymbol{\eta}=\boldsymbol{P}^{*}(t) \tag{4-50}$$

由于 $\boldsymbol{M}^{*}$ 和 $\boldsymbol{K}^{*}$ 都是对角矩阵，方程组（4-50）已经成为解耦形式，即其中包含 n 个独立方程为

$$M_i^{*}\ddot{\eta}_i(t)+K_i^{*}\eta_i(t)=P_i^{*}(t),\ i=1, 2, \cdots, n \tag{4-51}$$

上式两边除以 M_i^{*}，再考虑到 $\omega_i^2=\dfrac{K_i^{*}}{M_i^{*}}$，故得

$$\ddot{\eta}_i(t)+\omega_i^2\eta_i(t)=\frac{1}{M_i^{*}}P_i^{*}(t),\ i=1, 2, \cdots, n \tag{4-52}$$

这就是关于正则坐标 $\eta_i(t)$ 的运动方程，与单自由度体系的振动方程完全相似。式（4-52）是彼此独立的 n 个一元方程，解耦是上述解法的主要优点。这个解法的核心步骤是采用了正则坐标变化，或者说，把位移 Y 按主振型进行了分解，因此这个方法称为正则坐标分析法，或称为主振型分解法。

与单自由度体系振动问题类似，式（4-52）的解答可参照杜哈梅积分写出正则

坐标 $\eta_i(t)$ 的响应。在初位移和初速度为 0 的条件下，其解为

$$\eta_i(t)=\frac{1}{M_i^*\omega_i}\int_0^t P_i^*(\tau)\sin\omega_i(t-\tau)\mathrm{d}\tau \tag{4-53}$$

如果初始位移和初始速度给定为

$$\boldsymbol{y}(0)=\boldsymbol{y}_0,\ \dot{\boldsymbol{y}}(0)=\dot{\boldsymbol{y}}_0$$

则在正则坐标中对应的初始值 $\eta_i(0)$ 和 $\dot{\eta}_i(0)$ 可根据式（4-52）求解

$$\begin{cases}\eta_i(0)=\dfrac{\boldsymbol{\Phi}^{(i)\mathrm{T}}\boldsymbol{M}\boldsymbol{y}_0}{M_i^*}\\[2ex]\dot{\eta}_i(0)=\dfrac{\boldsymbol{\Phi}^{(i)\mathrm{T}}\boldsymbol{M}\dot{\boldsymbol{y}}_0}{M_i^*}\end{cases} \tag{4-54}$$

因此，式（4-52）的通解为

$$\eta_i(t)=\eta_i(0)\cos\omega_i t+\frac{\dot{\eta}_i(0)}{\omega_i}\sin\omega_i t+\frac{1}{M_i^*\omega_i}\int_0^t P_i^*(\tau)\sin\omega_i(t-\tau)\mathrm{d}\tau \tag{4-55}$$

正则坐标 $\eta_i(t)$ 求出后，代入式（4-46），即得出几何坐标 $\boldsymbol{Y}(t)$。从式（4-46）可以看出，这是将各个主振型分量加以叠加，从而得出质点的总位移，本方法又称为主振型叠加法。

【例题 4-6】 试求图 4-16（a）所示具有两集中质量 $m_1=m_2=m$ 的等截面简支梁在突加荷载作用下的位移，其中

$$F_{\mathrm{P1}}(t)=\begin{cases}F_{\mathrm{P1}}, & 当\ t>0\\ 0, & 当\ t<0\end{cases}$$

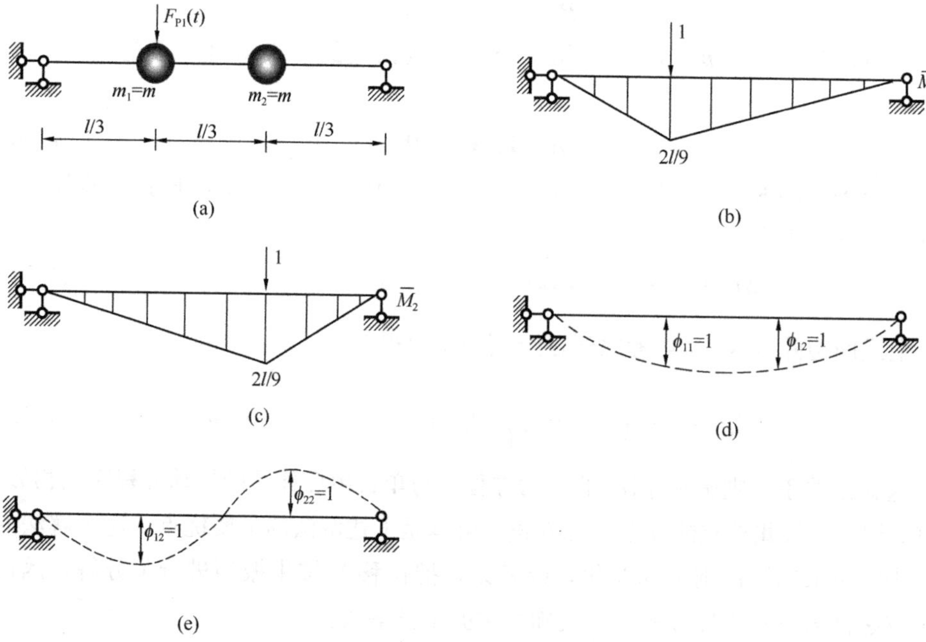

图 4-16 等截面简支梁突加荷载下强迫振动

【解】

1. 确定自振频率和主振型

采用柔度法，先作 $\overline{M}_1$、$\overline{M}_2$ 图，如图 4-16（b）、（c）所示，由图乘法求得

$$\delta_{11}=\delta_{22}=\frac{4l^3}{243EI},\ \delta_{12}=\delta_{21}=\frac{7l^3}{486EI} \tag{a}$$

然后代入式（4-15）得

$$\lambda_1=(\delta_{11}+\delta_{12})m=\frac{15}{486}\frac{ml^3}{EI},\ \lambda_2=(\delta_{11}-\delta_{12})m=\frac{1}{486}\frac{ml^3}{EI} \tag{b}$$

从而求得两个自振频率为

$$\omega_1=\frac{1}{\sqrt{\lambda_1}}=5.69\sqrt{\frac{EI}{ml^3}},\ \omega_2=\frac{1}{\sqrt{\lambda_2}}=22\sqrt{\frac{EI}{ml^3}} \tag{c}$$

两个主振型如图 4-16（d）、（e）所示。即

$$\boldsymbol{\Phi}^{(1)}=\begin{Bmatrix}1\\1\end{Bmatrix},\ \boldsymbol{\Phi}^{(2)}=\begin{Bmatrix}1\\-1\end{Bmatrix} \tag{d}$$

2. 建立坐标变换关系

主振型矩阵为

$$\boldsymbol{\Phi}=\begin{bmatrix}1&1\\1&-1\end{bmatrix} \tag{e}$$

正则坐标变换式（4-45）为

$$\begin{Bmatrix}y_1\\y_2\end{Bmatrix}=\begin{bmatrix}1&1\\1&-1\end{bmatrix}\begin{Bmatrix}\eta_1\\\eta_2\end{Bmatrix} \tag{f}$$

3. 求广义质量

$$\begin{cases}M_1^*=\boldsymbol{\Phi}^{(1)T}\boldsymbol{M}\boldsymbol{\Phi}^{(1)}=\{1\quad 1\}\begin{bmatrix}1&0\\0&1\end{bmatrix}\begin{Bmatrix}1\\1\end{Bmatrix}m=2m\\ M_2^*=\boldsymbol{\Phi}^{(2)T}\boldsymbol{M}\boldsymbol{\Phi}^{(2)}=\{1\quad 1\}\begin{bmatrix}1&0\\0&1\end{bmatrix}\begin{Bmatrix}1\\-1\end{Bmatrix}m=2m\end{cases} \tag{g}$$

4. 求广义荷载

$$\begin{cases}P_1^*=\boldsymbol{\Phi}^{(1)}\boldsymbol{F}_P(t)=\{1\quad 1\}\begin{Bmatrix}F_{P1}(t)\\0\end{Bmatrix}=F_{P1}(t)\\ P_2^*=\boldsymbol{\Phi}^{(2)T}\boldsymbol{F}_P(t)=\{1\quad -1\}\begin{Bmatrix}F_{P1}(t)\\0\end{Bmatrix}=F_{P1}(t)\end{cases} \tag{h}$$

5. 求正则坐标

初始时刻体系初位移和初速度均为零，由式（4-54）得

$$\begin{cases}\eta_1(t)=\dfrac{1}{M_1^*\omega_1}\displaystyle\int_0^t P_1^*(\tau)\sin\omega_1(t-\tau)\mathrm{d}\tau=\dfrac{F_{P1}}{2m\omega_1^2}(1-\cos\omega_1 t)\\ \eta_2(t)=\dfrac{1}{M_2^*\omega_2}\displaystyle\int_0^t P_2^*(\tau)\sin\omega_2(t-\tau)\mathrm{d}\tau=\dfrac{F_{P1}}{2m\omega_2^2}(1-\cos\omega_2 t)\end{cases}\tag{i}$$

6. 求质点位移

根据坐标变换式得

$$\begin{cases}y_1(t)=\eta_1(t)+\eta_2(t)=\dfrac{F_{P1}}{2m\omega_1^2}\left[(1-\cos\omega_1 t)+\left(\dfrac{\omega_1}{\omega_2}\right)^2(1-\cos\omega_2 t)\right]\\ \qquad=\dfrac{F_{P1}}{2m\omega_1^2}[(1-\cos\omega_1 t)+0.067(1-\cos\omega_2 t)]\\ y_1(t)=\eta_1(t)-\eta_2(t)=\dfrac{F_{P1}}{2m\omega_1^2}[(1-\cos\omega_1 t)-0.067(1-\cos\omega_2 t)]\end{cases}\tag{j}$$

质量 m_1 所在截面的位移 $y_1(t)$ 随时间的变化曲线如图 4-17 所示。其中虚线表示第一振型分量，实线表示总结果。

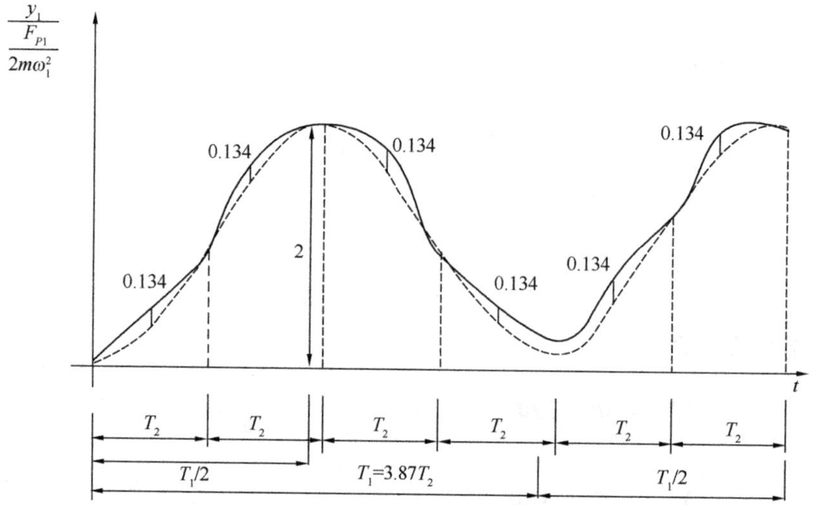

图 4-17　质量 m_1 所在截面 y-t 关系曲线

7. 讨论

从图 4-17 可以看出，第二主振型分量的影响比第一主振型分量的影响小得多。对位移来说，第一和第二主振型分量的最大值分别为 2 和 0.134。由于第一和第二主振型分量并不是同时达到最大值，因此求位移最大值时，不能简单地把两分量的最大值相加。

主振型叠加法可以将多自由度体系的动力响应问题变为一系列按主振型分量振动的单自由度体系的动力响应问题，当自由度数很大时，较低频率相应振型分量对体系动力响应的贡献远大于较高阶振型对动力响应的贡献。因此，在用振型分解法分析时，通常可只考虑前2～3个低阶振型对动力响应的贡献，即可得到满意的结果。

4.5　有阻尼多自由度体系的自由振动

在结构动力分析中，通常从系统响应的角度来考虑阻尼，而且能量的耗散是由外界激励来平衡的。一个振动体系可能存在多种不同类型的阻尼，一般来说要用数学的方法来精确描述阻尼，目前是非常困难的。因此，通常根据经验提出了一些简化模型，如常用的阻尼模型由黏性阻尼模型和迟滞阻尼模型。本书将重点介绍黏性阻尼理论。

4.5.1　体系阻尼的处理

黏性阻尼的特点是阻尼力与运动速度成正比，多自由度有阻尼结构体系的自由振动方程可表达为

$$\boldsymbol{M}\ddot{\boldsymbol{Y}}(t)+\boldsymbol{C}\dot{\boldsymbol{Y}}(t)+\boldsymbol{K}\boldsymbol{Y}(t)=\boldsymbol{0} \tag{4-56}$$

式中，$\boldsymbol{C}\dot{\boldsymbol{Y}}(t)$ 即为黏性阻尼力向量。由于在运动方程中增加了阻尼力 $\boldsymbol{C}\dot{\boldsymbol{Y}}(t)$ 项，常采用瑞利（Rayleigh）阻尼理论实现阻尼矩阵 $\boldsymbol{C}$ 对角化，其假设

$$\boldsymbol{C}=a_0\boldsymbol{M}+a_1\boldsymbol{K} \tag{4-57}$$

式中，a_0、a_1 均为常数。采用此假设后，根据振型矩阵关于质量矩阵和刚度矩阵正交，用正则振型进行变换后，便可以使阻尼矩阵解耦为

$$\begin{aligned}\boldsymbol{\Phi}^{\mathrm{T}}\boldsymbol{C}\boldsymbol{\Phi}&=a_0\boldsymbol{\Phi}^{\mathrm{T}}\boldsymbol{M}\boldsymbol{\Phi}+a_1\boldsymbol{\Phi}^{\mathrm{T}}\boldsymbol{K}\boldsymbol{\Phi}=a_0\boldsymbol{I}+a_1\boldsymbol{\Lambda}\\&=a_0\begin{bmatrix}1&&&\\&1&&\\&&\ddots&\\&&&1\end{bmatrix}+a_1\begin{bmatrix}\omega_1^2&&&\\&\omega_2^2&&\\&&\ddots&\\&&&\omega_n^2\end{bmatrix}\end{aligned} \tag{4-58}$$

或者写为

$$\boldsymbol{\Phi}^{\mathrm{T}}\boldsymbol{C}\boldsymbol{\Phi}=\begin{bmatrix}a_0+a_1\omega_1^2&&&\\&a_0+a_1\omega_2^2&&\\&&\ddots&\\&&&a_0+a_1\omega_n^2\end{bmatrix} \tag{4-59}$$

设矩阵式（4-59）为完备的对角矩阵，其与振型阻尼比的关系为

$$\begin{bmatrix}a_0+a_1\omega_1^2&&&\\&a_0+a_1\omega_2^2&&\\&&\ddots&\\&&&a_0+a_1\omega_n^2\end{bmatrix}=2\begin{bmatrix}\xi_1\omega_1&&&\\&\xi_2\omega_2&&\\&&\ddots&\\&&&\xi_n\omega_n\end{bmatrix} \tag{4-60}$$

或者写为

$$C_j = a_0 + a_1\omega_j^2 \qquad (j = 1, 2, \cdots, n) \tag{4-61}$$

为提高阻尼的计算精度，最好采用测试的方法确定常系数 a_0、a_1。然而，如果没有 a_0、a_1 的测试结果，也可通过前两阶振型的阻尼比近似计算，由式（4-61）可得

$$\begin{cases} 2\xi_1\omega_1 = a_0 + a_1\omega_1^2 \\ 2\xi_2\omega_2 = a_0 + a_1\omega_2^2 \end{cases} \tag{4-62}$$

联立方程（4-62）得

$$a_0 = \frac{2\omega_1\omega_2(\xi_1\omega_2 - \xi_2\omega_1)}{\omega_2^2 - \omega_1^2}, \quad a_1 = \frac{2(\xi_2\omega_2 - \xi_1\omega_1)}{\omega_2^2 - \omega_1^2} \tag{4-63}$$

求出常系数 a_0、a_1 后，更高阶的阻尼比计算为

$$\xi_j = \frac{1}{2}\left(\frac{a_0}{\omega_j} + a_1\omega_j\right) \qquad (j = 3, 4, \cdots, n) \tag{4-64}$$

由此，按照上述瑞利阻尼理论，即可实现振动方程得解耦。

4.5.2　自由振动响应

利用正交性原理和对角化方法可将式（4-59）通过坐标变化的过程解耦，将 $\boldsymbol{Y} = \boldsymbol{\Phi\eta}$ 代入式（4-59），并在等式两侧左乘 $\boldsymbol{\Phi}^{\mathrm{T}}$，有

$$M_i^*\ddot{\eta}_i + C_i^*\dot{\eta}_i + K_i^*\eta_i = 0 \qquad (i = 1, 2, \cdots, n) \tag{4-65}$$

将式（4-65）左右两边同时除以 M_i^*，则上式可写成

$$\ddot{\eta}_i + 2\xi_i\omega_i\dot{\eta}_i + \omega_i^2\eta_i = 0 \tag{4-66}$$

以第 i 个方程为例，假设其解的形式为

$$\eta_i(t) = \mathrm{e}^{\lambda_i t} \tag{4-67}$$

将式（4-67）代入（4-66）可得

$$\lambda_i^2 + 2\xi_i\omega_i\lambda_i + \omega_i^2 = 0 \tag{4-68}$$

则方程（4-68）的特征根为

$$\lambda_i = -\xi_i\omega_i \pm \omega_i\sqrt{\xi_i^2 - 1} \tag{4-69}$$

根据小阻尼（$\xi < 1$）、大阻尼（$\xi > 1$）和临界阻尼（$\xi = 1$）三种情况，可得出体系的三种不同的运动形态，现分别讨论如下。

1. 小阻尼情况

当 $\xi_i < 1$ 时，式（4-62）表示的特征根为两个复根，这两个复根是一对共轭复数为

$$\begin{cases} \lambda_{i1} = -\xi_i\omega_i + \mathrm{j}\omega_i\sqrt{1 - \xi_i^2} \\ \lambda_{i2} = \lambda_{i1}^* \end{cases} \tag{4-70}$$

显然这对共轭复根有如下性质：

$$\begin{cases}\lambda_{i1}\lambda_{i2}=\omega_i^2\\ \lambda_{i1}+\lambda_{i2}=-2\xi_i\omega_i\end{cases}$$

将式（4-70）代入式（4-67）中，可得到方程的通解，这两个解的和或差乘以任何常数仍为原方程的解，于是有

$$\begin{cases}\eta_{i1}=\dfrac{C_1}{2}(e^{\lambda_{i1}t}+e^{\lambda_{i2}t})=C_1e^{-\xi_i\omega_i t}\cos\omega_{di}t\\ \\ \eta_{i2}=\dfrac{C_2}{2j}(e^{\lambda_{i1}t}-e^{\lambda_{i2}t})=C_2e^{-\xi_i\omega_i t}\sin\omega_{di}t\end{cases} \tag{4-71}$$

将两式相加便得到式（4-66）的通解为

$$\eta_i(t)=e^{-\xi_i\omega_i t}(C_1\cos\omega_{di}t+C_2\sin\omega_{di}t) \tag{4-72}$$

式中

$$\omega_{di}=\omega_i\sqrt{1-\xi_i^2} \tag{4-73}$$

式（4-73）代表了一个周期性的振动，有阻尼振动周期为

$$T_{di}=\frac{2\pi}{\omega_{di}}=\frac{2\pi}{\omega_i}\frac{1}{\sqrt{1-\xi_i^2}} \tag{4-74}$$

对于无阻尼的振动，体系的周期为

$$T_i=\frac{2\pi}{\omega_i} \tag{4-75}$$

比较有阻尼和无阻尼的振动周期，由于阻尼的存在，振动周期增加了。但如果 $\xi_i \ll 1$，增加的周期就是一个二阶微量，因此在实际工程结构问题中，可以假设微小的黏性阻尼不影响结构体系的振动周期。

2. 大阻尼情况

当结构体系处于大阻尼情况，方程（4-71）的两个根都是实根，而且都是负的，体系不振动。当黏性阻尼大到如此程度时，在物体离开平衡位置后，根本没有振动而只是缓慢地回到平衡位置。

3. 临界阻尼情况

临界阻尼情况（$\xi_i=1$）是使体系振动不发生的临界值，对应的阻尼是临界阻尼。用 C_{ri} 表示第 i 阶振型对应的临界阻尼，则有

$$C_{ri}=2M_i^*\omega_i=2\sqrt{M_i^*K_i^*} \tag{4-76}$$

4.6　有阻尼多自由度体系的强迫振动

有阻尼多自由度结构体系的强迫振动响应与无阻尼体系计算相同，常用的方法

有直接积分法和振型分解法。本节同样采用振型分解法求解有阻尼多自由度体系的强迫振动响应。

采用振型分解法计算有阻尼体系的振动响应，首先求出结构体系的固有振动特性，同时将振型进行正则化处理得到正则振型，然后基于瑞利阻尼理论实现阻尼矩阵解耦，最后将解耦后的运动方程按照单自由度体系进行一一计算。具体求解步骤如下：

1. 建立运动方程

求解结构体系的固有频率和振型，将振型进行正则化处理。

2. 模态变换

有阻尼多自由度体系强迫振动的运动方程为

$$\boldsymbol{M}\ddot{\boldsymbol{Y}}(t)+\boldsymbol{C}\dot{\boldsymbol{Y}}(t)+\boldsymbol{K}\boldsymbol{Y}(t)=\boldsymbol{P}(t) \tag{4-77}$$

利用正交性原理和对角化方法可将式（4-77）通过坐标变化的过程解耦，将 $\boldsymbol{Y}=\boldsymbol{\Phi}\boldsymbol{\eta}$ 代入式（4-76），并在等式两侧左乘 $\boldsymbol{\Phi}^{\mathrm{T}}$，有

$$M_i^*\ddot{\eta}_i+C_i^*\dot{\eta}_i+K_i^*\eta_i=P_i^*\text{，}i=1,\ 2,\ \cdots,\ n \tag{4-78}$$

式中，$M_i^*=\boldsymbol{\Phi}^{(i)\mathrm{T}}\boldsymbol{M}\boldsymbol{\Phi}$、$C_i^*=\boldsymbol{\Phi}^{(i)\mathrm{T}}\boldsymbol{C}\boldsymbol{\Phi}$、$K_i^*=\boldsymbol{\Phi}^{(i)\mathrm{T}}\boldsymbol{K}\boldsymbol{\Phi}$、$P_i^*=\boldsymbol{\Phi}^{(i)\mathrm{T}}\boldsymbol{P}\boldsymbol{\Phi}$ 分别为广义质量、广义阻尼、广义刚度和广义荷载。将式（4-78）左右同时除以 M_i^*，则上式可写为

$$\ddot{\eta}_i+2\xi_i\omega_i\dot{\eta}_i+\omega_i^2\eta_i=\frac{P_i^*}{M_i^*} \tag{4-79}$$

由此，将原来耦合的微分方程组变为 n 个互相独立的微分方程，从而使原来多自由度体系的动力计算变为一系列单自由度体系的问题。

3. 计算主坐标响应

求方程（4-79）中的主坐标响应，其求解过程与单自由度系统相同，可采用杜哈梅积分求解

$$\eta_i(t)=\frac{1}{M_i^*\omega_{\mathrm{d}i}}\int_0^t P_i^*(\tau)\mathrm{e}^{-\xi_i\omega_{\mathrm{d}i}(t-\tau)}\sin\omega_{\mathrm{d}i}(t-\tau)\mathrm{d}\tau\ (i=1,\ 2,\ \cdots,\ n) \tag{4-80}$$

4. 求结构体系的响应

通过各个模态振动响应的叠加，即可得到体系的位移响应为

$$\boldsymbol{Y}(t)=\boldsymbol{\Phi}\boldsymbol{\eta}=\boldsymbol{\Phi}^{(1)}\eta_1(t)+\boldsymbol{\Phi}^{(2)}\eta_2(t)+\cdots+\boldsymbol{\Phi}^{(n)}\eta_n(t)=\sum_{i=1}^{n}\boldsymbol{\Phi}^{(i)}\eta_i(t) \tag{4-81}$$

式（4-81）即为结构体系的动力响应，$\eta_i(t)$ 表示各个振型对振动响应的贡献。对于大多数结构体系而言，一般是频率最低的振型对振动响应的贡献最大，高阶振型相对则逐渐减小。因此，在用振型分解法计算结构体系的振动响应时，不需要考虑所有的高阶振型，当规定了计算精度后，可以根据要求舍弃高阶振型的贡献，以减少工作量。

5. 计算结构体系的内力响应

结构内力响应的表达式为

$$\boldsymbol{F}_{\mathrm{S}} = \boldsymbol{K}\boldsymbol{Y}(t) = \boldsymbol{K}[\boldsymbol{\Phi}^{(1)}\eta_1(t) + \boldsymbol{\Phi}^{(2)}\eta_2(t) + \cdots + \boldsymbol{\Phi}^{(n)}\eta_n(t)] \tag{4-82}$$

由于 $\boldsymbol{K} = \omega_i^2\boldsymbol{M}$，式（4-82）也可以表达为

$$\boldsymbol{F}_{\mathrm{S}} = \boldsymbol{M}[\omega_1^2\boldsymbol{\Phi}^{(1)}\eta_1(t) + \omega_2^2\boldsymbol{\Phi}^{(2)}\eta_2(t) + \cdots + \omega_n^2\boldsymbol{\Phi}^{(n)}\eta_n(t)] \tag{4-83}$$

式（4-83）表明，结构内力响应计算时，每个振型所起到的作用都要乘以响应频率的平方，所以结构中高阶振型对内力响应的贡献要大于对位移的贡献。因此，在计算结构的内力响应时，为了获取所需要的精度，计算内力响应的振型分量要比计算位移的振型分量多一些。

【例题 4-7】 采用振型分解法，计算图 4-18（a）所示刚架的动力响应，其中 $\xi_1 = \xi_2 = 0.05$，$p_2(t) = p_0\sin\theta t$，$p_0 = 2\times10^6\mathrm{N}$，$\theta = 250\mathrm{rad/min}$。

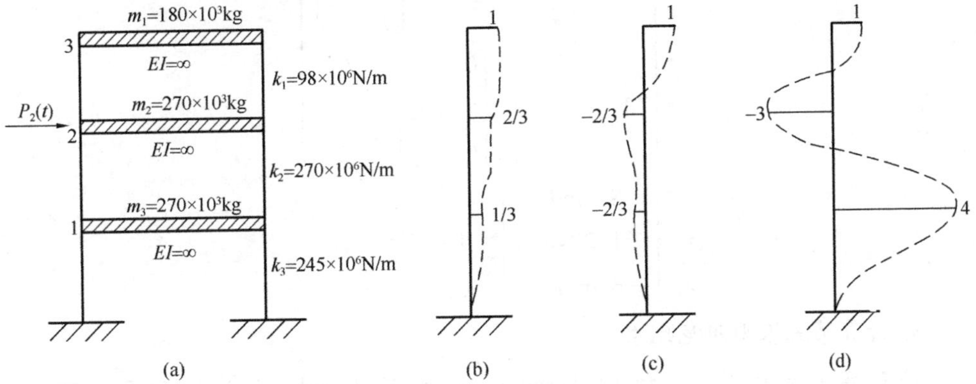

图 4-18　有阻尼三层刚架结构强迫振动振型分解法

【解】

1. 求解结构的固有振动特性

结构的振型和频率分别为：

$$\begin{cases}\omega_1 = 13.47\mathrm{rad/s}\\ \omega_2 = 30.12\mathrm{rad/s}\\ \omega_1 = 46.67\mathrm{rad/s}\end{cases},\ \boldsymbol{\Phi}^{(1)} = \begin{Bmatrix}1\\2/3\\1/3\end{Bmatrix},\ \boldsymbol{\Phi}^{(2)} = \begin{Bmatrix}1\\-2/3\\-2/3\end{Bmatrix},\ \boldsymbol{\Phi}^{(3)} = \begin{Bmatrix}1\\-3\\4\end{Bmatrix} \tag{a}$$

结构的振型图如图 4-18（b）、（c）和（d）所示。

2. 计算广义质量和广义荷载

$$\boldsymbol{M}^* = \boldsymbol{\Phi}^{\mathrm{T}}\boldsymbol{M}\boldsymbol{\Phi} = \begin{bmatrix}1 & 2/3 & 1/3\\1 & -2/3 & -2/3\\1 & -3 & 4\end{bmatrix}\begin{bmatrix}180 & 0 & 0\\0 & 270 & 0\\0 & 0 & 270\end{bmatrix}\begin{bmatrix}1 & 1 & 1\\2/3 & -2/3 & -3\\1/3 & -2/3 & 4\end{bmatrix}$$

$$=\begin{bmatrix}330 & 0 & 0\\ 0 & 420 & 0\\ 0 & 0 & 6930\end{bmatrix}\times 10^{3}\,\text{kg} \tag{b}$$

$$\boldsymbol{P}^{*}(t)=\begin{Bmatrix}P_1^{*}(t)\\ P_2^{*}(t)\\ P_3^{*}(t)\end{Bmatrix}=\begin{Bmatrix}\boldsymbol{\Phi}^{(1)\mathrm{T}}\boldsymbol{P}(t)\\ \boldsymbol{\Phi}^{(2)\mathrm{T}}\boldsymbol{P}(t)\\ \boldsymbol{\Phi}^{(3)\mathrm{T}}\boldsymbol{P}(t)\end{Bmatrix}$$

$$=\begin{Bmatrix}\{1\quad 2/3\quad 1/3\}\begin{Bmatrix}0\\ 2\sin\theta t\\ 0\end{Bmatrix}\\ \{1\quad -2/3\quad -2/3\}\begin{Bmatrix}0\\ 2\sin\theta t\\ 0\end{Bmatrix}\\ \{1\quad -3\quad 4\}\begin{Bmatrix}0\\ 2\sin\theta t\\ 0\end{Bmatrix}\end{Bmatrix}\times 10^{6}\,\text{N}$$

$$=\begin{Bmatrix}1.33\sin\theta t\\ -1.33\sin\theta t\\ -6\sin\theta t\end{Bmatrix}\times 10^{6}\,\text{N} \tag{c}$$

3. 计算第三振型阻尼比 ξ_3

将 $\xi_1=\xi_2=0.05$、$\omega_1=13.47\text{rad/s}$、$\omega_2=30.12\text{rad/s}$ 代入式（4-63）可得

$$a_0=0.93\text{rad/s},\ a_1=0.0023\text{rad/s} \tag{d}$$

将 a_0、a_1、a_2、$\omega_3=46.67\text{rad/s}$ 代入式（4-64）可得

$$\xi_3=0.064 \tag{e}$$

4. 计算广义坐标

当干扰力为简谐荷载时，有

$$\eta_i(t)=\frac{P_i^{*}}{\omega_i^2}\frac{1}{\sqrt{\left(1-\left(\frac{\theta}{\omega_i}\right)^2\right)^2+\left(2\xi_i\frac{\theta}{\omega_i}\right)^2}}\sin(\theta t-\varphi_i)$$

$$=\frac{P_i^{*}}{\omega_i^2}\frac{1}{\sqrt{(1-\gamma_i^2)^2+(2\xi_i\gamma_i)^2}}\sin(\theta t-\varphi_i) \tag{f}$$

式中，$\gamma_i=\dfrac{\theta}{\omega_i}$ 为第 i 阶频率比，相位角 φ_i 按下式计算为

$$\varphi_i=\arctan\frac{2\xi_i\gamma_i}{1-\gamma_i} \tag{g}$$

由此可得

$$\begin{cases}\eta_1(t)=7.995\sin(\theta t-\varphi_1)(\varphi_1=175°,\ \theta=26.18\text{rad/s})\\ \eta_2(t)=-13.482\sin(\theta t-\varphi_2)(\varphi_2=19°)\\ \eta_1(t)=-0.557\sin(\theta t-\varphi_3)(\varphi_3=5°)\end{cases} \tag{h}$$

5. 计算刚架动力响应

$$\boldsymbol{Y}(t)=\begin{Bmatrix}y_1(t)\\ y_2(t)\\ y_3(t)\end{Bmatrix}=\boldsymbol{\Phi\eta}=\begin{bmatrix}1 & 1 & 1\\ 2/3 & -2/3 & -3\\ 1/3 & -2/3 & 4\end{bmatrix}\begin{Bmatrix}7.995\sin(\theta t-\varphi_1)\\ -13.482\sin(\theta t-\varphi_2)\\ -0.557\sin(\theta t-\varphi_3)\end{Bmatrix}$$

$$=\begin{Bmatrix}21.63\sin(\theta t-190°)\\ 6.036\sin(\theta t-36°)\\ 4.594\sin(\theta t-40°)\end{Bmatrix}\text{mm}$$

习　题

4.1　题 4.1 图示伸臂梁上面有两个集中质量 $m_1=m_2=m$，梁的抗弯刚度为 EI，不计梁的质量，试建立系统的自由振动微分方程，并求系统的固有特性。

4.2　题 4.2 图示三跨连续梁的跨中各有一个集中质量，梁的抗弯刚度为 EI，不计梁的质量，试建立系统的自由振动微分方程，并利用对称性求系统的固有特性。

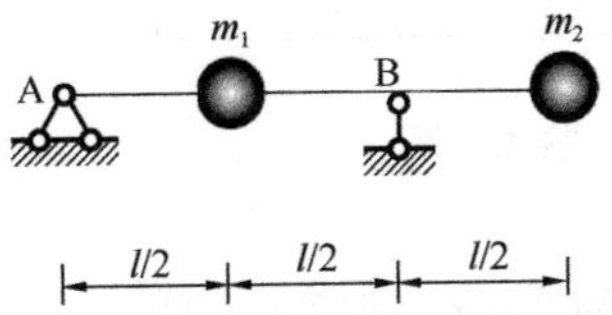

题 4.1 图

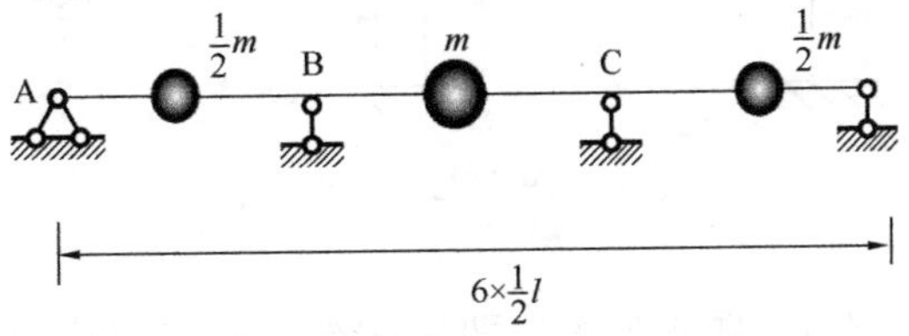

题 4.2 图

4.3　题 4.3 图示 L 型杆，抗弯刚度为 EI，A 为刚结点。杆在 A、B 两点简支。在 C、D 两点各有质量为 m 的集中质量，在 D 点作用水平简谐力。(1) 建立系统的运动方程；(2) 求杆的自振频率和主振型；(3) 求 A 截面处的最大动弯矩。

4.4　题 4.4 图示刚架，各杆的长度均为 l，抗弯刚度为 EI，在各杆的中间固定有集中质量，在垂直杆的质块上作用有水平简谐荷载，$m_1=m_2=m$。(1) 试确定系统的自由度，并建立运动微分方程；(2) 求自振频率和主振型；(3) 求 m_1 的最大动位移和 A 截面处的最大动弯矩。

4.5　题 4.5 图示门式刚架，各杆的长度均为 l，抗弯刚度为 EI，在各杆的中间固定有集中质量，$m_1 = m_2 = m_3 = m$。(1) 试确定系统的自由度，并建立运动微分方程；(2) 求自振频率和主振型；(3) 分别求在水平和竖向简谐荷载作用下各质块的最大动位移和A截面处的最大动弯矩。

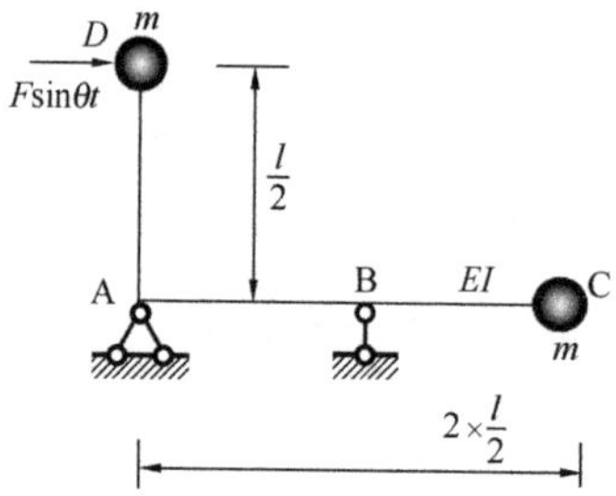

题 4.3 图

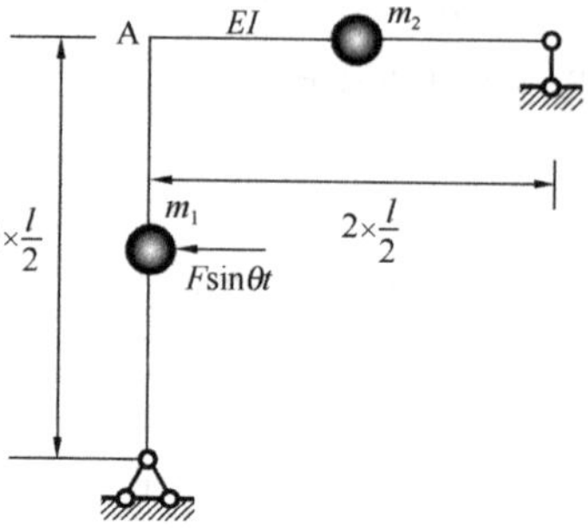

题 4.4 图

4.6　题4.6图示系统，试求B处质点动位移幅值，并绘出动力弯矩图。已知：$p = 5\text{kN}$、$\theta = 20\pi$、$m = 1000\text{kg}$，$EI = 8 \times 10^6 \text{N} \cdot \text{m}^2$。

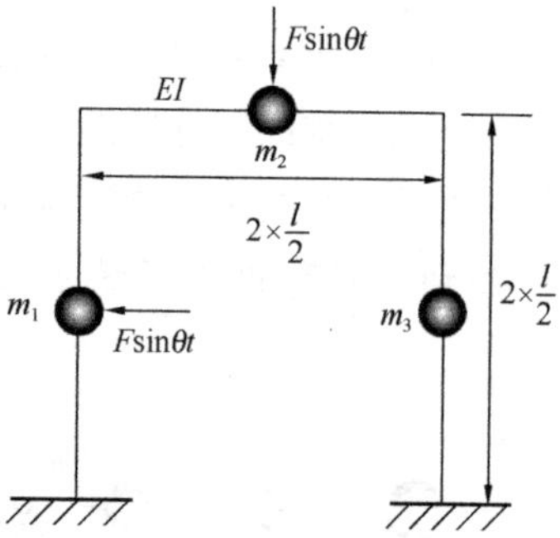

题 4.5 图

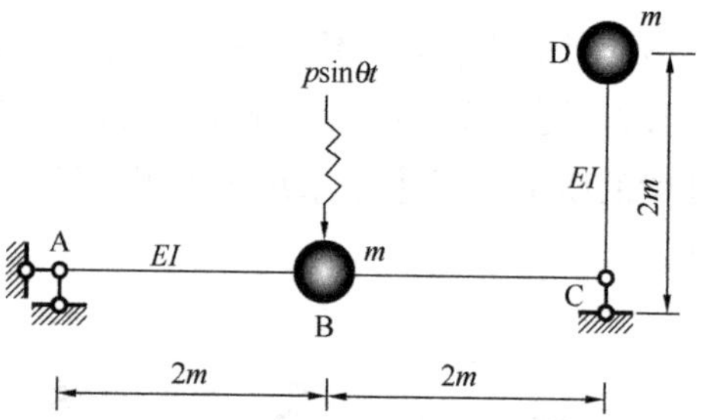

题 4.6 图

4.7　题4.7图示两层刚架，在二层横梁上作用简谐荷载激励，即 $p(t) = p_0 \sin\theta t$。已知 $\theta = 4\sqrt{\dfrac{EI}{mh^3}}$、$m_1 = m_2 = m$。试求一、二层横梁的动位移幅值图。

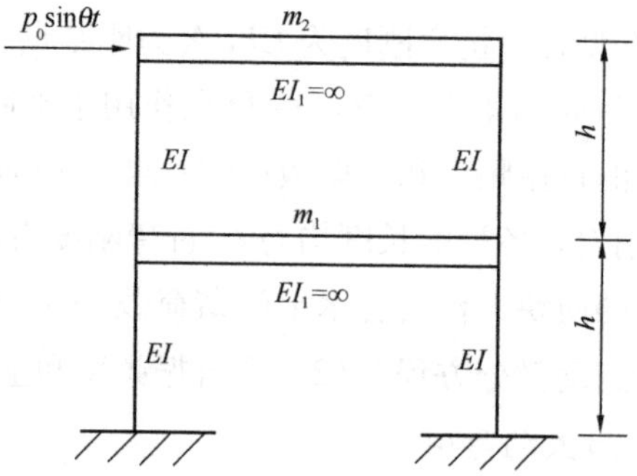

题 4.7 图

4.8　题 4.8 图示系统，在梁跨中 D 处和柱顶 A 处有大小相等的集中质量 m，支座 C 处为弹性支承，弹簧的刚度系数 $k=\frac{3EI}{l^3}$。试求该结构体系的振型。

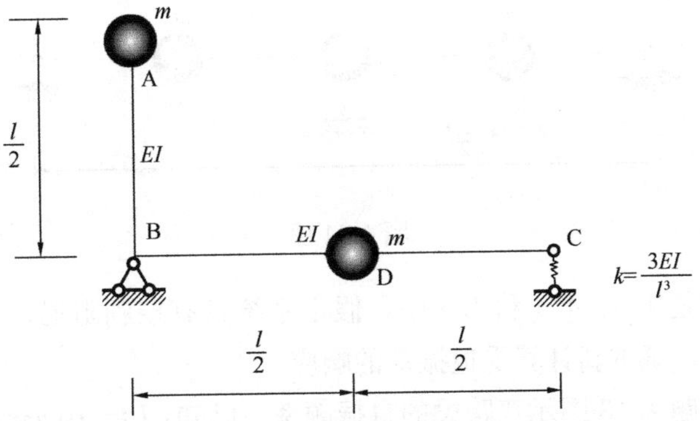

题 4.8 图

4.9　题 4.9 图示简支梁的等分点上有 3 个相同的集中质量 m，试求体系的自振频率和振型。

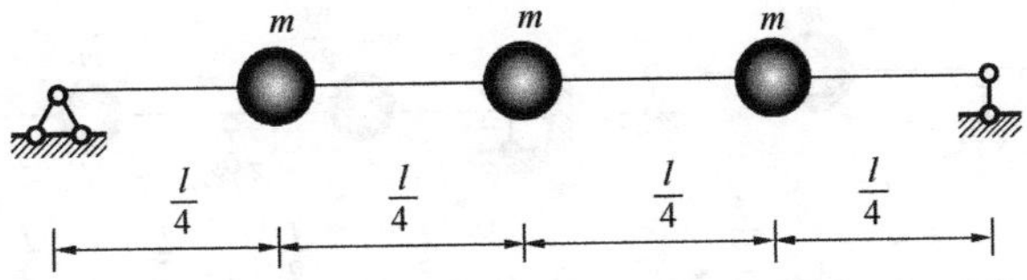

题 4.9 图

4.10　题 4.10 图示为忽略质量的弹性悬臂梁，上面有 3 个集中质量块，质量均为 m，梁的抗弯刚度 EI 为常量。试求系统的柔度矩阵和刚度矩阵。

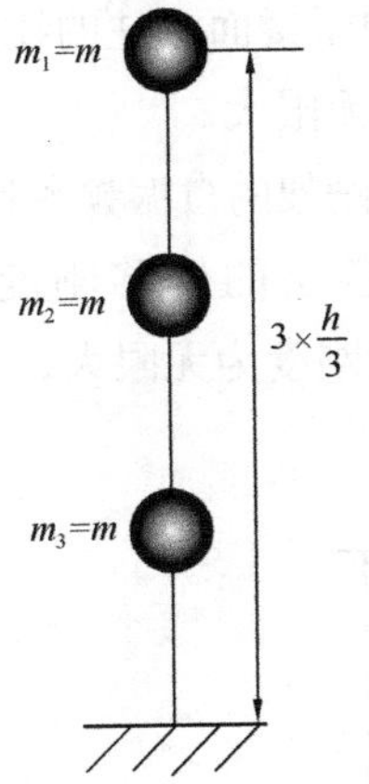

题 4.10 图

4.11　题 4.11 图示简支梁上有 3 个 $m_1=m_2=m_3=m$ 置于 $\frac{1}{4}$ 等分处，梁的

抗弯刚度为 EI，跨中有弹簧支承，$k=\frac{EI}{l^3}$，不计梁的质量。求有弹簧支承系统的自振频率和主振型。

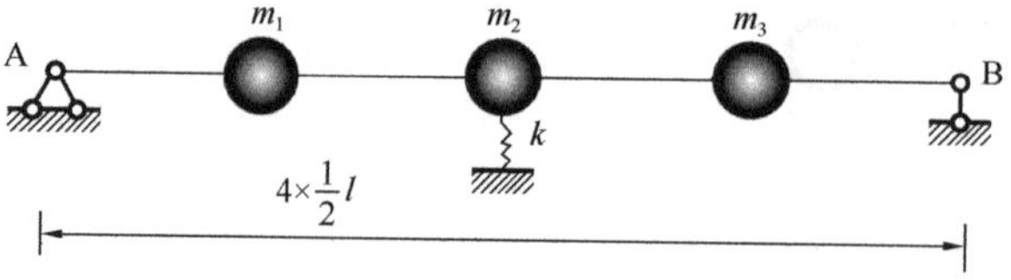

题 4.11 图

4.12　在习题 4.3、4.4 和 4.5 中，假定系统具有瑞利阻尼，并设各阶振型阻尼比 ξ_i 均为 0.1，试重新计算受迫振动的响应。

4.13　试求题 4.13 图示双跨梁的自振频率。已知：$l=100\text{cm}$，$mg=1000\text{N}$，$I=68.82\text{cm}^4$，$E=2\times10^7\text{N/cm}^2$。

4.14　试求题 4.14 图示三跨梁的自振频率和主振型。已知：$l=100\text{cm}$，$W=1000\text{N}$，$I=68.82\text{cm}^4$，$E=2\times10^7\text{N/cm}^2$。

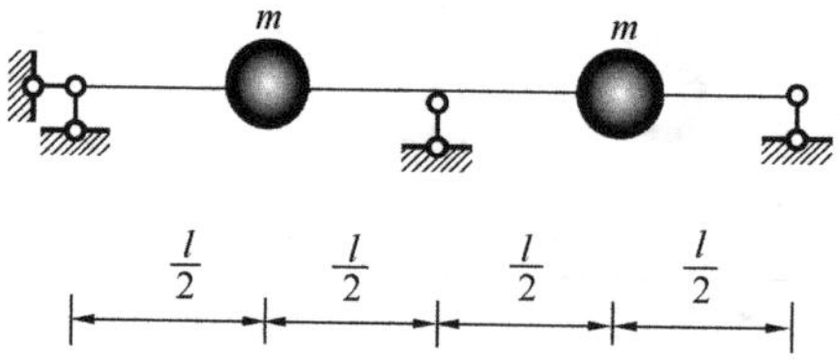

题 4.13 图

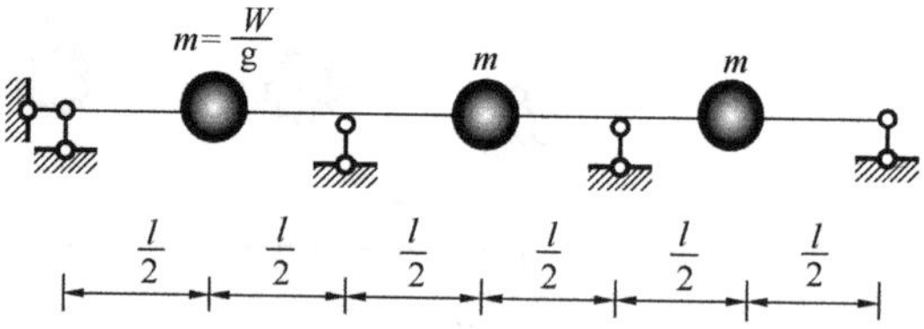

题 4.14 图

4.15　试求题 4.15 图示两层刚架的自振频率和主振型。设楼面质量分别为 $m_1=120\text{t}$ 和 $m_2=100\text{t}$，柱的质量集中于楼面，柱的线刚度分别为 $i_1=20\times10^6\text{N}\cdot\text{m}$ 和 $i_2=14\times10^6\text{N}\cdot\text{m}$，横梁刚度为无限大。

4.16　试求题 4.16 图示三层刚架的自振频率和主振型。设楼面质量分别为 $m_1=270\text{t}$，$m_2=270\text{t}$，$m_3=180\text{t}$；各层的侧移刚度分别为 $k_1=245\text{MN/m}$，$k_2=196\text{MN/m}$，$k_3=98\text{MN/m}$；横梁刚度为无限大。

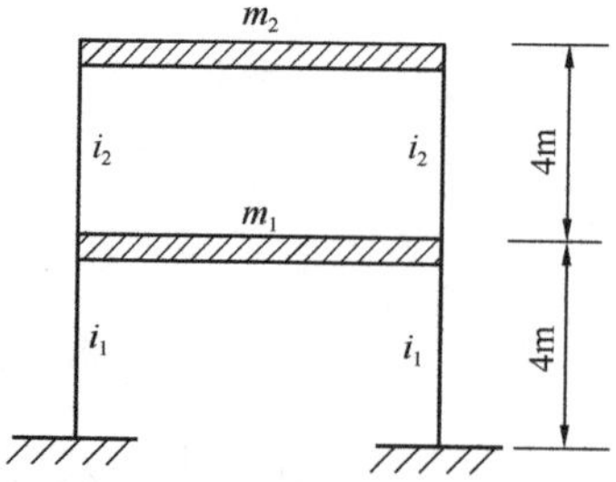

题 4.15 图

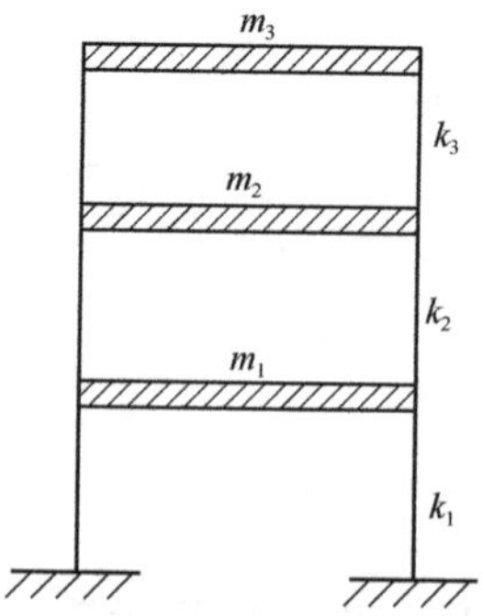

题 4.16 图

4.17　题 4.17 图示系统，二层厂房的楼板和屋顶质量分别为 m_1 和 m_2，各层柱子的质量可以忽略，剪切刚度分别为 k_1 和 k_2。若 $k_1 = k_2 = k$，$m_1 = m_2 = m$，求系统的自振频率和振型。

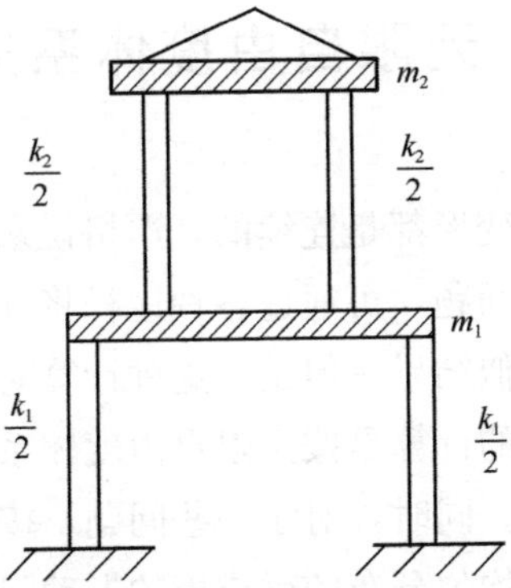

题 4.17 图

4.18　题 4.18 图示系统，等直杆两端固定，长度为 l，截面积为 A，弹性模量为 E。若直杆的质量忽略不计，而在其上等间距地布置 4 个集中质量，试求系统的自振频率和振型。

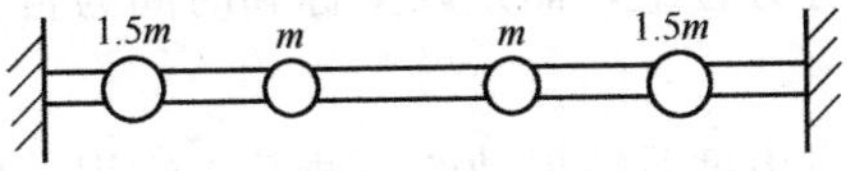

题 4.18 图

第 5 章　无限自由度体系振动问题

由于结构的质量分布和变形都是连续的，严格说来，任何弹性体系都属于无限自由度体系。为了解决实际问题，可通过各种途径将其简化为单自由度或有限自由度体系进行计算，以得出近似结果。但是，这种计算对弹性体系在动力荷载作用下的描述是不完整的。较精确的计算是按无限自由度体系进行分析，并由此了解近似算法的应用范围和精确程度。同时，对于一些问题，按无限自由度体系计算，反而得到简单的结果，例如质量均匀分布的梁或板的振动问题。

在有限自由度体系的振动中，质点的位移是一些离散的物理量，而在无限自由度体系的振动中，例如在梁的振动中，质点的位移则形成一条连续曲线，它是坐标的连续函数。因此，无限自由度体系的位移不仅与有限自由度体系一样，是时间的函数，同时也是坐标的函数。振动方程也不仅仅是以离散的质点位移为未知量的关于时间的常微分方程组，而是以坐标和时间为自变量的偏微分方程或者方程组。

本章主要介绍无限自由度系统振动的一些基本知识，包括无阻尼直梁的轴向自由振动、无阻尼直梁横向自由振动、无阻尼直梁在简谐荷载下的强迫振动和有阻尼直梁在一般动荷载下的强迫振动，并讨论了这些振动的基本方程和动力响应。

5.1　无阻尼直梁的轴向自由振动

一般说来，直梁的主要振动方向是沿着横向（竖向）的，但轴向（纵向）振动的分析较为简单。直梁轴向振动的一个典型例子是打桩过程中桩身受到的锤击振动。另外，竖向地震作用也可以使建筑结构的受力构件如柱子产生轴向振动。

在讨论直梁的轴向振动时，假设梁的横截面在振动过程中保持为平面，而且每一横截面内质点仅沿着梁轴线方向运动。虽然，梁在这种振动过程中所发生的纵向伸长和压缩会使横截面面积发生改变，但是通常由于纵波的波长比梁的横截面尺寸大很多。因此，横截面的变化对轴向运动的效应可以忽略不计。

图 5-1（a）为一根长度 l 的简支梁，在梁两端作用一个随时间变化的荷载 $N(x, t)$ 后开始沿轴向振动，设梁的截面刚度 EA、单位长度质量 m 和材料密度 ρ 均不变，梁的轴向位移为 $y(x, t)$，梁在轴向振动时微段上的力如图 5.1（b）所示，

则

$$N(x,t)+\frac{\partial N(x,t)}{\partial x}\mathrm{d}x-N(x,t)-\rho A\mathrm{d}x\,\frac{\partial^2 y(x,t)}{\partial t^2}=0 \tag{5-1}$$

即

$$\frac{\partial N(x,t)}{\partial x}=\rho A\,\frac{\partial^2 y(x,t)}{\partial t^2} \tag{5-2}$$

由于轴向应变 $\varepsilon=\partial y(x,t)/\partial x$，因此

$$N(x,t)=A\sigma=EA\varepsilon=EA\,\frac{\partial y(x,t)}{\partial x} \tag{5-3}$$

将式（5-3）代入式（5-2），则

$$EA\,\frac{\partial^2 y(x,t)}{\partial x^2}=\rho A\,\frac{\partial^2 y(x,t)}{\partial t^2}=m\,\frac{\partial^2 y(x,t)}{\partial t^2} \tag{5-4}$$

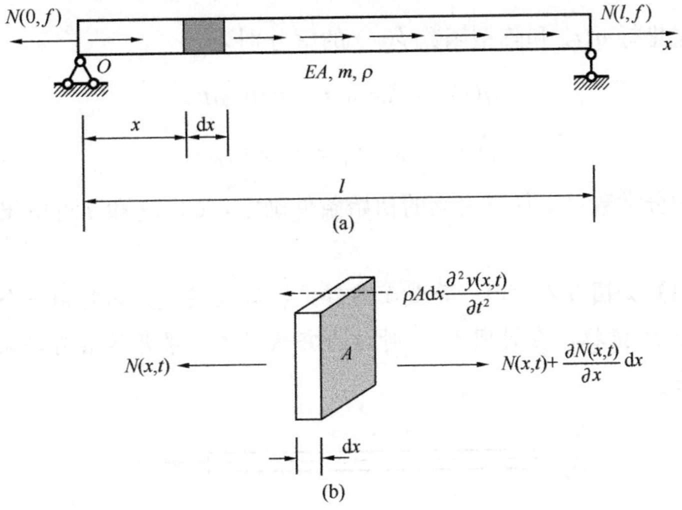

图 5-1　梁的轴向振动变形

设式（5-4）的解为

$$y(x,t)=\phi(x)q(t) \tag{5-5}$$

式中，$\phi(x)$ 表示沿轴向分布的振动形状，它不随时间发生变化；$q(t)$ 表示随时间变化的振动幅值。将式（5-5）代入式（5-4），则

$$EA\phi''(x)q(t)=m\phi(x)\ddot{q}(t) \tag{5-6}$$

采用分离变量法求解式（5-6），则

$$\frac{\phi''(x)}{\phi(x)}=\frac{m\ddot{q}(t)}{EAq(t)} \tag{5-7}$$

如果设 $v=\sqrt{EA/m}=\sqrt{E/\rho}$，则式（5-7）可改写为

$$\frac{\phi''(x)}{\phi(x)}=\frac{1}{v^2}\,\frac{\ddot{q}(t)}{q(t)} \tag{5-8}$$

式（5-8）是二阶偏微分方程，在数学上又称为一维波动方程，其中 v 是波沿直梁轴向传播的速度。

由于式（5-8）左边仅为坐标 x 的函数，右边仅为时间 t 的函数，若使所有的位置 x 和时间 t 都成立，则式（5-8）必须等于一个常数，设该常数为 a，则

$$\begin{aligned}&\ddot{q}(t)-aq(t)=0\\&\phi''(x)-\frac{a}{v^2}\phi(x)=0\end{aligned}\tag{5-9}$$

按照一维波动方程理论，只有当 a 为负数时，才能从上述的第一个方程中确定运动方程，令 $a=-\omega^2$，$\beta=\omega\sqrt{m/EA}$，则式（5-9）变为

$$\begin{aligned}&\ddot{q}(t)+\omega^2q(t)=0\\&\phi''(x)+\beta^2\phi(x)=0\end{aligned}\tag{5-10}$$

上述广义坐标 $q(t)$ 和阵型函数 $\phi(x)$ 的解分别为

$$\begin{aligned}&q(t)=A\sin\omega t+B\cos\omega t\\&\phi(x)=C\sin\beta x+D\cos\beta x\end{aligned}\tag{5-11}$$

式中，积分常数 A、B 可由梁的初始条件确定，C、D 和 β 可由梁的边界条件确定。

【例题 5-1】 如图 5-2 所示一等截面悬臂梁，假设梁在开始时由一个作用于自由端处的轴向力 P_0 张拉，在时间 $t=0$ 时该力突然移去，梁开始沿着轴向振动，试求梁的振动响应。

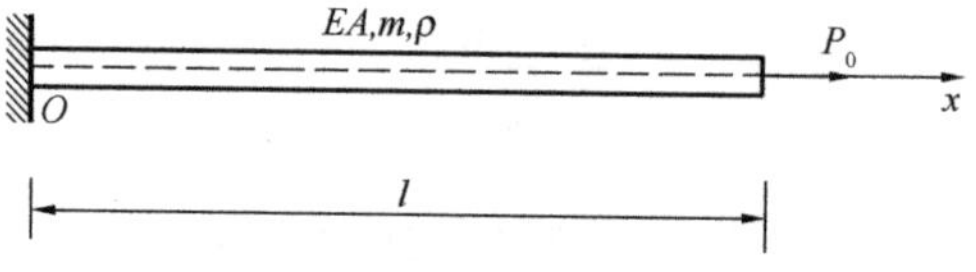

图 5-2 悬臂梁轴向振动

【解】

在梁的固定端 $x=0$ 处，梁的轴向位移为 0，将该边界条件代入式（5-11），得

$$\phi(0)=C\sin 0+D\cos 0=0\tag{a}$$

因此，$D=0$。

在 $x=l$ 处，由于在 $t=0$ 时，P_0 已移去，因此梁的自由端应力为 0，即

$$\phi'(l)=C\cos\beta l=0\tag{b}$$

由于 $C\neq 0$，否则体系没有振动，因此

$$\cos\beta l=0\tag{c}$$

则

$$\beta l=(2n-1)\pi/2 \qquad (n=1,2,3,\cdots,\infty) \tag{d}$$

将 $\beta=\omega\sqrt{m/EA}$ 代入上式，可得各阶固有频率为

$$\omega_n=\frac{(2n-1)\pi}{2l}\sqrt{m/EA}=\frac{(2n-1)\pi}{2l}\sqrt{E/\rho} \qquad (n=1,2,3,\cdots,\infty) \tag{e}$$

因此，悬臂梁的振型函数为

$$\phi_n(x)=C\sin\left[\frac{(2n-1)\pi}{2l}x\right] \qquad (n=1,2,3,\cdots,\infty) \tag{f}$$

根据式（5-5），梁的各阶主阵型位移响应 $y_n(x,t)$ 为

$$y_n(x,t)=\phi_n(x)q(t)=C\sin\left[\frac{(2n-1)\pi}{2l}x\right](A_n\sin\omega t+B_n\cos\omega t) \tag{g}$$

合并和化简后，有

$$y_n(x,t)=A'_n\sin\left[\frac{(2n-1)\pi}{2l}x\right]\sin(\omega_n t+\varphi_n) \tag{h}$$

按照阵型叠加法，在一般情况下悬臂梁的轴向振动响应的全解为各阶主阵型位移的叠加，即

$$y(x,t)=\sum_{n=1}^{\infty}A'_n\sin\left[\frac{(2n-1)\pi}{2l}x\right]\sin(\omega_n t+\varphi_n) \tag{i}$$

当 $t=0$ 时，梁的各点应变 $\varepsilon=P_0/EA$ 是常数。这样梁上各质点的初始条件为

$$\dot{u}(x,t=0)=0,u(x,t=0)=\varepsilon x \tag{j}$$

将初始条件带入式（i），得

$$\varphi_n=\frac{\pi}{2},\quad \sum_{n=1,3,\cdots}^{\infty}A'_n\sin\left(\frac{n\pi}{2l}x\right)=\varepsilon x \tag{k}$$

为求出 A'_n，将上式两边同时乘以 $\sin\left(\frac{m\pi}{2l}x\right)$，其中 m 为正整数，并沿梁轴向积分，得到

$$\int_0^l\sin\left(\frac{n\pi}{2l}x\right)\sin\left(\frac{m\pi}{2l}x\right)\mathrm{d}x=\begin{cases}0 & (m\neq n)\\ l/2 & (m=n)\end{cases}$$

解出

$$A'_n=\frac{2\varepsilon}{l}\int_0^l x\sin\left(\frac{n\pi x}{2l}\right)\mathrm{d}x=(-1)^{\frac{n-1}{2}}\frac{8l\varepsilon}{n^2\pi^2} \tag{l}$$

最终，梁的位移响应为

$$y(x,t)=\frac{8l\varepsilon}{\pi^2}\sum_{n=1,3,\cdots}^{\infty}\frac{(-1)^{\frac{n-1}{2}}}{n^2}\sin\left(\frac{n\pi x}{2l}\right)\sin\left(\omega_n t+\frac{\pi}{2}\right)$$
$$=\frac{8l\varepsilon}{\pi^2}\sum_{n=1,3,\cdots}^{\infty}\frac{(-1)^{\frac{n-1}{2}}}{n^2}\sin\left(\frac{n\pi x}{2l}\right)\cos\left(\frac{n\pi\sqrt{EA/m}}{2l}t\right) \tag{m}$$

5.2 无阻尼直梁的横向自由振动

图 5-3 为一非均匀简支梁，其沿梁长度 x 方向变化的抗弯刚度为 $EI(x)$，单位长度上的分布质量为 $m(x)$，在自由振动过程中，梁上无外载，只有惯性力作用。设梁的挠度为 y，则 $y(x, t)$ 为随坐标 x 和时间 t 连续变化的函数。

设该梁仅考虑弯曲变形，且符合平截面假设，按照材料力学，简支梁的挠曲线方程为

$$EI(x)y''=-M(x) \tag{5-12}$$

对 $M(x)$ 再求二阶导数，即为沿梁长度上分布的荷载 $q(x)$，有

$$M''(x)=-q(x) \tag{5-13}$$

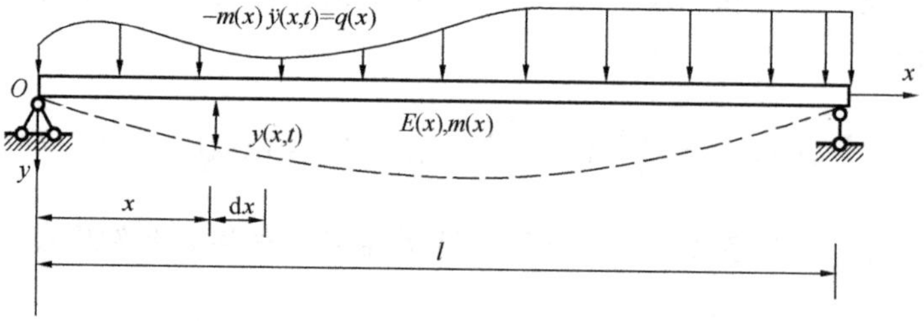

图 5-3 简支梁的弯曲变形

由于不考虑阻尼的影响，且在自由振动过程中，梁上无外荷载，仅有惯性力作用，则上述外载相当于惯性力，因此

$$q(x)=-m(x)\ddot{y}(x,t) \tag{5-14}$$

动力平衡方程可以表示为

$$[EI(x)y''(x,t)]''=-m(x)\ddot{y}(x,t) \tag{5-15}$$

式中，$y''(x,t)$ 为位移函数 $y(x,t)$ 对 x 的二阶偏导；$\ddot{y}(x,t)$ 为位移函数 $y(x,t)$ 对时间 t 的二阶偏导。

注意，由于以上各式中的正负号规定弯矩以梁下面受拉为正，荷载及位移以向下为正。因此，以上各式右端均出现负号。

上式偏微分方程特解形式取为

$$y(x,t)=Y(x)\sin(\omega t+\varphi) \tag{5-16}$$

式中，$Y(x)$ 为阵型函数；ω 为自振频率；φ 为初始相位角。

将式（5-16）代入式（5-15），可消去 $\sin(\omega t+\varphi)$，有

$$[EI(x)y''(x)]''=m(x)\omega^2 Y(x) \tag{5-17}$$

上式称为振型曲线的微分方程，它表示体系在惯性力幅值作用下引起的静挠度曲线。

为简单起见，在此仅讨论等截面直梁的情况，即 $EI(x)=EI$，$m(x)=m$，令

$$\lambda=\left(\frac{m\omega^2}{EI}\right)^{1/4} \tag{5-18}$$

则式（5-17）可改写为

$$Y^{(4)}(x)-\lambda^4 Y(x)=0 \tag{5-19}$$

式（5-19）的解为

$$Y(x)=A\sin\lambda x+B\cos\lambda x+C\sinh\lambda x+D\cosh\lambda x \tag{5-20}$$

以简支梁为例，简支梁的四个边界条件为梁两端的位移及弯矩为0，即

$$\begin{cases}Y(0)=0\\Y(l)=0\\Y''(0)=0\\Y''(l)=0\end{cases} \tag{5-21}$$

根据式（5-21）的第一式和第三式，式（5-20）中 $B=D=0$，式（5-20）变为

$$Y(x)=A\sin\lambda x+C\sinh\lambda x \tag{5-22}$$

再根据式（5-21）的第二式和第四式，得

$$\begin{cases}Y(l)=A\sin\lambda l+C\sinh\lambda l=0\\Y''(l)=-\lambda^2 A\sin\lambda l+\lambda^2 C\sinh\lambda l=0\end{cases} \tag{5-23}$$

注意到 $\lambda\neq 0$，方程组两式相加有 $2C\sinh\lambda l=0$。因为 $\sinh\lambda l=(e^{\lambda l}-e^{-\lambda l})/2\neq 0$，所以一定有 $C\neq 0$。方程组相减有 $2A\sin\lambda l=0$，由于 $B=C=D=0$，故 $A\neq 0$，否则体系不振动。因此

$$\sin\lambda l=0 \tag{5-24}$$

式（5-24）为体系的频率方程，满足了边界条件和发生振动的要求，即由 A、B、C、D 不能同时为0得到的。

由于体系的自振频率 ω 不为0，即 $\lambda\neq 0$，故有 $\lambda l=\pi,2\pi,\cdots$，则

$$\lambda_i=\frac{i\pi}{l}\qquad(i=1,2,\cdots,n) \tag{5-25}$$

由式（5-26）可知，体系将有无限多个自振频率，即

$$\omega_i=\left(\frac{i\pi}{l}\right)^2\sqrt{\frac{EI}{m}}\quad(i=1,2,\cdots,n) \tag{5-26}$$

将边界条件 $B=C=D=0$ 代入振型表达式（5-20），得 $Y(x)=A\sin\lambda x$，则第 i 振型的表达式为

$$Y_i(x)=A_i\sin\lambda_i x=A_i\sin\frac{i\pi}{l}x \tag{5-27}$$

式中，A_i是任意常数，由初始条件确定。

由于A_i不影响振型的形状，故参数A_i可以选取，简单起见取$A_i=1$，于是第i阶振型为

$$Y_i(x)=\sin\frac{i\pi}{l}x\quad(i=1,2,\cdots,n) \tag{5-28}$$

体系的前 3 阶振型如图 5-4 所示。

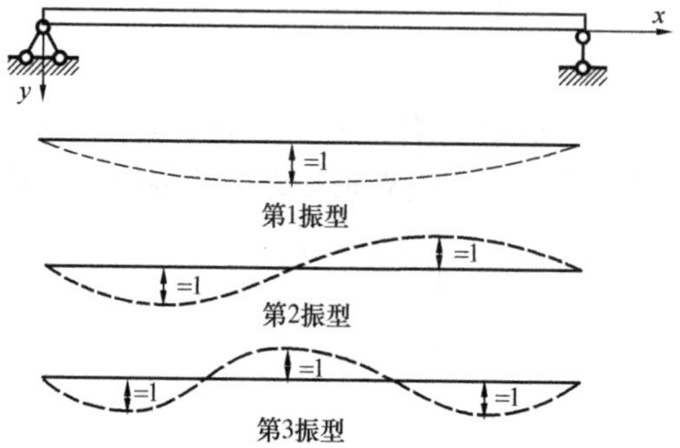

图 5-4 简支梁的振型示意图

【例题 5-2】 如图 5-5 所示，求只考虑弯曲变形的等截面悬臂梁的前几阶自振频率。

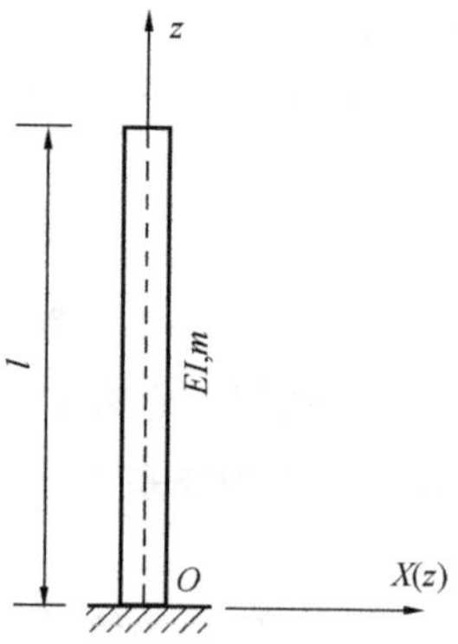

图 5-5 悬臂杆

【解】

由于杆的运动方程式是按照梁微段力的平衡条件建立的，所以悬臂梁的振型表达式与式（5-20）相同，为

$$X(z)=A\sin\lambda z+B\cos\lambda z+C\sinh\lambda z+D\cosh\lambda z \tag{a}$$

式中，$\lambda=(m\omega^2/EI)^{1/4}$；$\omega$为梁的自振频率。

悬臂梁的边界条件为：对于固定端，位移与转角均为零，即$X(0)=0$，$X'(0)=0$；对于自由端，弯矩与截面剪力均为零，根据材料力学的知识有$X''(l)=0$，$X'''(l)=0$。

将以上边界条件代入式（a），有

$$\begin{cases}B=-D\\C=-A\\A(\sin\lambda l+\sinh\lambda l)+B(\cos\lambda l+\cosh\lambda l)=0\\A(\cos\lambda l+\cosh\lambda l)+B(-\sin\lambda l+\sinh\lambda l)=0\end{cases} \tag{b}$$

A、B不能同时为 0，否则体系不能振动。因此，式（b）后两式的系数行列式

等于0，即

$$\begin{vmatrix} \sin\lambda l+\sinh\lambda l & \cos\lambda l+\cosh\lambda l \\ \cos\lambda l+\cosh\lambda l & -\sin\lambda l+\sinh\lambda l \end{vmatrix}=0 \tag{c}$$

整理后，得

$$\cos\lambda l\cosh\lambda l=-1 \tag{d}$$

上式即为悬臂梁的频率方程，前5阶频率可利用数值法求得如下

$$\omega_1=3.52\beta,\quad \omega_2=22.03\beta,\quad \omega_3=67.7\beta,\quad \omega_4=120.9\beta,\quad \omega_5=199.25\beta$$

其中，$\beta=\sqrt{\dfrac{EI}{ml^4}}$。

【例题 5-3】 如图5-6所示，求只考虑弯曲变形的带弹性支承的等截面悬臂梁的自振频率，其中弹簧的刚度系数为 k。

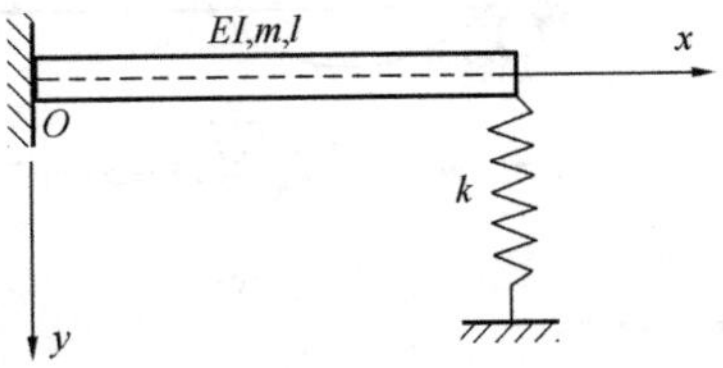

图5-6　带弹性支承的等截面悬臂杆

【解】

按图5-6的坐标，振型表达式为

$$Y(x)=A\sin\lambda x+B\cos\lambda x+C\sinh\lambda x+D\cosh\lambda x \tag{a}$$

边界条件为：对于固定端，位移与转角均为0；对于弹簧支撑端，弯矩为0，剪力为 $V=kX(l)$，则 $B=-D, C=-A$，且

$$\begin{cases}(\sin\lambda l+\sinh\lambda l)C+(\cos\lambda l+\cosh\lambda l)D=0 \\ [EI\lambda^3(\sinh\lambda l-\sin\lambda l)+k(\cos\lambda l-\cosh\lambda l)]C \\ +[EI\lambda^3(\cos\lambda l+\cosh\lambda l)+k(\sinh\lambda l-\sin\lambda l)]D=0\end{cases} \tag{b}$$

由于 C、D 不同时为0，故上述方程的系数行列式为0，经简化后得

$$EI\lambda^3(1+\cos\lambda l\cosh\lambda l)+k(\sin\lambda l\cosh\lambda l-\cos\lambda l\sinh\lambda l)=0 \tag{c}$$

整理得

$$\frac{1+\cos\lambda l\cosh\lambda l}{\sin\lambda l\cosh\lambda l-\cos\lambda l\sinh\lambda l}=\frac{k}{EI\lambda^3} \tag{d}$$

上式即为带弹性支承的等截面悬臂杆的频率方程。

讨论：

1. 当 $k=0$ 时

上式右端的分子也将为0，即 $\cos\lambda l\cosh\lambda l=-1$，与【例题5-2】的解相同。

2. 当 $k\to\infty$ 时

弹性支承就相当于铰支座。上式右端分母也为0，即 $\sin\lambda l\cosh\lambda l-\cos\lambda l\sinh\lambda l=0$，简化后有

$$\tan\lambda l=\tanh\lambda l \tag{e}$$

即得到一端固定、一端铰支梁的自振频率方程。

【例题 5-4】 试求图 5-7 所示的等截面简支梁的自振频率和主振型。

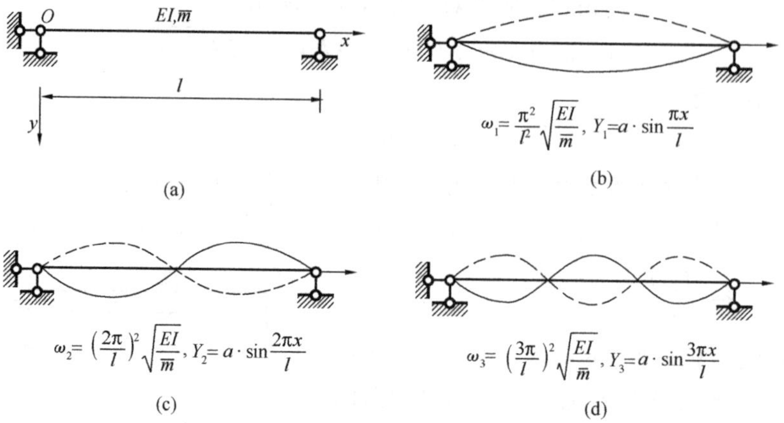

图 5-7 等截面简支梁

【解】

振型表达式为

$$Y(x)=C_1\cosh\lambda x+C_2\sinh\lambda x+C_3\cos\lambda x+C_4\sin\lambda x \tag{a}$$

由左端的边界条件，有

$$\begin{cases}Y(0)=0, C_1+C_3=0\\ Y''(0)=0, C_1-C_3=0\end{cases}$$

可解得 $C_1=C_3=0$。振幅表达式简化为

$$Y(x)=C_2\sinh\lambda x+C_4\sin\lambda x \tag{b}$$

右端的边界条件为

$$\begin{cases}Y(l)=0, C_2\sinh\lambda l+C_4\sin\lambda l=0\\ Y''(l)=0, C_2\sinh\lambda l-C_4\sin\lambda l=0\end{cases} \tag{c}$$

令此齐次方程组的系数行列式为零，得

$$\begin{vmatrix}\sinh\lambda l & \sin\lambda l\\ \sinh\lambda l & -\sin\lambda l\end{vmatrix}=0 \tag{d}$$

即

$$\sinh\lambda l\cdot\sin\lambda l=0 \tag{e}$$

其中，$\sinh\lambda l=0$ 的解仍是零解，因为由此将导致 $\lambda=0$ 和 $Y(x)=0$ 的结果，故 $\sinh\lambda l\neq 0$。于是特征方程为

$$\sin\lambda l=0 \tag{f}$$

它有无限多个根：

$$\lambda_n=\frac{n\pi}{l}\qquad(n=1,2,\cdots) \tag{g}$$

因而有无限多个自振频率：

$$\omega_n = \frac{n^2\pi^2}{l^2}\sqrt{\frac{EI}{\overline{m}}} \qquad (n=1,2,\cdots) \tag{h}$$

每一个自振频率 ω_n 有自己的主振型 $Y_n(x)$ 。$C_2=0$，代入式（a），得

$$Y_n(x) = C_4\sin\frac{n\pi x}{l} \qquad (n=1,2,\cdots) \tag{i}$$

前三个主振型如图 5-7（b）、（c）、（d）所示。

5.3　无阻尼直梁简谐荷载作用下的强迫振动

如图 5-8 所示的等截面直梁，承受均布简谐荷载 $q(x,t)=q\sin\theta t$ 作用。

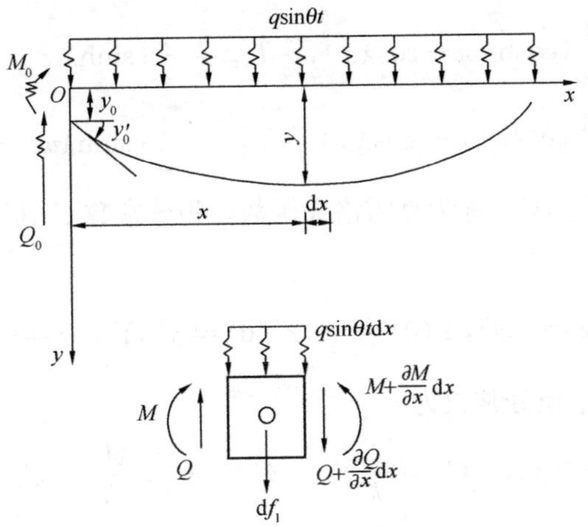

图 5-8　等截面直梁弯曲受迫振动

取微分段平衡，可得运动微分方程

$$EIy'''' + \overline{m}\,\ddot{y} = q\sin\theta t \tag{5-29}$$

式（5-29）的解包含两部分，一部分是相应的齐次方程的解，另一部分是非齐次方程的特解。前者由于实际存在的阻尼很快消失，故只考虑稳态强迫振动解。设特解为

$$y(x,t) = Y(x)\sin\theta t \tag{5-30}$$

带入式（5-29），简化后得

$$\frac{d^4Y(x)}{dx^4} - \lambda^4 Y(x) = \frac{q}{EI} \tag{5-31}$$

式中

$$\lambda^4 = \frac{\overline{m}\theta^2}{EI}$$

微分方程式（5-31）的通解为

$$Y(x)=A\cosh\lambda x+B\sinh\lambda x+C\cos\lambda x+D\sin\lambda x-\frac{q}{EI\lambda^4} \tag{5-32}$$

在此，为了简化计算，引入新的常数

$$A=\frac{1}{2}(C_1+C_3),\quad B=\frac{1}{2}(C_2+C_4)$$
$$C=\frac{1}{2}(C_1-C_3),\quad D=\frac{1}{2}(C_2-C_4) \tag{a}$$

带入式（5-32）得

$$Y(x)=C_1S_{\lambda x}+C_2T_{\lambda x}+C_3U_{\lambda x}+C_2V_{\lambda x}-\frac{q}{EI\lambda^4} \tag{5-33}$$

式中

$$S_{\lambda x}=\frac{1}{2}(\cosh\lambda x+\cos\lambda x),\quad T_{\lambda x}=\frac{1}{2}(\sinh\lambda x+\sin\lambda x)$$
$$U_{\lambda x}=\frac{1}{2}(\cosh\lambda x-\cos\lambda x),\quad V_{\lambda x}=\frac{1}{2}(\sinh\lambda vx-\sin\lambda x) \tag{b}$$

函数 $S_{\lambda x},T_{\lambda x},U_{\lambda x},V_{\lambda x}$ 称为克雷洛夫函数，积分常数 C_1,C_2,C_3,C_4 可由边界条件确定。

根据边界条件 $x=0$ 处，$Y(0)=y_0,Y'(0)=y'_0,Y''(0)=-\frac{M_0}{EI},Y'''(0)=-\frac{Q_0}{EI}$，带入式（5-33），四个积分常数为

$$C_1=\frac{q}{\lambda^4EI}+y_0,\quad C_2=\frac{1}{k}y'_0,\quad C_3=-\frac{1}{k^2}\frac{M_0}{EI},\quad C_4=-\frac{1}{k^3}\frac{Q_0}{EI} \tag{c}$$

再将带入式（5-33）并逐次微分，可得振型函数为

$$Y(x)=y_0S_{\lambda x}+\frac{1}{k}y'_0T_{\lambda x}-\frac{1}{k^2}\frac{M_0}{EI}U_{\lambda x}-\frac{1}{k^3}\frac{Q_0}{EI}V_{\lambda x}+\frac{q}{EI\lambda^4}(S_{\lambda x}-1) \tag{5-34}$$

对于间断载荷作用的情况，如图 5-9 所示的直梁，在离坐标原点距离 c 处作用

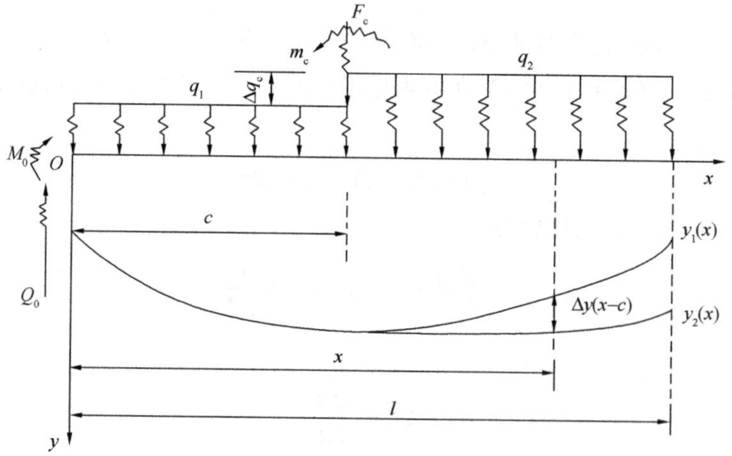

图 5-9 间断荷载作用下直梁的受迫振动

一力偶 $m_c\sin\theta t$、集中力 $F_c\sin\theta t$ 及振动连续荷载强度的突变值 $\Delta q_c\sin\theta t$。除了沿梁轴线方向作用相同频率的振动连续荷载 q_1 外，在坐标原点处还作用力矩 $M_0\sin\theta t$ 及剪力 $Q_0\sin\theta t$。

对于这两段梁，根据式（5-31），可得到具有相同频率，但振幅不同的振动微分方程。

1. 第一段（$0<x<c$）

$$\frac{d^4Y_1(x)}{dx^4}-\lambda^4Y_1(x)=\frac{q_1}{EI} \tag{d}$$

2. 第二段（$c<x<l$）

$$\frac{d^4Y_2(x)}{dx^4}-\lambda^4Y_2(x)=\frac{q_2}{EI} \tag{e}$$

式（d）和（e）为线性微分方程，用式（e）减式（d），并令 $\Delta Y(x-c)=Y_2(x)-Y_1(x)$，则得

$$\frac{d^4\Delta Y(x-c)}{dx^4}-\lambda^4\Delta Y(x-c)=\frac{q_2-q_1}{EI}=\frac{\Delta q_c}{EI} \tag{5-35}$$

式（5-35）与式（5-31）相似，唯一区别在于以变量（$x-c$）代替了变量 x。因此，可参照式（5-33）直接给出式（5-35）的解

$$\Delta Y(x-c)=C_{12}S_{\lambda(x-c)}+C_{22}T_{\lambda(x-c)}+C_{32}U_{\lambda(x-c)}+C_{42}V_{\lambda(x-c)}-\frac{\Delta q_c}{EI\lambda^4} \tag{5-36}$$

式中，C_{12}，C_{22}，C_{32}，C_{42} 中的第二个脚码表示该积分常数是第二段的，这四个积分常数由第二段的边界条件得到。

同时，当 $x=c$ 时，挠曲线是连续、光滑的，即 $\Delta Y(c)=0$，$\Delta Y'(c)=0$。由于梁上外力偶及集中力的存在，故弯矩的增量 $\Delta Y''(c)=\frac{km_c}{EI}$，剪力的增量 $\Delta Y'''(c)=\frac{F_c}{EI}$，将式（5-36）逐次微分，带入 $x=c$ 处的边界增量值，可得

$$C_{12}=\frac{\Delta q_c}{\lambda^4EI},\quad C_{22}=0,\quad C_3=\frac{1}{k^2}\frac{m_c}{EI},\quad C_4=\frac{1}{k^3}\frac{F_c}{EI} \tag{f}$$

将此积分函数带入式（5-36），得

$$\Delta Y(x-c)=\frac{\Delta q_c}{\lambda^4EI}(S_{\lambda(x-c)}-1)+\frac{1}{k^2}\frac{m_c}{EI}U_{\lambda(x-c)}+\frac{1}{k^3}\frac{F_c}{EI}V_{\lambda(x-c)} \tag{5-37}$$

第二段梁的强迫振动弹性曲线的振幅方程可写为

$$Y_2(x)=Y_1(x)+\Delta Y(x-c) \tag{5-38}$$

5.4 一般动荷载作用下有阻尼直梁的强迫振动

本节主要讨论有阻尼直梁在一般动荷载作用下的强迫振动。图 5-10 为一非均

匀简支梁，其沿梁长度 x 方向变化的抗弯刚度为 $EI(x)$，单位长度上的分布质量为 $m(x)$ 作用在梁竖向上的分布动荷载 $q(x, t)$。设梁的挠度为 y，则 y 为随坐标 x 和时间连续变化的函数 $y(x, t)$。

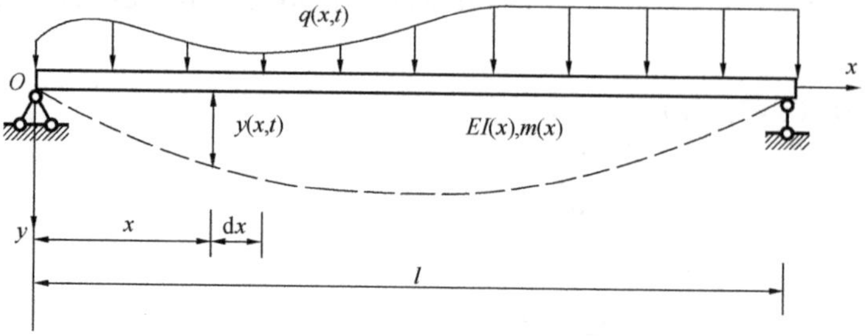

图 5-10　简支梁的弯曲变形

梁的阻尼力有两种，一种是外界介质（如水、空气等），对梁运动产生的阻抗，称为外阻尼，如图 5-11（a）所示。另一种是由于梁截面上的纤维反复变形，沿截面高度产生的分布阻尼应力如图 5-11（b），称为内阻尼。这两种阻尼都是黏性阻尼，前者是竖向振动速度的函数，后者与梁的应变速度成比例。

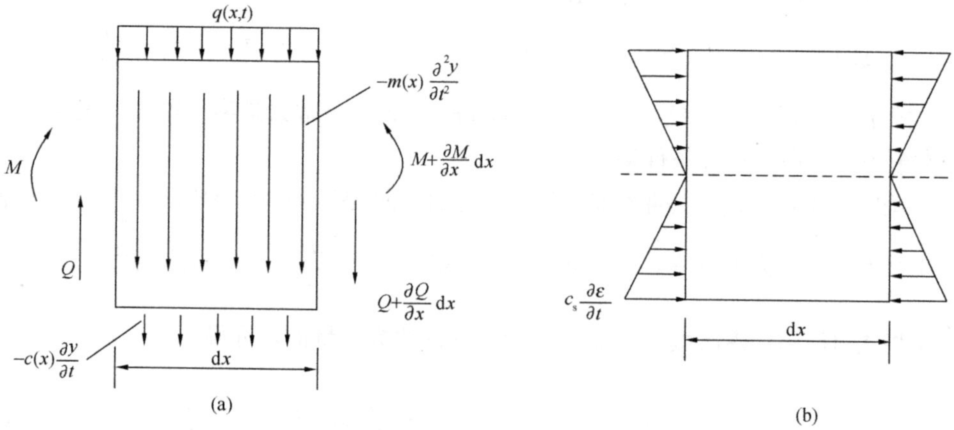

图 5-11　梁的黏滞阻尼机理

对于第一种阻尼 F_{d1}，有

$$F_{d1} = -c(x)\frac{\partial y(x,t)}{\partial t} \tag{5-39}$$

式中，$c(x)$ 称为位移速度阻尼系数。

对于第二种阻尼 σ_{d2}，由于其沿截面高度线性分布，故有

$$\sigma_{d2} = c_s \frac{\partial \varepsilon}{\partial t} \tag{5-40}$$

式中，ε 为梁的弯曲应变；c_s 为应变速度阻尼系数。设 A 为梁的横截面面积，z

为截面上各点到中性轴的距离。由于 $\varepsilon=-z\dfrac{\partial^2 y}{\partial x^2}$。并注意到 $I(x)=\int z^2\mathrm{d}A$，所以 σ_{d2} 产生的阻尼弯矩 $M_{\sigma_{\mathrm{d2}}}$ 为

$$M_{\sigma_{\mathrm{d2}}}=\int\sigma_{\mathrm{d2}}z\mathrm{d}A=\int c_{\mathrm{s}}\frac{\partial\varepsilon}{\partial t}z\mathrm{d}A=-\int c_{\mathrm{s}}z^2\frac{\partial^3 y}{\partial x^2\partial t}\mathrm{d}A=-c_{\mathrm{s}}I(x)\frac{\partial^3 y}{\partial x^2\partial t}\tag{5-41}$$

根据弯曲梁的挠曲线方程可知，梁在 x 截面上的总弯矩 M 为

$$M=-EI(x)\frac{\partial^2 y}{\partial x^2}-c_{\mathrm{s}}I(x)\frac{\partial^3 y}{\partial x^2\partial t}\tag{5-42}$$

根据图 5-11（a），梁微段在竖向上的平衡方程为

$$m(x)\frac{\partial^2 y}{\partial x^2}+c(x)\frac{\partial y}{\partial t}-\frac{\partial Q}{\partial x}=q(x,t)\tag{5-43}$$

故

$$\frac{\partial^2 M}{\partial x^2}=\frac{\partial Q}{\partial x}=m(x)\frac{\partial^2 y}{\partial t^2}+c(x)\frac{\partial y}{\partial t}-q(x,t)\tag{5-44}$$

将式（5-42）代入式（5-44），有

$$\frac{\partial^2}{\partial x^2}\left[EI(x)\frac{\partial^2 y}{\partial x^2}+c_{\mathrm{s}}I(x)\frac{\partial^3 y}{\partial x^2\partial t}\right]+m(x)\frac{\partial^2 y}{\partial t^2}+c(x)\frac{\partial y}{\partial t}=q(x,t)\tag{5-45}$$

对于等截面梁，上述方程可以简化为

$$EI\frac{\partial^4 y}{\partial x^4}+c_{\mathrm{s}}I\frac{\partial^5 y}{\partial x^4\partial t}+m\frac{\partial^2 y}{\partial t^2}+c\frac{\partial y}{\partial t}=q(x,t)\tag{5-46}$$

上式为有阻尼、等截面梁在一般动荷载作用下的偏微分振动方程。上述基本方程需要根据梁的边界条件和初始条件求解，但是直接求解往往比较困难，通常可先求梁的自振频率和振型，然后再利用振型叠加法求解梁的动力响应。

如果不考虑阻尼，即阻尼系数 c_{s}、c 均为 0，则式（5-46）简化为

$$\frac{\partial^2}{\partial x^2}\left[EI(x)\frac{\partial^2 y}{\partial x^2}\right]+m(x)\frac{\partial^2 y}{\partial t^2}=q(x,t)\tag{5-47}$$

在上述的公式推导中，没有考虑梁在运动过程中剪切变形和转动惯量的影响。对于梁的挠度远小于其长度的情况，即梁的弯曲半径与梁高相比大很多时，弯曲变形是主要的，剪切变形和转动惯量的影响很小，可以忽略不计。按照这种假定，仅考虑弯曲变形的梁称为欧拉梁，其分析理论称为伯努利-欧拉理论。

如果令式（5-47）右端 $q(x,t)=0$，即微分方程的齐次方程，也就是梁的自由振动运动方程，即

$$\frac{\partial^2}{\partial x^2}\left[EI(x)\frac{\partial^2 y}{\partial x^2}\right]+m(x)\frac{\partial^2 y}{\partial t^2}=0\tag{5-48}$$

可见式（5-48）与式（5-15）完全相同。

对于微分方程（5-48）可以利用分离变量方法求解，假定解的形式为

$$y(x,t) = Y(x)\beta(t) \tag{5-49}$$

式中，$Y(x)$ 表示振动的形状，它不随时间发生变化；$\beta(t)$ 表示随时间变化的振动幅值。

将式（5-49）带入式（5-48），有

$$\frac{d^2}{dx^2}\left[EI(x)\frac{d^2Y}{dx^2}\right]\beta(t) = -m(x)Y(x)\frac{d^2\beta}{dt^2} \tag{5-50}$$

上式两端同时除以 $Y(x)\beta(t)$，将变量分离

$$\frac{\frac{d^2}{dx^2}\left[EI(x)\frac{d^2Y}{dx^2}\right]}{m(x)Y(x)} = -\frac{\frac{d^2\beta}{dt^2}}{\beta(t)} \tag{5-51}$$

上式等号左边与时间 t 无关，而右边与 x 无关，因此两端必同时等于一个常数，如令此常数为 ω^2，则可得到两个微分方程为

$$\frac{d^2}{dx^2}\left[EI(x)\frac{d^2Y}{dx^2}\right] - \omega^2 m(x)Y(x) = 0 \tag{5-52}$$

$$\frac{d^2\beta}{dt^2} + \omega^2\beta(t) = 0 \tag{5-53}$$

式（5-53）的通解为

$$\beta(t) = a\sin(\omega t + \varphi) \tag{5-54}$$

将带入式（5-53），并把常数 a 与 $Y(x)$ 中的待定参数合并，则

$$y(x,t) = Y(x)\sin(\omega t + \varphi) \tag{5-55}$$

可见式（5-55）与式（5-16）完全相同。

习　题

5.1　题 5.1 图示两端固定梁，试求前三阶自振频率和主振型。

5.2　题 5.2 图示梁，试求前两阶自振频率和主振型。

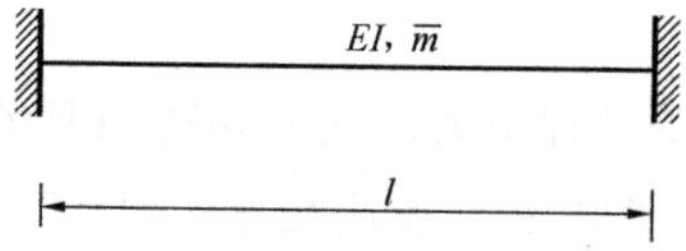

题 5.1 图

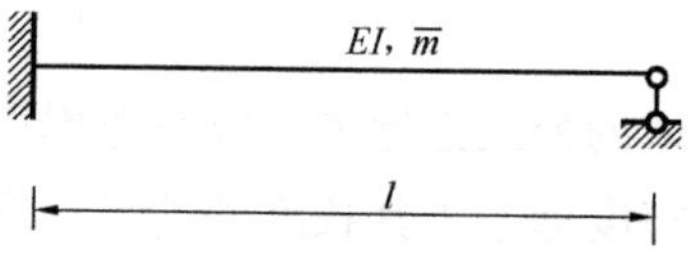

题 5.2 图

5.3　题 5.3 图示匀质等截面梁，其单位长度质量为 $\overline{m}$，EI 为常数，试求其最低自振频率，并讨论当右端弹性支座的刚度 $k=0$ 及 $k=\infty$ 两种特殊情况。

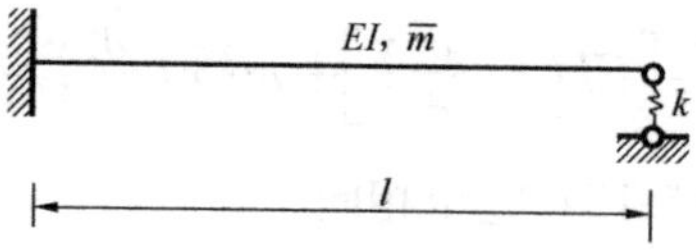

题 5.3 图

5.4　题5.4图示匀质等截面梁，在自由端有一集中质量 $M = 60\text{kg}$，设 $\overline{m} = 30\text{kg/m}$，$I = 2.5 \times 10^3\ \text{cm}^4$，$E = 200\text{GPa}$。试求系统的最低自振频率。

5.5　题5.5图示承受荷载的匀质等截面梁，梁的单位长度质量为 $\overline{m}$，EI 为常数，设荷载频率为 $\theta = 0.7\omega_1$，试求梁的动力弯矩图。

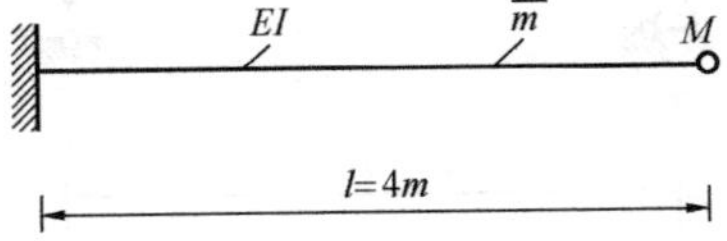

题5.4图

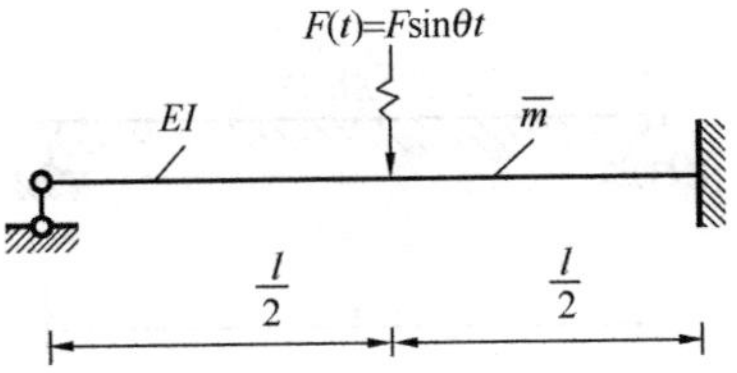

题5.5图

5.6　题5.6图示匀质等截面简支梁，单位长度质量为 $\overline{m}$，EI 为常数，承受两对称集中荷载，设 $\theta = \omega_1$，阻尼比 $\xi_1 = \xi_2 = 0.05$，试求跨中振幅和动力弯矩的幅值。

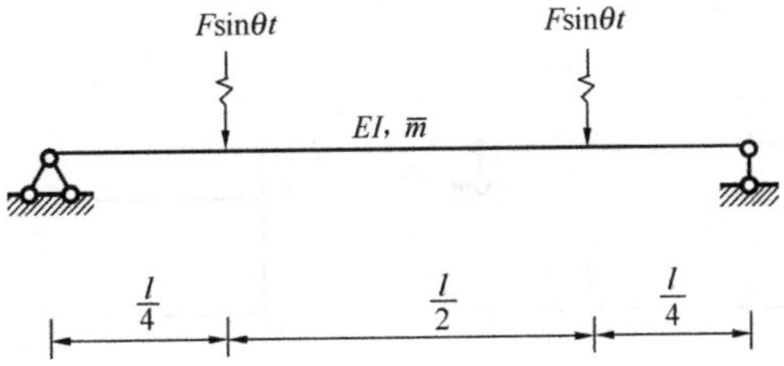

题5.6图

5.7　题5.7图示匀质等截面简支梁承受均布突加荷载。梁单位长度质量为 $\overline{m}$，EI 为常数。若初始条件为零，并且不考虑阻尼的影响，试求梁跨中点的动位移和弯矩。

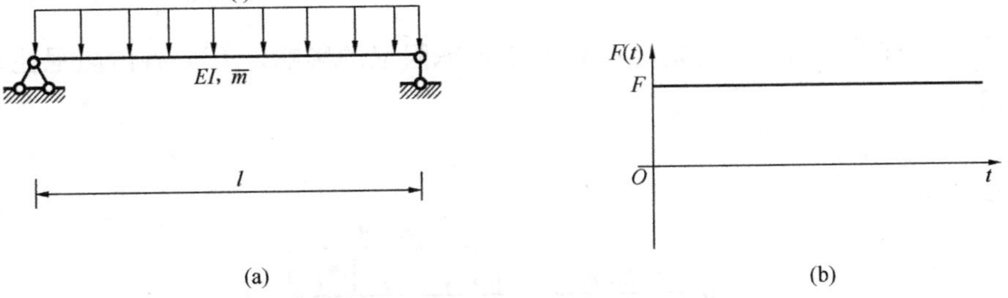

题5.7图

5.8　题5.8图示匀质等截面简支梁放置在弹性地基上，梁单位长度质量为 $\overline{m}$，EI 为常数，地基弹性抗力系数为 k，试建立梁的自由振动方程并求最低自振频率和振型函数。

5.9　题 5.9 图示匀质等截面简支梁上一常量力 F 以等速 v 沿梁移动。已知梁单位长度质量为 $\overline{m}$，EI 为常数。设初始位移和初始速度均为零，并且不考虑阻尼的影响，试求梁的动力位移。

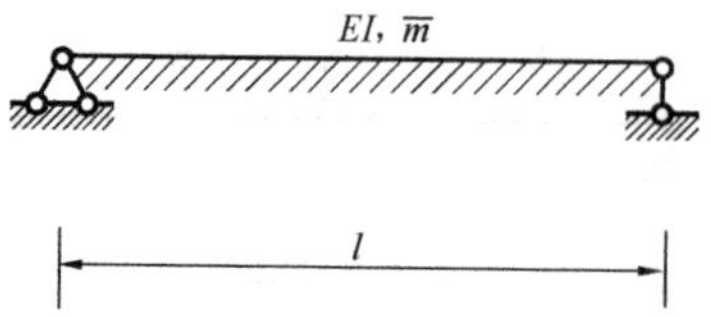

题 5.8 图

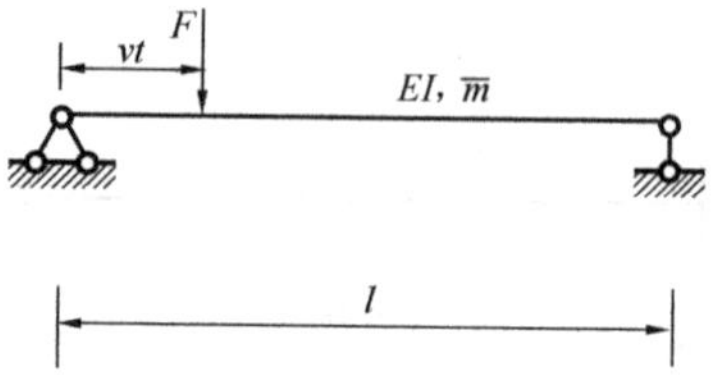

题 5.9 图

5.10　题 5.10 图示匀质等截面简支梁在跨中受到突加荷载 F 。梁单位长度质量为 $\overline{m}$，EI 为常数。若初始条件为 0，并且不考虑阻尼的影响，试用振型叠加法求梁的动力位移和动力弯矩的表达式。

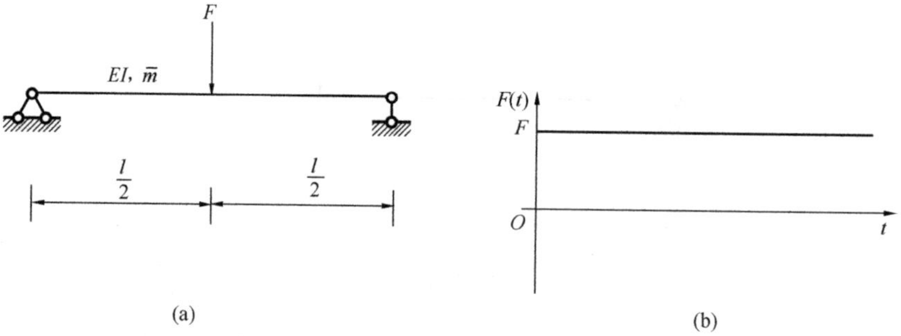

题 5.10 图

5.11　题 5.11 图示匀质等截面简支梁一侧承受荷载作用。梁单位长度质量为 $\overline{m}$，EI 为常数，$\theta=\frac{5}{4}\omega_1$ 。要求用前三阶振型叠加，沿梁跨每隔 $\frac{l}{4}$ 求出位移响应的幅值，并作图。考虑两种情况：（1）不考虑阻尼的影响；（2）各阶阻尼比均取为 0.1。

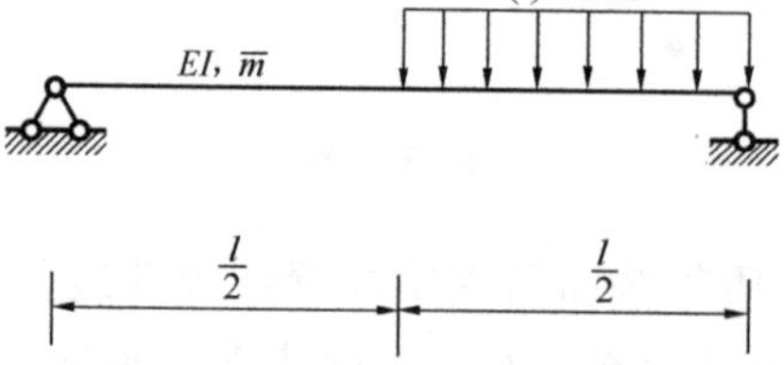

题 5.11 图

第 6 章　结构动力分析的数值求解方法

结构动力学中，当实际工程结构和外荷载复杂多变时，一般不能通过求解运动微分方程找到解析解。此时，需要考虑采用数值求解方法，根据相关的数值算法公式，建立相应的求解程序。鉴于此，本章以线性结构为主，在介绍模型和算法的基础上，给出相关的 MATLAB 程序。

由于动荷载作用，体系的位移响应与加速度有关，根据达朗贝尔原理，体系的内力与外荷载和惯性力平衡。结构动力分析数值求解的主要目的是计算给定动荷载下已知结构体系的位移响应。

6.1　单自由度体系动力分析模型

以图 6-1 所示的单自由度结构为例，该结构的位移仅考虑 x 向的位移，在动荷载 $f(t)$ 作用下，产生位移、速度和加速度响应。其中，加速度引起结构的惯性力 $m\ddot{x}$ ，位移引起结构的弹性恢复力 $f_s(x,\dot{x})$ ，以及与速度有关的阻尼力 $c\dot{x}$ 。

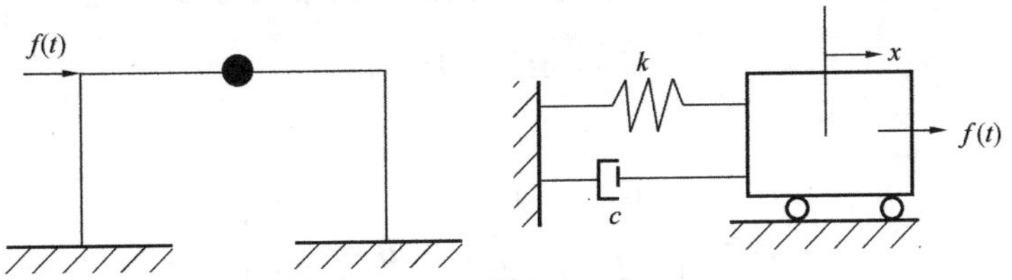

图 6-1　单自由度结构的动力计算模型

根据第 2 章理论，惯性力、弹性恢复力、阻尼力与动荷载保持平衡，动力平衡方程为

$$m\ddot{x}+c\dot{x}+f_s(x,\dot{x})=f(t) \tag{6-1}$$

式中，m 、c 分别表示结构的质量和阻尼；x 、$\dot{x}$ 、$\ddot{x}$ 分别表示与结构变形有关的相对位移、相对速度以及相对加速度。式（6-1）为单自由度体系的运动方程。

若结构的恢复力 $f_s=kx$ ，其中 k 为结构的刚度，则式（6-1）可以写为

$$m\ddot{x}+c\dot{x}+kx=f(t) \tag{6-2}$$

将式（6-2）左右两侧同时除以 m，则

$$\ddot{x}+\frac{c}{m}\dot{x}+\frac{k}{m}x=\frac{f(t)}{m} \tag{6-3}$$

令 $\omega=\sqrt{\dfrac{k}{m}}$，$\xi=\dfrac{c}{2m\omega}$，则式（6-3）写为

$$\ddot{x}+2\omega\xi\dot{x}+\omega^2x=\frac{f(t)}{m} \tag{6-4}$$

式中，ω、ξ 分别表示结构的频率和阻尼比。

式（6-2）还可写为状态空间的表达形式，任一时刻的状态可以用该时刻的位移和速度来表示，因此状态变量可写为

$$\boldsymbol{U}=\begin{Bmatrix}x\\\dot{x}\end{Bmatrix} \tag{6-5}$$

将式（6-3）写为

$$\ddot{x}=-\frac{c}{m}\dot{x}-\frac{k}{m}x+\frac{f(t)}{m} \tag{6-6}$$

又可知

$$\dot{x}=\dot{x} \tag{6-7}$$

合并式（6-6）和式（6-7），并用矩阵表示为

$$\begin{Bmatrix}\dot{x}\\\ddot{x}\end{Bmatrix}=\begin{bmatrix}0 & 1\\-\dfrac{k}{m} & -\dfrac{c}{m}\end{bmatrix}\begin{Bmatrix}x\\\dot{x}\end{Bmatrix}+\begin{Bmatrix}0\\\dfrac{1}{m}\end{Bmatrix}f(t) \tag{6-8}$$

式（6-8）即为式（6-2）的状态空间表达式，通常也写为

$$\dot{\boldsymbol{U}}=\boldsymbol{AU}+\boldsymbol{B}f(t) \tag{6-9}$$

其中

$$\boldsymbol{A}=\begin{bmatrix}0 & 1\\-\dfrac{k}{m} & -\dfrac{c}{m}\end{bmatrix},\quad \boldsymbol{B}=\begin{Bmatrix}0\\\dfrac{1}{m}\end{Bmatrix} \tag{6-10}$$

空间表达式还需要写成输出状态的形式，即

$$\boldsymbol{Y}=\boldsymbol{DU}+\boldsymbol{L}f(t) \tag{6-11}$$

式中，$\boldsymbol{Y}$ 表示输出状态，可根据需要选择变量。例如，若选择输出状态为结构的位移、速度和加速度，即

$$\boldsymbol{Y}=(x,\dot{x},\ddot{x})^{\mathrm{T}} \tag{6-12}$$

则矩阵 $\boldsymbol{D}$,$\boldsymbol{L}$ 可分别写为

$$\boldsymbol{D}=\begin{bmatrix}1 & 0\\0 & 1\\-\dfrac{k}{m} & -\dfrac{c}{m}\end{bmatrix},\quad \boldsymbol{L}=\begin{Bmatrix}0\\0\\\dfrac{1}{m}\end{Bmatrix} \tag{6-13}$$

6.2　多自由度体系动力分析模型

本节主要介绍多自由度体系的动力分析模型，给出相应运动方程的状态空间表达方式。如图 6-2 所示，以具有两质量块的结构体系为例，分别选取质量块 m_1、m_2 作为隔离体，为了表示体系全部有意义的惯性力作用，考虑两个质量块上各自的结构位移分量 x_1 和 x_2。

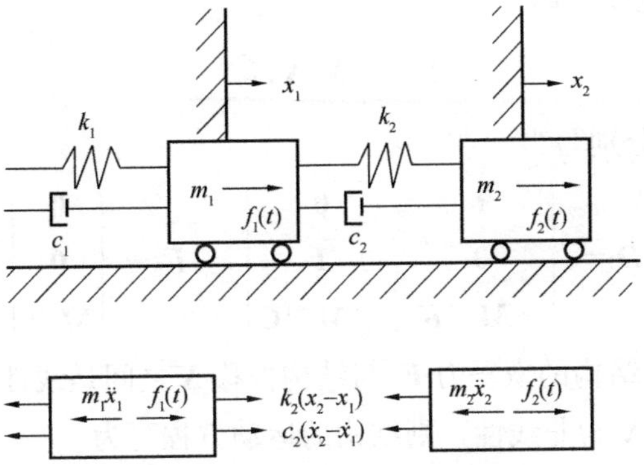

图 6-2　两质量块的结构体系模型

根据每个质量块上的恢复力、阻尼力、惯性力与结构外力平衡，得到两个动力平衡方程为

$$\begin{aligned} m_1\ddot{x}_1+c_1\dot{x}_1-c_2(\dot{x}_2-\dot{x}_1)+k_1x_1-k_2(x_2-x_1)&=f_1(t) \\ m_2\ddot{x}_2+c_2(\dot{x}_2-\dot{x}_1)+k_2(x_2-x_1)&=f_2(t) \end{aligned} \tag{6-14}$$

式 (6-14) 用矩阵表示，可写为

$$\boldsymbol{M\ddot{X}}+\boldsymbol{C\dot{X}}+\boldsymbol{KX}=\boldsymbol{F}(t) \tag{6-15}$$

式中，$\boldsymbol{X}$、$\dot{\boldsymbol{X}}$、$\ddot{\boldsymbol{X}}$ 分别表示结构的位移、速度和加速度，$\boldsymbol{X}=(x_1,x_2)^{\mathrm{T}}$；$\boldsymbol{M}$、$\boldsymbol{C}$、$\boldsymbol{K}$ 分别表示结构的质量矩阵、阻尼矩阵和刚度矩阵，可表示为

$$\boldsymbol{M}=\begin{bmatrix} m_1 & \\ & m_2 \end{bmatrix},\quad \boldsymbol{K}=\begin{bmatrix} k_1+k_2 & -k_2 \\ -k_2 & k_2 \end{bmatrix},\quad \boldsymbol{C}=\begin{bmatrix} c_1+c_2 & -c_2 \\ -c_2 & c_2 \end{bmatrix} \tag{a}$$

$\boldsymbol{F}(t)$ 表示外部荷载矩阵，$\boldsymbol{F}(t)=[f_1(t),f_2(t)]^{\mathrm{T}}$。

虽然式 (6-15) 是以两自由度结构推导出来的，但更多自由度结构的运动方程仍为式 (6-15) 的形式，只是各矩阵的表达形式不同。对于多自由度结构体系，$\boldsymbol{X}=[x_1,x_2,\cdots,x_n]^{\mathrm{T}}$，$\boldsymbol{F}(t)=[f_1(t),f_2(t),\cdots,f_n(t)]^{\mathrm{T}}$，而结构质量矩阵、阻尼矩阵和刚度矩阵根据不同的结构模型特点，取不同的形式。

与单自由度结构的方法类似，可将式 (6-15) 写为状态空间表达式

$$\dot{\boldsymbol{U}}=\boldsymbol{AU}+\boldsymbol{BF}(t) \tag{6-16}$$

式中

$$\boldsymbol{U}=\begin{Bmatrix}\boldsymbol{X}\\ \dot{\boldsymbol{X}}\end{Bmatrix},\quad \boldsymbol{A}=\begin{bmatrix}\boldsymbol{0} & \boldsymbol{I}\\ -\boldsymbol{M}^{-1}\boldsymbol{K} & -\boldsymbol{M}^{-1}\boldsymbol{C}\end{bmatrix},\quad \boldsymbol{B}=\begin{Bmatrix}\boldsymbol{0}\\ \boldsymbol{M}^{-1}\end{Bmatrix} \tag{6-17}$$

式（6-15）的状态空间表达式还可写为

$$\boldsymbol{Y}=\boldsymbol{D}\boldsymbol{U}+\boldsymbol{L}\boldsymbol{F}(t) \tag{6-18}$$

式中，$\boldsymbol{Y}$ 表示输出状态，可根据需要选择变量。例如，若选择输出状态为结构的位移、速度和加速度，即

$$\boldsymbol{Y}=(\boldsymbol{X},\dot{\boldsymbol{X}},\ddot{\boldsymbol{X}})^{\mathrm{T}} \tag{6-19}$$

则矩阵 $\boldsymbol{D},\boldsymbol{L}$ 可分别写为

$$\boldsymbol{D}=\begin{bmatrix}\boldsymbol{I} & \boldsymbol{0}\\ \boldsymbol{0} & \boldsymbol{I}\\ -\boldsymbol{M}^{-1}\boldsymbol{K} & -\boldsymbol{M}^{-1}\boldsymbol{C}\end{bmatrix},\quad \boldsymbol{L}=\begin{pmatrix}\boldsymbol{0}\\ \boldsymbol{0}\\ \boldsymbol{M}^{-1}\end{pmatrix} \tag{6-20}$$

式（6-15）中，结构的恢复力 $\boldsymbol{F}_{\mathrm{s}}$ 与结构位移 $\boldsymbol{X}$ 之间是线性关系，即 $\boldsymbol{F}_{\mathrm{s}}=\boldsymbol{K}\boldsymbol{X}$。若结构恢复力 $\boldsymbol{F}_{\mathrm{s}}$ 与 $\boldsymbol{X}$ 为非线性，则结构的运动方程写为

$$\boldsymbol{M}\ddot{\boldsymbol{X}}+\boldsymbol{C}\dot{\boldsymbol{X}}+\boldsymbol{F}_{\mathrm{s}}(\boldsymbol{X},\dot{\boldsymbol{X}})=\boldsymbol{F}(t) \tag{6-21}$$

式中，$\boldsymbol{F}_{\mathrm{s}}(\boldsymbol{X},\dot{\boldsymbol{X}})$ 的表达式与结构的恢复力特性有关。

若式（6-21）中，外力是给定的时间函数，则称为确定性分析，若外力为随机函数，则称为随机振动分析。对比单自由度结构和多自由度结构的运动方程，可以看出，自由度的个数只是改变了结构运动方程中各矩阵的具体数值，对问题的性质并无改变。另外，要指出的是，具有连续分布特性的结构，原则上应取无限个位移才能收敛于精确解。对于这类连续分布特性结构，应建立位移与空间位置坐标和时间的连续函数，而无限自由度体系的运动方程为偏微分方程，并非式（6-15）或式（6-21）的形式。但在实际工程中，通常采用有限元法将无限自由度体系转化为有限多自由度体系。

无论单自由度体系还是多自由度体系，结构的运动方程都是二阶微分方程，且当结构的恢复力为线性时，动力平衡方程退化为式（6-15）。对于一些能用解析函数描述的激励，如简谐荷载、阶跃荷载、脉冲荷载等，动力平衡方程的解可通过解析法得到；但当外部激励比较复杂，不能通过解析法求解，而只能用数值计算方法来求解。

6.3 结构动力分析时程分析法

结构的动力分析分为线性结构的动力分析和非线性结构的动力分析两种。线性

结构的结构运动方程相比于非线性结构的运动方程要简单许多，方程求解也容易很多，本书将着重讨论线性结构的动力分析。线性结构的动力分析又可分为确定性响应分析和随机性响应分析两大类，本节仅讨论线性结构的确定性响应分析的数值求解方法。数值求解方法分为时程分析法、振型分解法和频域分析法三类，这三类分析方法都可编制 MATLAB 的自定义函数，本节主要介绍时程分析法这类数值求解方法。

时程分析法就是在时域内进行结构动力反应的数值分析方法。按照求解方法的原理，此类方法又分为杜哈梅积分法、求解微分方程法和逐步积分法三种，每种方法有不同的算法，可选择任意一种方法进行分析。由于各算法的原理和编程时使用的 MATLAB 函数不同，每个算法有不同的适用条件。

6.3.1　杜哈梅积分法

对于单自由度体系，结构的运动方程为

$$m\ddot{x}+c\dot{x}+kx=f(t) \tag{6-22}$$

对于该结构的动力响应求解，可采用杜哈梅积分进行求解。

给定结构初始时刻的位移和速度分别为

$$x(t=0)=0,\quad \dot{x}(t=0)=f(\tau)\mathrm{d}\tau/m \tag{6-23}$$

式中，$f(\tau)$ 为 τ 时刻结构的外荷载，m 为结构质量。

在微分时间间隔内，有

$$\mathrm{d}x=\mathrm{e}^{-\xi\omega(t-\tau)}\left[\frac{f(\tau)\mathrm{d}\tau}{m\omega_{\mathrm{d}}}\sin\omega_{\mathrm{d}}(t-\tau)\right] \tag{6-24}$$

式中，ξ、ω 分别为结构的阻尼比和无阻尼时结构的频率；ω_{d} 为有阻尼结构的自振频率，且 $\omega_{\mathrm{d}}=\omega\sqrt{1-\xi^2}$。

而整个荷载时程可看作由一系列连续的脉冲荷载组成，每个脉冲荷载都产生式（6-24）所示的微分反应，对于线性结构，总响应可用荷载时程所产生的全部微分反应的叠加。对式（6-24）积分得

$$x(t)=\int_0^t f(\tau)h(t-\tau)\mathrm{d}\tau=\frac{1}{m\omega_{\mathrm{d}}}\int_0^t f(\tau)\mathrm{e}^{-\xi\omega(t-\tau)}\sin\omega_{\mathrm{d}}(t-\tau)\mathrm{d}\tau \tag{6-25}$$

式中，$h(t-\tau)$ 为单位脉冲响应，$h(t-\tau)=\dfrac{1}{m\omega_{\mathrm{d}}}\mathrm{e}^{-\xi\omega(t-\tau)}\sin\omega_{\mathrm{d}}(t-\tau)$ 。

上式即为杜哈梅积分，只要给定外荷载 $f(\tau)$ ，求解这个积分式，就可得到结构的位移反应。但该方法只能用于单自由度结构。杜哈梅积分求解方法分为定积分和递推法两种。

1. 定积分法

式（6-25）可写为

$$x(t)=\frac{1}{m\omega_d}\int_0^t f(\tau)\frac{e^{\xi\omega\tau}}{e^{\xi\omega t}}(\sin\omega_d t\cos\omega_d\tau-\cos\omega_d t\sin\omega_d\tau)d\tau$$
$$=\frac{1}{m\omega_d e^{\xi\omega t}}[A(t)\sin\omega_d t-B(t)\cos\omega_d t] \tag{6-26}$$

其中，

$$A(t)=\int_0^t f(\tau)e^{\xi\omega\tau}\cos\omega_d\tau d\tau, B(t)=\int_0^t f(\tau)e^{\xi\omega\tau}\sin\omega_d\tau d\tau \tag{6-27}$$

式（6-27）中，$A(t)$、$B(t)$ 均为定积分，只要在［0，t］时段内逐段求解定积分 $A(t)$、$B(t)$ 的值，再代入式（6-26），即可得到结构的位移反应 $x(t)$ 。以下给出用定积分求解杜哈梅积分的 MATLAB 自定义函数。

【MATLAB 函数】

定积分的杜哈梅积分求解：

Duhamel（ *F* ，*t* ，*m* ，*k* ，*es* ） 函数用于定积分法进行杜哈梅积分求解。

输入参数：

F 表示外荷载向量，为 $1\times l$ 的向量；t 为积分时间，为 $1\times l$ 的向量；结构的质量 m 、刚度 k 和阻尼比 es 。

输出参数：

x 表示结构的位移反应，一个 $1\times l$ 的向量，l 为积分时间的点数。

MATLAB 源代码为：

```
function[x]=Duhamel(F,t,m,k,es)
%该函数用定积分法进行杜哈梅积分求解;
%输入变量:F,t 分别为外荷载向量和时间向量;
%m,k,es 分别为结构的质量,刚度和阻尼比;
%输出为结构的位移向量;
[z,d]=eig(k,m);                         %求结构的频率
w=diag(sqrt(d));
wd=w*sqrt(1-es*es);
Fa=F.*exp(es.*w.*t).*cos(wd.*t);        %A(t) 的被积函数
Fb=F.*exp(es.*w.*t).*sin(wd.*t);        %B(t) 的被积函数
for i=2:length(t)
    A=trapz(t(1:i),Fa(1:i));
    B=trapz(t(1:i),Fb(1:i));            %定积分求解
    x(i)=1./m./wd./exp(-es.*wd.*t(i)).*(A.*sin(wd.*t(i))-B.*cos(wd.*t(i)));
end
```

在 MATLAB 中，定积分 $q=\int_a^b g(t)dt$ 计算可用函数 quadl（），该函数的调用格式为

quadl(*fun*, *a*, *b*)

式中，a、b 分别为积分上下限，fun 是描述被积函数的字符串变量，也可以是一个 "fun. m" 的函数文件名。

以杜哈梅积分法中 $A(t)=\int_0^t f(\tau)e^{\xi\omega\tau}\cos\omega_d\tau d\tau$ 为例，对应的被积函数 $g(t)=f(t)e^{\xi\omega t}\cos\omega_d t$，其中外荷载 $f(t)$ 可用数学函数表达，设 $f(t)=t$，且 ξ、ω、ω_d 均已知，分别为 0.1、10、9.95。这样，$g(t)=t\cdot e^t\cos(9.95t)$，这个函数可直接表示为

```
g=inline('t. * exp(t). * cos(9.95. * t)');
```

或者将 $g(t)$ 写成一个函数文件，函数文件可将 ξ、ω、ω_d 参数写成待定系数的形式，

```
function g=myfun(t,es,w,wd)
g=t. * exp(es. * w. * t). * cos(wd. * t);
```

注意，function 文件保存的文件名必须和函数名相同，将该文件存为 myfun. m。之后在主程序中用 quadl()调用，格式为：

```
es=0.1;
w=10;
wd=9.95;
q=quadl('myfun',a,b)
```

可以看出，用 quadl()函数进行定积分求解时，被积函数必须能用一个数学函数表达。当外荷载为任意荷载时，不能用数学函数表示，quadl()函数就不能用，因此本书用 trapz()函数进行积分。trapz()函数是用梯形法求解积分问题，调用格式为

$s=\mathrm{trapz}(x,y)$

式中，x 为行向量或列向量，表示积分变量；y 的行数与 x 向量的元素数相等，表示被积函数。

【例题 6-1】 一个承受冲击荷载的水塔，结构质量为 3kg，刚度为 2700N/m，阻尼比为 0.05，外荷载 $P(t)=\dfrac{96.6}{0.025}t$，$0<t\leqslant 0.025$。求水塔的位移响应方程。

【解】

该结构为单自由度体系，所以可用杜哈梅积分求解结构响应。采用杜哈梅函数时，需要写出外荷载向量和时间向量。给定时间 $0<t\leqslant 0.025$，并选取时间间隔为 0.005，所以时间向量为 $t=[0:0.005:0.025]$，由此代入外荷载表达式，得到相对应的外荷载向量。

MATLAB 源程序如下：

```
clear all;                              %将 MATLAB 的 workspace 清零
m=3;                                    %结构质量
k=2700;                                 %结构刚度
es=0.05;                                %结构阻尼比
dt=0.005;                               %给定时间间隔为 0.005
t=0:dt:0.025;                           %时间向量
F=96.6/0.025 .* t;                      %外荷载向量
[x]=Duhamel(F,t,m,k,es);                %杜哈梅积分法求结构的位移时程
plot(0:dt:0.025,x);xlabel('时间(s)'),ylabel('位移(m)');
```

运行结果如下：

x=

0　9.722e−021　0.00016405　0.0006599　0.0016554　0.0033149

结构的位移响应时程曲线如图 6-3 所示。

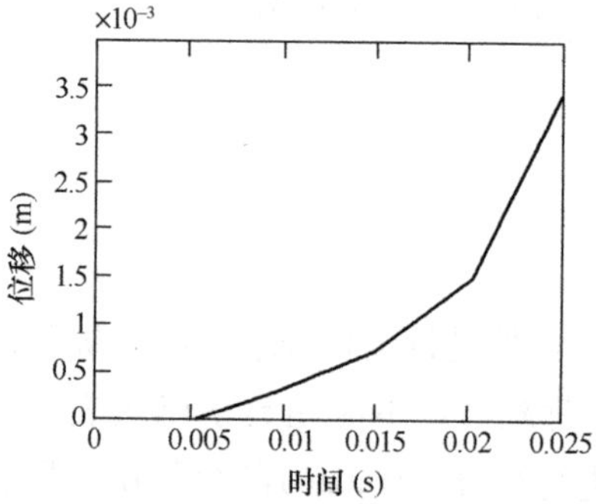

图 6-3　结构的位移响应时程曲线

2. 递推法

假设结构在 t_i 时刻的反应已知，求解 t_{i+1} 时刻的结构反应。时间间隔为 $\Delta t = t_{i+1} - t_i$，对应 τ 时刻的外荷载 $F(\tau) = F_i + \left(\frac{F_{i+1} - F_i}{\Delta t}\right)\tau$。则 t_{i+1} 时刻的结构响应为以下三种情况的叠加：(1) 初始条件为 $x(0) = x_i$，$\dot{x}(0) = \dot{x}_i$ 的自由振动；(2) 外荷载 F_i 为常量的强迫运动；(3) 外荷载 $F(\tau) = F_i + \left(\frac{F_{i+1} - F_i}{\Delta t}\right)\tau$ 的强迫振动。分别对以上 3 种情况进行杜哈梅积分并叠加，最终得到 t_{i+1} 时刻的结构反应为

$$\boldsymbol{U}_{i+1} = \boldsymbol{\Gamma}\boldsymbol{U}_i + \boldsymbol{H}\boldsymbol{F}_{i+1} \tag{6-28}$$

式中

$$\boldsymbol{U}_i=\begin{Bmatrix}x_i\\ \dot{x}_i\\ \ddot{x}_i\end{Bmatrix},\quad \boldsymbol{H}=\begin{Bmatrix}A_4\\ B_4\\ 1/m-2\xi\omega A_4-\omega^2 B_4\end{Bmatrix}$$

$$\boldsymbol{\Gamma}=\begin{bmatrix}A_1+kA_3 & A_2+cA_3 & mA_3\\ B_1+kB_3 & B_2+cB_3 & mB_3\\ -\omega^2(A_1+kA_3)-2\xi\omega(B_1+kB_3) & -\omega^2(A_2+cA_3)-2\xi\omega(B_2+cB_3) & -\omega^2 mA_3-2\xi\omega mB_3\end{bmatrix}$$

$$A_1=\mathrm{e}^{-\xi\omega\Delta t}\left[\cos\omega_{\mathrm{d}}\Delta t+\frac{\xi}{\sqrt{1-\xi^2}}\sin\omega_{\mathrm{d}}\Delta t\right]$$

$$A_2=\mathrm{e}^{-\xi\omega\Delta t}\left[\frac{1}{\omega_{\mathrm{d}}}\sin\omega_{\mathrm{d}}\Delta t\right]$$

$$A_3=\frac{1}{k}\left\{\frac{2\xi}{\omega\Delta t}+\mathrm{e}^{-\xi\omega\Delta t}\left[-\left(1+\frac{2\xi}{\omega\Delta t}\right)\cos\omega_{\mathrm{d}}\Delta t+\left(\frac{1-2\xi^2}{\omega_{\mathrm{d}}\Delta t}-\frac{\xi}{\sqrt{1-\xi^2}}\right)\sin\omega_{\mathrm{d}}\Delta t\right]\right\}$$

$$A_4=\frac{1}{k}\left\{1-\frac{2\xi}{\omega\Delta t}+\mathrm{e}^{-\xi\omega\Delta t}\left[\frac{2\xi}{\omega\Delta t}\cos\omega_{\mathrm{d}}\Delta t+\left(\frac{2\xi^2-1}{\omega_{\mathrm{d}}\Delta t}\right)\sin\omega_{\mathrm{d}}\Delta t\right]\right\}$$

$$B_1=\mathrm{e}^{-\xi\omega\Delta t}\left[-\frac{\omega}{\sqrt{1-\xi^2}}\sin\omega_{\mathrm{d}}\Delta t\right]$$

$$B_2=\mathrm{e}^{-\xi\omega\Delta t}\left[\cos\omega_{\mathrm{d}}\Delta t+\frac{\xi}{\sqrt{1-\xi^2}}\sin\omega_{\mathrm{d}}\Delta t\right]$$

$$B_3=\frac{1}{k}\left\{-\frac{1}{\Delta t}+\mathrm{e}^{-\xi\omega\Delta t}\left[\frac{1}{\Delta t}\cos\omega_{\mathrm{d}}\Delta t+\left(\frac{\omega}{\sqrt{1-\xi^2}}+\frac{\xi}{\Delta t\sqrt{1-\xi^2}}\right)\sin\omega_{\mathrm{d}}\Delta t\right]\right\}$$

$$B_4=\frac{1}{k\Delta t}\left[1-\mathrm{e}^{-\xi\omega\Delta t}\left(\cos\omega_{\mathrm{d}}\Delta t+\frac{\xi}{\sqrt{1-\xi^2}}\sin\omega_{\mathrm{d}}\Delta t\right)\right]$$

以上各式即为杜哈梅积分的递推算法，该方法用矩阵运算代替了积分求解。下面给出此算法的 MATLAB 自定义函数。

【MATLAB 函数】

递推的杜哈梅积分求解：

Duhamel 2($m, k, es, t, X0, F$) 函数用于递推的杜哈梅积分进行时程分析。

输入参数：

结构的质量 m 、刚度 k 和阻尼比 es ；积分时间 t ，为 $1\times l$ 的向量；**X0** 表示结构的初始状态向量；***F*** 表示外荷载向量，为 $1\times l$ 的向量。

输出参数：

d、***v***、***a*** 分别为结构的位移、速度和加速度向量，均为 $1\times l$ 的向量。

MATLAB 源代码为：

```
function[d,v,a]=Duhamel 2(m,k,es,t,X0,F)
%该函数用递推的杜哈梅积分法进行时程分析;
%输入变量 m,k,es 分别为结构的质量,刚度和阻尼比;t 为时间向量;
%X0,F 分别为结构的初始状态和外荷载向量,X0 为 3*1 的向量;
%输出为结构的位移、速度和加速度反应;
[z,d]=eig(k,m);                          %求结构的频率
w=diag(sqrt(d));
wd=w*sqrt(1-es*es);
c=2*m*w*es;                              %求结构的阻尼
dt=t(2)-t(1);                            %求时间步长
a1=exp(-es*w*dt);                        %求递推杜哈梅积分公式中的各参数
a2=cos(wd*dt);
a3=sin(wd*dt);
A1=a1*(a2+(es/sqtr(1-es*es))*a3);
A2=a1*a3/wd;
A3=(2*es/w/dt)/k+a1*(-(1+2*es/w/dt)*a2((1-2*es*es)/wd/dt-es/sqrt(1-es*es))*
a3)/k;
A4=1/k-(2*es/w/dt)/k+a1*(2*es/w/dt*a2+(2*es*es-1)/wd/dt*a3)/k;
B1=a1*(-w)/sqrt(1-es*es)*a3;
B2=a1*(a2-(es/sqrt(1-es*es))*a3);
B3=-1/dt/k+a1*(1/dt*a2+(w/sqrt(1-es*es)+es/sqrt(1-es*es)/dt)*a3)/k;
B4=1/dt/k-a1*(a2+es/sqrt(1-es*es)*a3)/k/dt;
T=[A1+k*A3,A2+c*A3,m*A3;B1+k*B3,B2+c*B3,m*B3;-w*w*(A1+k*A3)-2*es*w
*(B1+k*B3),-w*w*(A2+c*A3)-2*es*w*(B2+c*B3),…-w*w*m*A3-2*es*w*m
*B3];
H=[A4;B4:1/m-2*es*w*B4-w*w*A4];
for i=1:length(t)-1                      %迭代求结构的反应时程
    X=(:,i+1)=T*X0+H*F(i+1);
    X0=X(:,i+1);
end
d=X(1,:);
v=X(2,:);
a=X(3,:);
```

【例题 6-2】 仍以【例题 6-1】结构为例，用递推的杜哈梅积分法计算该结构的位移响应。

【解】

MATLAB的源程序为：

```
clear all;
m=3;
k=2700;
es=0.05;
dt=0.005;
t=0:dt:0.025;
F=96.6/0.025 .* t;
X0=[0,0,0]';
[d,v,a]=Duhamel2(m,k,es,t,X0,F);
figure(1)
plot(0:dt:0.025,d);xlabel('时间(s)'),ylabel('位移(m)');
figure(2)
plot(0:dt:0.025,a);xlabel('时间(s)'),ylabel('加速度(ms—2)');
```

计算结果如图6-4和图6-5所示。

d=

0　2.6703e-005　0.00021211　0.00070923　0.0016618　0.0032014

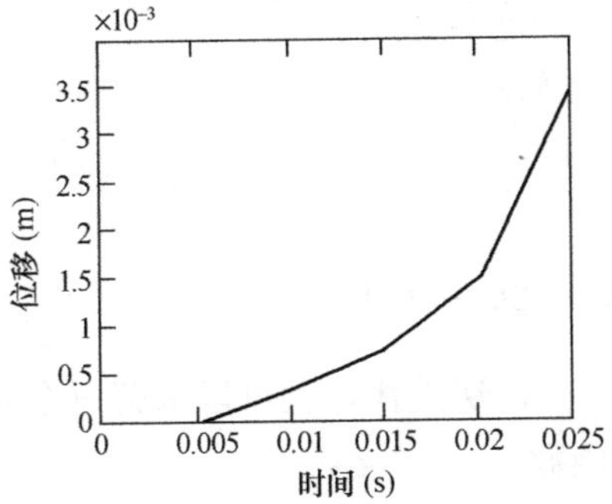

图6-4　结构的位移时程

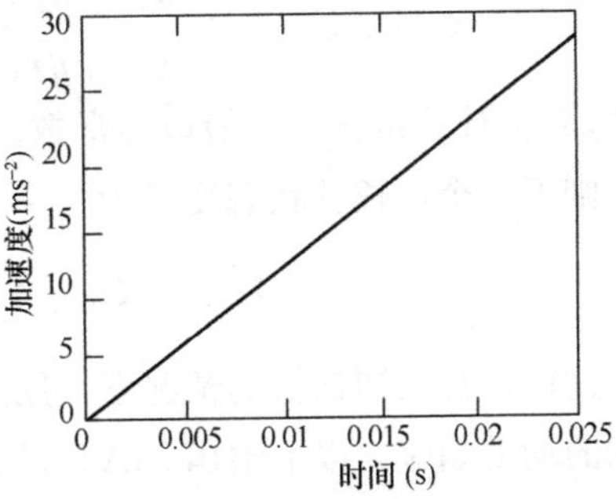

图6-5　结构的加速度时程

从计算结果可看出，两种求解方法的计算精度并不相同。特别是在积分初期，误差相对较大。比较而言，递推法的精度要高于定积分法，原因是定积分法采用梯形法求解积分，有一定误差。所以无特殊要求，建议采用递推法。

6.3.2　求解微分方程法

结构的运动方程式（6-15）实际上是一个常微分方程，且结构动力响应的初始值已知，即

$$\boldsymbol{X}(0)=\boldsymbol{0},\dot{\boldsymbol{X}}(0)=\boldsymbol{0} \tag{6-29}$$

从数学来讲，这就是一个求解初始值已知的常微分方程，称为微分方程的初值

问题。这类问题通常用一阶形式的微分方程组来描述

$$\dot{\boldsymbol{U}}(t)=\boldsymbol{f}[t,\boldsymbol{U}(t)] \tag{6-30}$$

式中，$\boldsymbol{U}(t)$ 称为状态向量；$\boldsymbol{f}(\cdot)$ 可以是任意函数。

式（6-30）实际上就是运动方程的状态空间表达形式，即 $f(\cdot)$ 为

$$\boldsymbol{f}[t,\boldsymbol{U}(t)]=\boldsymbol{A}\boldsymbol{U}+\boldsymbol{F}_0 \tag{6-31}$$

式中，

$$\boldsymbol{U}=\begin{Bmatrix}\boldsymbol{X}\\ \dot{\boldsymbol{X}}\end{Bmatrix},\boldsymbol{A}=\begin{bmatrix}\boldsymbol{0} & \boldsymbol{I}\\ -\boldsymbol{M}^{-1}\boldsymbol{K} & -\boldsymbol{M}^{-1}\boldsymbol{C}\end{bmatrix},\boldsymbol{F}_0=\boldsymbol{B}\boldsymbol{F}=\begin{bmatrix}\boldsymbol{0}\\ \boldsymbol{M}^{-1}\end{bmatrix}\boldsymbol{F}(t) \tag{6-32}$$

式（6-30）的求解在数值分析中已解决，本书介绍 4 种求解方法：四阶定步长龙格-库塔法、状态转移矩阵法、精细积分法和用 MATLAB 控制工具箱中的 lsim 函数求解法。

1. 四阶定步长龙格-库塔法

四阶定步长龙格-库塔法是常用的求解微分方程的方法，该算法结构很简单，先定义四个附加向量：

$$\begin{aligned}\boldsymbol{k}_1&=h\boldsymbol{f}(t_i,\boldsymbol{U}_i),\\ \boldsymbol{k}_2&=h\boldsymbol{f}\left(t_i+\frac{h}{2},\boldsymbol{U}_i+\frac{\boldsymbol{k}_1}{2}\right),\\ \boldsymbol{k}_3&=h\boldsymbol{f}\left(t_i+\frac{h}{2},\boldsymbol{U}_i+\frac{\boldsymbol{k}_2}{2}\right),\\ \boldsymbol{k}_4&=h\boldsymbol{f}(t_i+h,\boldsymbol{U}_i+\boldsymbol{k}_3)\end{aligned} \tag{6-33}$$

其中，h 为计算步长，一般取为常数。

则下一个步长的状态变量为

$$\boldsymbol{U}_{i+1}=\boldsymbol{U}_i+\frac{1}{6}(\boldsymbol{k}_1+2\boldsymbol{k}_2+2\boldsymbol{k}_3+\boldsymbol{k}_4) \tag{6-34}$$

这样，在已知初值的情况下，用式（6-34）一次次迭代，就可以求解每个时刻结构的动力响应。以下给出 MATLAB 自定义函数。

【MATLAB 函数】

四阶定步长龙格-库塔法：

rk_4(*odefile, tspan, dt, X*0*,A, B, F*) 函数用于四阶定步长龙格-库塔法进行结构动力响应分析。此函数需要调用两个函数文件 stateSpaceEq 和 ssLinear。

输入变量：

odefile 是一个字符变量串，是描述微分方程式（6-31）的函数文件名，这里 *odefile*='stateSpaceEq'；*tspan* 为积分时间，表示为［t0, tf］；*dt* 是时间间隔；**X0** 为结构的初始状态向量，是 1 个 $2n\times1$ 的向量，n 为结构自由度数；**A**、**B** 分别表示结构状态表达式的系数矩阵，对于线性结构，用 ssLinear 函数求得；外荷载 $\boldsymbol{F}$ 为 $n\times l$ 的矩阵，l 为给定外荷载的时间点数。

输出变量：

d、***v*** 分别为结构的位移和速度，均为 $n \times l$ 的矩阵。

以下为该函数的 MATLAB 源代码。

```
function[d,v]=rk_4(odefile,tspan,dt,X0,A,B,F)
%该函数用四阶定步长龙格-库塔法求解结构的反应；
%输入变量为：odefile 是一个字符串变量，表示微分方程的文件名；
%tspan 时间向量，表示为[t0,tf]；dt 是时间间隔；
%X0 是结构的状态初值，为 2n*1 的向量；
%A,B 为结构状态表达式的系数矩阵，F 为外荷载矩阵；
%输出 d,v 分别为结构的位移和速度；
cn=length(X0)./2;                          %求结构自由度数
F0=B*F;
t0=tspan(1);
tf=tspan(2);
X=X0;i=1;
for t=t0:dt:tf-dt;                         %四阶定步长 Runge-Kutta 法求解结构的反应
    k1=dt.*feval(odefile,X0,F0(:,i),A);
    k2=dt.*feval(odefile,X0+k1./2,F0(:,i),A);
    k3=dt.*feval(odefile,X0+k2./2,F0(:,i),A);
    k4=dt.*feval(odefile,X0+k3,F0(:,i),A);
    X0=X0+(k1+2.*k2+2.*k3+k4)./6;
    X=[X,X0];
    i=i+1;
end
d=X(1:cn,:);                               %结构的位移反应
v=X(cn+1:2*cn,:);                          %结构的速度反应
```

函数 stateSpaceEq（$U,F0,A$）是线性结构运动方程的状态空间表达式，如式(6-16)，与 rk_4 的参数配套使用。

输入参数：

U 为结构的状态矩阵，分别为结构状态方程的等式右侧的特征矩阵，其中 $\boldsymbol{F0}=\boldsymbol{B}\times\boldsymbol{F}$。

输出参数：

Ud 为结构状态方程的等式左侧 $\dot{\boldsymbol{U}}$。

以下为该函数的 MATLAB 源代码。

```
function Ud=stateSpaceEq(U,F0,A)
%该函数是线性结构运动方程的状态空间表达式；
%Ud 表示 U 的一阶微分，U 为微分方程的变量，F0，A 为方程的系数
Ud=A*U+F0;                  %将结构的状态空间方程写为微分方程
```

ssLinear (M,K,C) 函数将线性结构运动方程写为状态空间形式。

输入参数:

M、***K***、***C*** 表示结构的质量矩阵、刚度矩阵和阻尼矩阵。

输出参数:

A、***B***、***D***、***L*** 为状态空间的特征矩阵,***A***、***B*** 如式 (6-17),***D***、***L*** 如式 (6-20)。

以下为该函数的 MATLAB 源代码。

```
function[A,B,D,L]=ssLinear(M,K,C)
%线性结构的状态空间矩阵;
%输入参数:M,K,C为质量、刚度和阻尼矩阵;
%输出为状态空间表达式中的A,B,D,L;
cn=length(M);                                          %求结构层数
A=[zeros(cn),eye(cn);-inv(M)*K,-inv(M)*C];             %写出状态空间表达式中的各矩阵
B=[zeros(cn);inv(M)];
D=[eye(cn),zeros(cn);zeros(cn),eye(cn);-inv(M)*K,-inv(M)*C];
L=[zeros(cn);zeros(cn);inv(M)];
```

【例题 6-3】 某三层结构,第一至三层质量分别为 2762kg、2760kg、2300kg,刚度系数分别为 2.485×10^4N/m、1.921×10^4N/m、1.522×10^4N/m。该结构的阻尼比为 0.05,计算该结构在 elcentro 地震波下的响应。地震波峰值加速度为 0.7m/s^2。

【解】

地震波数据文件'elcentro.dat'已给出,用 wavel 读取地震波数据后,再用 waveForce 得到外荷载矩阵。生成结构的特征矩阵和外荷载与上一节相同,值得注意的是,在调用 rk_4 函数时,需要写入结构的初始状态,由于将结构写出状态空间,所以结构的初始状态为 $\boldsymbol{U}(0)=(\boldsymbol{X},\dot{\boldsymbol{X}})^{\mathrm{T}}=(\boldsymbol{0},\boldsymbol{0})^{\mathrm{T}}$,结构共有 3 层,所以结构的初始状态为 6×1 的向量。

MATLAB 源程序如下:

```
clear all;
m=[2762,2760,2300];                          %各层质量
k=[2.485,1.921,1.522].*1e4;                  %各层刚度
es=0.05;                                     %结构阻尼比
wavefile=char('elcentro.dat');               %地震波数据
ugmax=0.7;
[ug,t,tf,dt]=wavel(wavefile,ugmax);
[M]=lumpMass(m);                             %质量矩阵
[K]=stiffnessShear(k);                       %刚度矩阵
[E,F]=waveForce(ug,M);
flag=1;
```

```
[C,T,z]=dampR(K,M,E,es,flag);                                %阻尼矩阵
[A,B,D,L]=ssLinear(M,K,C);                                   %将运动方程写为状态方程
cn=length(m);
X0=zeros(2*cn,1);
[d,v]=rk_4('stateSpaceEq',[0,tf],dt,X0,A,B,F);              %龙格-库塔法求解结构响应
a=inv(M)*C*v-inv(M)*K*d+inv(M)*F;                           %结构的加速度响应
figure(1)
plot(t,d);xlabel('时间(s)'),ylabel('位移(m)');              %各层的位移时程
```

读者可自行计算结果。

2. 状态转移矩阵法

式（6-16）可写为

$$\dot{\boldsymbol{U}}-\boldsymbol{A}\boldsymbol{U}=\boldsymbol{B}\boldsymbol{F} \tag{6-35}$$

对式（6-35）两侧同乘 $\mathrm{e}^{-\boldsymbol{A}t}$，得

$$\mathrm{e}^{-\boldsymbol{A}t}(\dot{\boldsymbol{U}}-\boldsymbol{A}\boldsymbol{U})=\mathrm{e}^{-\boldsymbol{A}t}\boldsymbol{B}\boldsymbol{F} \tag{6-36}$$

式（6-36）左侧可写为微分形式，即

$$\frac{\mathrm{d}}{\mathrm{d}t}(\mathrm{e}^{-\boldsymbol{A}t}\boldsymbol{U})=\mathrm{e}^{-\boldsymbol{A}t}\boldsymbol{B}\boldsymbol{F} \tag{6-37}$$

对式（6-37）积分，得

$$\mathrm{e}^{-\boldsymbol{A}t}\boldsymbol{U}(t)=\mathrm{e}^{-\boldsymbol{A}t_0}\boldsymbol{U}(t_0)+\int_{t_0}^{t}\mathrm{e}^{-\boldsymbol{A}\tau}\boldsymbol{B}\boldsymbol{F}(\tau)\mathrm{d}\tau \tag{6-38}$$

整理得

$$\boldsymbol{U}(t)=\mathrm{e}^{\boldsymbol{A}(t-t_0)}\boldsymbol{U}(t_0)+\mathrm{e}^{\boldsymbol{A}t}\int_{t_0}^{t}\mathrm{e}^{-\boldsymbol{A}\tau}\boldsymbol{B}\boldsymbol{F}(\tau)\mathrm{d}\tau \tag{6-39}$$

令 $t_{i+1}=t$，$t_i=t_0$，且 $\Delta t=t_{i+1}-t_i$，则式（6-39）可写为

$$\boldsymbol{U}_{i+1}=\mathrm{e}^{\boldsymbol{A}\Delta t}\boldsymbol{U}_i+\mathrm{e}^{\boldsymbol{A}t_{i+1}}\int_{t_i}^{t_{i+1}}\mathrm{e}^{-\boldsymbol{A}\tau}\boldsymbol{B}\boldsymbol{F}(\tau)\mathrm{d}\tau \tag{6-40}$$

对式（6-40）进行数值积分，采用两种不同的方法，即可得到以下两式：

$$\boldsymbol{U}_{i+1}=\mathrm{e}^{\boldsymbol{A}\Delta t}\boldsymbol{U}_i+\Delta t\mathrm{e}^{\boldsymbol{A}\Delta t}\boldsymbol{B}\boldsymbol{F}_i \tag{6-41}$$

$$\boldsymbol{U}_{i+1}=\mathrm{e}^{\boldsymbol{A}\Delta t}\boldsymbol{U}_i+\boldsymbol{A}^{-1}(\mathrm{e}^{\boldsymbol{A}\Delta t}-\boldsymbol{I})\boldsymbol{B}\boldsymbol{F}_i \tag{6-42}$$

式（6-41）和式（6-42）是状态转移矩阵法的递推公式，其中式（6-42）由矩阵求逆运算，所以用式（6-41）求解，效率更高。

状态转移矩阵法进行线性结构动力分析的计算步骤如下：

（1）根据给定的结构，写出结构参数矩阵 $\boldsymbol{A}$、$\boldsymbol{B}$，外荷载矩阵 $\boldsymbol{F}$，时间步长 Δt，并给定结构状态和荷载的初值 $\boldsymbol{U}_i$；

（2）代入式（6-41），得到下一时刻的结构状态 $\boldsymbol{U}_{i+1}$；

（3）重复以上步骤，直至时间终了。

下面给出 MATLAB 自定义函数。

【MATLAB 函数】

stateSpace1($A,B,F,X0,dt$) 函数用于状态转移矩阵法进行线性结构动力响应分析。

输入参数：

$\boldsymbol{F}$ 为外荷载矩阵；

$\boldsymbol{A}$、$\boldsymbol{B}$ 分别为结构状态空间的系数矩阵，对于线性结构，用 ssLinear 函数得到；

X0 表示结构的初始状态向量，$\mathbf{X0}=[\boldsymbol{U}_i,\ \dot{\boldsymbol{U}}_i]^{\mathrm{T}}$，为 $2n\times 1$ 的向量；

dt 为时间步长。

输出参数：

$\boldsymbol{d}$、$\boldsymbol{v}$ 分别为结构位移、速度，均为 $n\times l$ 的矩阵，n 为自由度数，l 为积分时间点。

以下为该函数的 MATLAB 源代码。

```
function [d, v]=stateSpace1(A, B, F, X0, dt)
%状态转移矩阵法求结构反应;
%输入数据:A,B 分别为结构状态空间的系数矩阵;F 为外荷载矩阵;
%X0 为结构的初始状态,为 2n×1 的向量;dt 为时间步长;
%输出为结构状态,d,v 分别为结构的位移、速度反应,均为一个 n×l 的矩阵;
cn=length(X0)./2;                          %求结构层数
F0=B*F;
As=expm(A.*dt);                            %状态转移矩阵法求解结构反应
Y=zeros(length(X0),length(F));
Y(:,1)=X0;
for i=1:length(F)-1
    Y(:,i+1)=As*Y(:,i)+(As*F0(:,i)).*dt;
end
d=Y(1:cn,:);
v=Y(cn+1:2*cn,:);
```

【例题 6-4】 用状态转移矩阵法求解例题 6-3 的结构响应。

【解】

MATLAB 源程序如下：

```
clear all;
m=[2762,2760,2300];                          %各层质量
k=[2.485,1.921,1.522].*1e4;                  %各层刚度
es=0.05;                                     %结构阻尼比
wavefile=char('elcentro.dat');               %地震波数据
ugmax=0.7;
[ug,t,tf,dt]=wavel(wavefile,ugmax);
[M]=lumpMass(m);                             %质量矩阵
[K]=stiffnessShear(k);                       %刚度矩阵
[E,F]=waveForce(ug,M);
flag=1;
[C,T,z]=dampR(K,M,E,es,flag);                %阻尼矩阵
[A,B,D,L]=ssLinear(M,K,C);                   %将运动方程写为状态方程
cn=length(m);
X0=zeros(2*cn,1);                            %给定状态变量的初值
[d,v]=rk_4('stateSpaceEq',[0,tf],dt,X0,A,B,F);   %龙格-库塔法求解结构反应
[d1,v1]=stateSpace1(A,B,F,X0,dt);            %状态转移法求解结构反应
figure(1)                                    %对比两种方法的结果
plot(t,d);xlabel('时间(s)'),ylabel('第一层位移(m)');
```

读者可自行计算结果。

3. 精细积分法

式（6-16）为一元微分方程，方程的解是齐次通解与特解之和，即

$$\boldsymbol{U}(t)=\boldsymbol{U}_h(t)+\boldsymbol{U}_p(t) \tag{6-43}$$

在某个积分步 $t\in[t_i, t_{i+1}]$，其齐次通解为

$$\boldsymbol{U}_h(t)=\boldsymbol{T}(\tau)\boldsymbol{c} \tag{6-44}$$

式中，$\boldsymbol{c}$ 为 $t=t_i$ 时初始状态所决定的积分常向量；$\tau=t-t_i$；$\boldsymbol{T}(\tau)=\mathrm{e}^{\boldsymbol{A}\tau}$。假定 $\boldsymbol{U}_p(t)$ 的表达式已知，当 $t=t_i$ 时，式（6-43）可写为

$$\boldsymbol{U}(t_i)=\boldsymbol{U}_h(t_i)+\boldsymbol{U}_p(t_i) \tag{6-45}$$

式中，

$$\boldsymbol{U}_h(t_i)=\boldsymbol{T}(t_i-t_i)\boldsymbol{c}=\boldsymbol{T}(0)\boldsymbol{c}=\mathrm{e}^{\boldsymbol{A}\cdot 0}\boldsymbol{c}=\boldsymbol{I}\cdot\boldsymbol{c}=\boldsymbol{c} \tag{6-46}$$

因此，

$$\boldsymbol{c}=\boldsymbol{U}(t_i)-\boldsymbol{U}_p(t_i) \tag{6-47}$$

故式（6-43）可写为

$$\boldsymbol{U}(t)=\boldsymbol{T}(\tau)[\boldsymbol{U}(t_i)-\boldsymbol{U}_p(t_i)]+\boldsymbol{U}_p(t) \tag{6-48}$$

式（6-48）就是精细积分法的计算式，此式很容易写成一个递推表达式。若

$\boldsymbol{U}_p(t)$ 的表达式已知，又计算出了 $\boldsymbol{T}(\tau)$ 的值，代入上式即可得到结构的响应 $\boldsymbol{U}(t)$。精细积分法的特殊之处是对于 $\boldsymbol{T}(\tau)$ 的求解，方法如下：

对于给定的时间步长 $\Delta t = t_{i+1} - t_i$，引入微小时段 $\theta = \dfrac{\Delta t}{m}$，$m = 2^N$，一般取 $N = 20$，则

$$\boldsymbol{T}(\Delta t) = \mathrm{e}^{\boldsymbol{A}\Delta t} = (\mathrm{e}^{\boldsymbol{A}\theta})^m \approx \left[\boldsymbol{I} + \boldsymbol{A}\theta + \frac{(\boldsymbol{A}\theta)^2}{2!} + \frac{(\boldsymbol{A}\theta)^3}{3!} + \frac{(\boldsymbol{A}\theta)^4}{4!}\right]^m \equiv (\boldsymbol{I} + \boldsymbol{T}_0)^m \tag{6-49}$$

令

$$\boldsymbol{I} + \boldsymbol{T}_i = (\boldsymbol{I} + \boldsymbol{T}_{i-1})^2 = \boldsymbol{I} + 2\boldsymbol{T}_{i-1} + \boldsymbol{T}_{i-1}\boldsymbol{T}_{i-1} \tag{6-50}$$

由此，式（6-49）可写为

$$\boldsymbol{T}(\Delta t) = (\boldsymbol{I} + \boldsymbol{T}_0)^m = \cdots = (\boldsymbol{I} + \boldsymbol{T}_{N-2})^4 = (\boldsymbol{I} + \boldsymbol{T}_{N-1})^2 = \boldsymbol{I} + \boldsymbol{T}_N \tag{6-51}$$

又从式（6-50）可看出，

$$\boldsymbol{T}_i = 2\boldsymbol{T}_{i-1} + \boldsymbol{T}_{i-1}\boldsymbol{T}_{i-1} \tag{6-52}$$

式（6-52）即 $\boldsymbol{T}_i$ 的递推式，且 $\boldsymbol{T}_0 = \boldsymbol{A}\theta + \dfrac{(\boldsymbol{A}\theta)^2}{2!} + \dfrac{(\boldsymbol{A}\theta)^3}{3!} + \dfrac{(\boldsymbol{A}\theta)^4}{4!}$，$\boldsymbol{T}_N$ 可用该递推式求得。这样在计算 $\boldsymbol{T}(\Delta t)$ 时，排除了 $\boldsymbol{I}$ 参与加法运算，因而避免了 $\boldsymbol{T}_i$ 因大数相减而严重丧失有效数字，保证了 $\boldsymbol{T}(\Delta t)$ 的精确性，同时 $\theta \approx 10^{-8}\Delta t$，远小于结构的自振周期，所以该方法不会失稳，且计算精度完全不受结构的自振周期的影响。

若外荷载在每个时间步长内线性变化，即

$$\boldsymbol{F}(t) = \boldsymbol{r}_1 + (t - t_i)\boldsymbol{r}_2 \tag{6-53}$$

则

$$\boldsymbol{U}(t_{i+1}) = \boldsymbol{T}(\Delta t)[\boldsymbol{U}(t_i) + \boldsymbol{A}^{-1}(\boldsymbol{r}_1 + \boldsymbol{A}^{-1}\boldsymbol{r}_2)] - \boldsymbol{A}^{-1}(\boldsymbol{r}_1 + \boldsymbol{A}^{-1}\boldsymbol{r}_2 + \boldsymbol{r}_2\Delta t) \tag{6-54}$$

但要注意，对于任意激励的外荷载，只有将外荷载在积分步长内拟合为简单规律变化的外荷载，才能用已有公式进行求解。对于地震激励，若用式（6-53）拟合，可取 $\boldsymbol{r}_1 = \boldsymbol{F}(t)$，$\boldsymbol{r}_2 = \boldsymbol{0}$，则

$$\boldsymbol{U}(t_{i+1}) = \boldsymbol{T}(\Delta t)[\boldsymbol{U}(t_i) + \boldsymbol{A}^{-1}\boldsymbol{r}_1] - \boldsymbol{A}^{-1}\boldsymbol{r}_1 \tag{6-55}$$

因此，精细积分法会有一定的误差，该误差主要由外荷载的拟合引起，但如果选取的时间微段足够小，这样的近似也足够满足要求。

用精细积分法计算结构响应的步骤如下：

（1）根据给定的结构，写出结构参数矩阵 $\boldsymbol{A}$、$\boldsymbol{B}$，外荷载矩阵 $\boldsymbol{F}$，时间步长 Δt，并给定结构的状态初值 $\boldsymbol{U}_i$；

（2）取 $N = 20$，$m = 2^N$，$\theta = \dfrac{\Delta t}{m}$，代入 $\boldsymbol{T}_0 = \boldsymbol{A}\theta + \dfrac{(\boldsymbol{A}\theta)^2}{2!} + \dfrac{(\boldsymbol{A}\theta)^3}{3!} + \dfrac{(\boldsymbol{A}\theta)^4}{4!}$，得到 $\boldsymbol{T}_i$ 的初值，再用式（6-52），迭代 20 次，得到 $\boldsymbol{T}_N$，则 $\boldsymbol{T}(\Delta t) = \boldsymbol{I} + \boldsymbol{T}_N$；

(3) 对于任意荷载，如地震激励 $\ddot{u}_g(t)$，假定 $\ddot{u}_g(t)$ 的外荷载表达式如式(6-53)，并取 $\boldsymbol{r}_1=\boldsymbol{F}(t)$，$\boldsymbol{r}_2=\boldsymbol{0}$；

(4) 按式 (6-55) 计算下一时刻的结构状态 $\boldsymbol{U}_{i+1}$；

(5) 重复步骤 (3)、(4)，直至时间终了。

以下给出 MATLAB 自定义函数。

【MATLAB 函数】

HPD(A,B,F,$X0$,t)函数用于精细积分法进行结构时程分析。

输入参数：

$\boldsymbol{F}$ 为外荷载矩阵；

$\boldsymbol{A}$、$\boldsymbol{B}$ 分别为结构状态空间的系数矩阵，对于线性结构，用 ssLinear 函数得到；

X0 表示结构的初始状态向量，$\mathbf{X0}=[\boldsymbol{U}_i,\dot{\boldsymbol{U}}_i]^{\mathrm{T}}$，为 $2n\times1$ 的向量；

t 为积分时间，为 $1\times l$ 的向量，l 为积分时间点数。

输出参数：

$\boldsymbol{d}$、$\boldsymbol{v}$ 分别为结构位移、速度，均为 $n\times l$ 的矩阵。

以下为该函数的 MATLAB 源代码。

```
function [d, v]=HPD(A, B, F, X0, t)
%精细积分法求结构反应;
%输入数据:A,B 分别为结构状态空间的系数矩阵;F 为外荷载矩阵;
%X0 为结构的初始状态,为 2n×1 的向量;t 为时间历程;
%输出为结构状态,d,v 分别为结构的位移和速度响应,均为一个 n×l 的矩阵;
cn=length(X0);
F0=B*F;
dt=t(2)-t(1)
N=20;m=2^N;                                    %计算 T(dt)
seta=dt/m;
i0=1;T0=zeros(cn);
for i=1:4
    i0=i0*i;
    T0=T0+(A.*seta)^i./i0;
end
for i=1:N
    TN=2*T0+T0*T0;
    T0=TN;
end
T=TN+eye(cn);
r1=F0;                                         %HPD-L,线性激励,给定外荷载的参数
if(length(r1)<length(t))
```

```
    r1=r1 * ones(1, length(t));
end
X=zeros(cn, length(t));
for ii=1:length(t)
    X(:, ii)=T * (X0+inv(A) * r1(:, ii))-inv(A) * r1(:, ii);
    X0=X(:, ii);
end
d=X(1:cn/2, :);                                   %结构的位移
v=X(cn/2+1:cn, :);                                %结构的速度
```

【例题 6-5】 用精细积分法求解例题 6-3 的结构响应。

【解】

MATLAB 源程序如下：

```
clear all;
m=[2762, 2760, 2300];                             %各层质量
k=[2.485, 1.921, 1.522]. * 1e4;                   %各层刚度
es=0.05;                                          %结构阻尼比
wavefile=char( 'elcentro.dat');                   %地震波数据
ugmax=0.7;
[ug, t, tf, dt]=wavel(wavefile, ugmax);
[M]=lumpMass(m);                                  %质量矩阵
[K]=stiffnessShear(k);                            %刚度矩阵
[E, F]=waveForce(ug, M);
flag=1;
[C, T, z]=dampR(K, M, E, es, flag);               %阻尼矩阵
[A, B, D, L]=ssLinear(M, K, C);                   %将运动方程写为状态方程
cn=length(m);
X0=zeros(2 * cn, 1);                              %给定状态变量的初值
[d, v]=rk_4(' stateSpaceEq', [0, tf], dt, X0, A, B, F);   %龙格-库塔法求解结构反应
[d1, v1]=HPD(A, B, F, X0, t);                     %精细积分法求解结构反应
figure(1)                                         %对比两种方法的结果
plot(t, d(1, :), ' r-', t, d1(1, :), ' k'); xlabel('时间(s)'), ylabel('第一层位移(m)');
```

读者可自行计算结果。

4. lsim 函数求解法

在任意荷载输入下，线性系统的反应可直接用 MATLAB 控制工具箱中的 lsim(isml)函数得到。lsim 函数的调用格式为：

$[Y, t]=\mathrm{lsim}(G, u, t)$

其中，Y 为输出状态，G 为系统的状态空间，u 为外荷载，t 为时间向量。

通常，G 可用 MATLAB 控制工具箱中的 ssLinear 函数得到：

$G=\mathrm{ss}(A,\ B,\ D,\ L)$

其中，A，B，D，L 就是结构状态空间表达式的各系数矩阵，可直接用 ssLinear 函数求得。只要写出结构的状态空间，可用 lsim 函数求解线性结构动力响应。下面给出 MATLAB 自定义函数。

【MATLAB 函数】

stateSpace2（M,K,C,F,t）函数直接用 MATLAB 控制工具箱进行结构动力分析，该函数需要调用函数 ssLinear。

输入参数：

$\boldsymbol{F}$ 为外荷载矩阵，为 $n\times l$ 的矩阵；t 为积分时间，为 $1\times l$ 的向量；

$\boldsymbol{M}$、$\boldsymbol{K}$、$\boldsymbol{C}$ 分别为结构的质量矩阵，刚度矩阵和阻尼矩阵，均为 $n\times n$ 的矩阵，n 为结构自由度数。

输出参数：

$\boldsymbol{d}$、$\boldsymbol{v}$、$\boldsymbol{a}$ 分别表示结构位移、速度和加速度响应，均为 $n\times l$ 的矩阵。

以下为该函数的 MATLAB 源代码。

```
function [d, v, a]=stateSpace2(M, K, C, F, t)
%用 MATLAB 控制工具箱的函数直接求结构反应;
%输入数据:A, B, D, L 分别为结构状态空间的系数矩阵;F 为外荷载矩阵;
%输出为结构状态, d, v, a 分别为结构的位移、速度和加速度反应;
cn=length(A)./2;                    %求结构自由度数
[A, B, D, L]=ssLinear(M, K, C);     %将运动方程写为状态方程
G=ss(A, B, D, L);                   %写出结构的状态空间表达式
[yt]=lsim(G, F, t);                 %用 lsim 求解
Y=y';                               %结构的位移,速度和加速度反应
d=Y(1:cn, :);
v=Y(2*cn+1:cn*3, :);
a=Y(2*cn+1:cn*3, :);
```

【注意】

（1）调用 stateSpace2 函数求解结构动力反应时，需要安装好 MATLAB 控制工具箱，否则该函数无法进行；

（2）lsim 函数不支持复数运算。如果运算过程中出现复数，不能用此方法；

（3）lsim 函数会自动选取时间间隔，若输入数据 t 的时间间隔过大，程序会出现警告。

【例题 6-6】 用 MATLAB 控制工具箱求解例题 6-3 的结构响应。

【解】

MATLAB 源程序如下：

```
clear all;
m=[2762,2760,2300];                                  %各层质量
k=[2.485,1.921,1.522].*1e4;                          %各层刚度
es=0.05;                                             %结构阻尼比
wavefile=char('elcentro.dat');                       %地震波数据
ugmax=0.7;
[ug,t,tf,dt]=wavel(wavefile,ugmax);
[M]=lumpMass(m);                                     %质量矩阵
[K]=stiffnessShear(k);                               %刚度矩阵
[E,F]=waveForce(ug,M);
flag=1;
[C,T,z]=dampR(K,M,E,es,flag);                        %阻尼矩阵
[A,B,D,L]=ssLinear(M,K,C);                           %将运动方程写为状态方程
cn=length(m);
X0=zeros(2*cn,1);                                    %给定状态变量的初值
[d,v]=rk_4('stateSpaceEq',[0,tf],dt,X0,A,B,F);       %Runge-Kutta 法求解结构反应
[d1,v1,a1]=stateSpace2(M,K,C,F,t);                   %MATLAB 控制工具箱求解结构反应
figure(1)                                            %对比两种方法的结果
plot(t,d(1,:),'r-',t,d1(1,:),'k:');xlabel('时间(s)'),ylabel('第一层位移(m)');
```

6.3.3 逐步积分法

逐步积分法是最常用的时程分析方法。它在每个时间增量段内建立结构的动力平衡方程，近似计算在 Δt 范围内结构的反应，再利用本计算时间区段终点的速度和位移作为下一时刻的初始值，逐步递推得到结构在整个时间段内的反应。逐步积分法可用于线性结构，也可用于非线性结构，主要包括中心差法、线性加速度法、Newmark-β 法和 Wilson-θ 法四种。虽然这些方法的公式推导是针对单自由度体系的，但对于多自由度体系也同样适用，只是将公式中的单个数值改为对应的向量或矩阵。

1. 中心差分法

中心差法是用差分代替求导，这样速度和加速度可近似为

$$\dot{x}(t_i)=\frac{x_{i+1}-x_{i-1}}{2\Delta t},\ddot{x}(t_i)=\frac{x_{i+1}-2x_i+x_{i-1}}{\Delta t^2} \tag{6-56}$$

将式（6-56）代入结构的运动方程，则 t_i 时刻的运动方程写为

$$m\frac{x_{i+1}-2x_i+x_{i-1}}{\Delta t^2}+c\frac{x_{i+1}-x_{i-1}}{2\Delta t}+kx_i=f_i \tag{6-57}$$

整理式（6-57），得

$$\left(\frac{m}{\Delta t^2}+\frac{c}{2\Delta t}\right)x_{i+1}=f_i-\left(k-\frac{2m}{\Delta t^2}\right)x_i-\left(\frac{m}{\Delta t^2}-\frac{c}{2\Delta t}\right)x_{i-1} \tag{6-58}$$

则

$$x_{i+1}=\frac{f_i-\left(k-\frac{2m}{\Delta t^2}\right)x_i-\left(\frac{m}{\Delta t^2}-\frac{c}{2\Delta t}\right)x_{i-1}}{\frac{m}{\Delta t^2}+\frac{c}{2\Delta t}} \tag{6-59}$$

式（6-59）是一个递推式，若已知 t_i、t_{i-1} 时刻的位移 x_i、x_{i-1} 和 f_i，可求得下一时刻的位移 x_{i+1}，再用式（6-56），可得到结构的速度 $\dot{x}_{i+1}$ 和加速度 $\ddot{x}_{i+1}$。

需要注意的是，中心差分法在计算时需要给出前两个时刻的位移初值，对于一般零初始条件的动力问题，可假设初始两个时间点，一般取 $i=0$ 及 $i=-1$ 的位移为 0。对于非零初始条件或零时刻外荷载很大的情况，需要进行起步处理。假设给定 $t=0$ 时的位移和速度 x_0、$\dot{x}_0$，代入结构的运动方程 $m\ddot{x}+c\dot{x}+kx=f(t)$，得

$$\ddot{x}_0=\frac{1}{m}(f_0-c\dot{x}_0-kx_0) \tag{6-60}$$

再由式（6-56），消去 x_{i+1}，得

$$x_{i-1}=x_i-\dot{x}_i\Delta t+\frac{\Delta t^2}{2}\ddot{x}_i \tag{6-61}$$

故 $t=-\Delta t$ 时刻的位移为

$$x_{-1}=x_0-\dot{x}_0\Delta t+\frac{\Delta t^2}{2}\ddot{x}_0 \tag{6-62}$$

将式（6-60）代入式（6-62），得

$$x_{-1}=x_0\left(1-\frac{k}{2m}\Delta t^2\right)-\dot{x}_0\left(\Delta t+\frac{c}{2m}\Delta t^2\right)+\frac{\Delta t^2}{2m}f_0 \tag{6-63}$$

这样，可根据 $t=0$ 时的位移 x_0、速度 $\dot{x}_0$ 和外荷载 f_0，由式（6-63），得到 $i=-1$ 时的初值。

中心差分法的计算步骤如下：

（1）给定初始条件，一般假设 $x_0=0$，$x_{-1}=0$，若 $x_0\neq 0$，$\dot{x}_0\neq 0$，则用式(6-63)，计算得 x_{-1}；

（2）t_i、t_{i-1} 时刻的位移 x_i、x_{i-1} 和外荷载 f_i 代入式（6-59），得到 t_{i+1} 时刻的位移 x_{i+1}；

（3）用式（6-56），得到 t_{i+1} 时刻的速度和加速度 $\dot{x}_{i+1}$、$\ddot{x}_{i+1}$；

（4）重复第（2）、（3）步，直至时间终了。

下面给出 MATLAB 自定义函数。

【MATLAB 函数】

centralDifference（$M,K,C,dt,F,X0$）函数用于中心差分法求解结构动力响应。

输入参数：

$\boldsymbol{F}$ 为外荷载矩阵；dt 为时间步长；

$\boldsymbol{M}$、$\boldsymbol{K}$、$\boldsymbol{C}$ 分别为结构的质量矩阵，刚度矩阵和阻尼矩阵；

$\boldsymbol{X0}$ 表示结构的初始状态向量，$\boldsymbol{X0}=(x_0,\dot{x}_0,\ddot{x}_0)^{\mathrm{T}}$ 为初始时刻 $t=0$ 的位移、速度和加速度，是一个 $3n\times1$ 的向量，n 为结构的自由度数。

输出参数：

$\boldsymbol{d}$、$\boldsymbol{v}$、$\boldsymbol{a}$ 分别为结构位移、速度和加速度响应，均为 $n\times l$ 的矩阵，l 为积分时间点。

以下为该函数的 MATLAB 源代码。

```
function [d,v,a]=centralDifference(m,k,c,dt,F,X0)
%用中心差分法计算结构反应；
%输入数据:m,k,c 分别为结构的质量、刚度和阻尼矩阵;F 为外荷载矩阵；
%时间步长 dt;
%X0 为结构的初始状态值,X0 为 3n×1 的向量,分别为 t=0 时刻的位移、速度和加速度；
%输出为结构状态,d,v,a 分别为结构的位移、速度和加速度反应；
cn=length(m);
d(:,2)=X0(1:cn);
v(:,1)=X0(cn+1:2*cn);
a(:,1)=X0(2*cn+1:3*cn);
d(:,1)=(eye(cn)-0.5.*dt.*dt.*inv(m)*k)*X0(1:cn)-(dt.*eye(cn)+0.5.*dt.*dt.*inv(m)
*c)*v(:,1)+0.5.*dt.*dt.*inv(m)*F(:,1);
for i=2:length(F)
d(:,i+1)=inv(1./dt./dt.*m+0.5./dt.*c)*(F(:,i)-(k-2./dt./dt.*m)*d(:,i)-(1./dt./dt.*
m-0.5./dt.*c*d(:,i-1));
    v(:,i)=0.5./dt.*(d(:,i+1)-d(:,i-1));
    a(:,i)=1./dt./dt.*(d(:,i+1)-2.*d(:,i)+d(:,i-1));
end
d(:,1)=[];
```

【例题 6-7】用中心差分法求解例题 6-3 的结构响应。

【解】

MATLAB 源程序如下：

```
clear all;
m=[2762,2760,2300];                          %各层质量
k=[2.485,1.921,1.522].*1e4;                  %各层刚度
```

```
es=0.05;                                                  %结构阻尼比
wavefile=char('elcentro.dat');                            %地震波数据
ugmax=0.7;
[ug,t,tf,dt]=wavel(wavefile,ugmax);
[M]=lumpMass(m);                                          %质量矩阵
[K]=stiffnessShear(k);                                    %刚度矩阵
[E,F]=waveForce(ug,M);
flag=1;
[C,T,z]=dampR(K,M,E,es,flag);                             %阻尼矩阵
[d1,v1,a1]=stateSpace2(M,K,C,F,t);                        %MATLAB控制工具箱求解结构反应
cn=length(m);                                             %确定结构自由度数
X0=zeros(3*cn,1);                                         %给定状态变量的初值
[d,v,a]=centralDifference(M,K,C,dt,F,X0);                 %中心差分法求解结构反应
figure(1)                                                 %对比两种方法的结果
plot(t,d(1,:),'r-',t,d1(1,:),'k:');xlabel('时间(s)'),ylabel('第一层位移(m)');
figure(2)
plot(t,a(1,:),'r-',t,a1(1,:),'k:');xlabel('时间(s)'),ylabel('第一层加速度(ms-2)');
```

读者可自行计算结果。

2. 线性加速度法

线性加速度法假定每个时间增量内加速度线性变化，如图6-6所示。

结构的加速度为

$$\ddot{x}(t)=\ddot{x}_i+\frac{\Delta\ddot{x}_i}{\Delta t}\tau \tag{6-64}$$

对式（6-64）进行两次积分，分别得

$$\dot{x}(t)=\dot{x}_i+\ddot{x}_i\tau+\frac{\Delta\ddot{x}_i}{\Delta t}\frac{\tau^2}{2} \tag{6-65}$$

$$x(t)=x_i+\dot{x}_i\tau+\ddot{x}_i\frac{\tau^2}{2}+\frac{\Delta\ddot{x}_i}{\Delta t}\frac{\tau^3}{6} \tag{6-66}$$

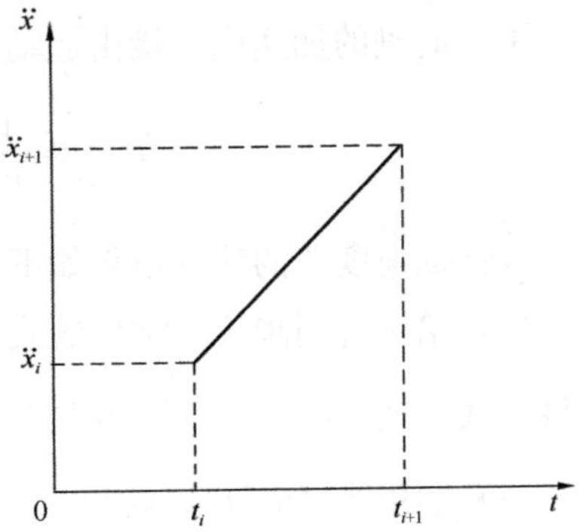

图6-6　每个时间增量内加速度的变化情况

令 $\tau=\Delta t$，由式（6-65）和式（6-66）可得

$$\Delta\dot{x}_i=\ddot{x}_i\Delta t+\Delta\ddot{x}_i\frac{\Delta t}{2} \tag{6-67}$$

$$\Delta x_i=\dot{x}_i\Delta t+\ddot{x}_i\frac{\Delta t^2}{2}+\Delta\ddot{x}_i\frac{\Delta t^2}{6} \tag{6-68}$$

解式（6-68），可得加速度增量 $\Delta\ddot{x}_i$，再将 $\Delta\ddot{x}_i$ 的表达式代入式（6-67），由此可得

$$\Delta\ddot{x}_i = \frac{6}{\Delta t^2}\Delta x_i - \frac{6}{\Delta t}\dot{x}_i - 3\ddot{x}_i \tag{6-69}$$

$$\Delta\dot{x}_i = \frac{3}{\Delta t}\Delta x_i - 3\dot{x}_i - \frac{\Delta t}{2}\ddot{x}_i \tag{6-70}$$

将式（6-69）、式（6-70）代入增量平衡方程 $m\Delta\ddot{x}_i + c\Delta\dot{x}_i + k\Delta x_i = \Delta F_i$ ，可得

$$\bar{k}\Delta x_i = \Delta\bar{F}_i \tag{6-71}$$

其中，

$$\bar{k} = k + \frac{6m}{\Delta t^2} + \frac{3c}{\Delta t} \tag{6-72}$$

$$\begin{aligned}\Delta\bar{F}_i &= \Delta F_i + m\left(\frac{6}{\Delta t}\dot{x}_i + 3\ddot{x}_i\right) + c\left(\frac{\Delta t}{2}\ddot{x}_i + 3\dot{x}_i\right)\\ &= \Delta F_i + \left(\frac{6m}{\Delta t} + 3c\right)\dot{x}_i + \left(3m + \frac{c\Delta t}{2}\right)\ddot{x}_i\end{aligned} \tag{6-73}$$

利用式（6-71），即可解得 Δx_i ，再将此值代入式（6-70），即可得到速度增量。下一时刻的位移、速度分别为

$$x_{i+1} = x_i + \Delta x_i,\ \dot{x}_{i+1} = \dot{x}_i + \Delta\dot{x}_i \tag{6-74}$$

下一时刻的加速度直接由运动方程得到

$$\ddot{x}_{i+1} = \frac{1}{m}(F_{i+1} - c\dot{x}_{i+1} - kx_{i+1}) \tag{6-75}$$

线性加速度法的计算步骤如下：

（1）给定时间步长、结构的质量、刚度、阻尼和外荷载，初始时刻的速度和加速度，代入式（6-72）、式（6-73），求得 $\bar{k}$、$\Delta\bar{F}_i$；

（2）利用式（6-71），解得 $\Delta x_i = \Delta\bar{F}_i/\bar{k}$；

（3）Δx_i 代入式（6-70），得到 $\Delta\dot{x}_i$；

（4）Δx_i、$\Delta\dot{x}_i$ 代入式（6-74），得到 x_{i+1} 和 $\dot{x}_{i+1}$；

（5）x_{i+1}，$\dot{x}_{i+1}$ 代入式（6-75），得到 $\ddot{x}_{i+1}$；

（6）重复以上步骤，直至时间终了。

下面给出 MATLAB 自定义函数。

【MATLAB 函数】

linearAcceleration（$M,K,C,dt,F,X0$）函数用于线性加速度法求解结构动力响应。

输入参数：

F 为外荷载矩阵，是 $n\times l$ 的矩阵，n 为结构的自由度数，l 为积分时间点；dt 为

时间步长；

$\boldsymbol{M}$、$\boldsymbol{K}$、$\boldsymbol{C}$ 分别为结构的质量矩阵，刚度矩阵和阻尼矩阵；**X0** 表示结构初始状态向量，$\mathbf{X0}=(x_0, \dot{x}_0, \ddot{x}_0)^{\mathrm{T}}$ 为初始时刻 $t=0$ 的位移、速度和加速度，是一个 $3n\times 1$ 的向量。

输出参数：

$\boldsymbol{d}$、$\boldsymbol{v}$、$\boldsymbol{a}$ 分别为结构位移、速度和加速度反应，均为 $n\times l$ 的矩阵。

以下为该函数的 MATLAB 源代码。

```
function [x,v,a]=linearAcceleration (m,k,c,dt,F,X0)
%用线性加速度法计算结构反应;
%输入数据:m,k,c 分别为结构的质量、刚度和阻尼矩阵;F 为外荷载矩阵;
%时间步长 dt;
%X0 为结构的初始状态值,X0 为 3n×1 的向量,分别为 t=0 时刻的位移、速度和加速度;
%输出为结构状态,x,v,a 分别为结构的位移、速度和加速度反应;
cn=length(m);
dF=diff(F,1,2);
x(:,1)=X0(1:cn);
v(:,1)=X0(cn+1:2*cn);
a(:,1)=X0(2*cn+1:3*cn);
for i=1:length(F)-1
    k_=k+(6/dt/dt).*m+(3/dt).*c;
    dF_=dF(:,i)+(6/dt.*m+3.*c)*v(:,i)+(3.*m+dt/2.*c)*a(:,i);
    dx=inv(k_)*dF_;
    dv=(3/dt).*dx-3.*v(:,i)-dt/2.*a(:,i);
    x(:,i+1)=x(:,i)+dx;
    v(:,i+1)=v(:,i)+dv;
    a(:,i+1)=inv(m)*(F(:,i+1)-c*v(:,i+1)-k*x(:,i+1));
end
```

【注意】

linearAcceleration 函数仅用于线性结构的动力分析。若结构为非线性，虽然仍可用线性加速度法进行计算，但不能用本书的自定义函数 linearAcceleration 进行分析计算。

【例题 6-8】 用线性加速度法求解例题 6-3 的结构响应。

【解】

MATLAB 源程序如下：

```
clear all;
m=[2762,2760,2300];                          %各层质量
k=[2.485,1.921,1.522].*1e4;                  %各层刚度
es=0.05;                                     %结构阻尼比
```

```
wavefile=char('elcentro.dat');                          %地震波数据
ugmax=0.7;
[ug,t,tf,dt]=wavel(wavefile,ugmax);
[M]=lumpMass(m);                                        %质量矩阵
[K]=stiffnessShear(k);                                  %刚度矩阵
[E,F]=waveForce(ug,M);
flag=1;
[C,T,z]=dampR(K,M,E,es,flag);                           %阻尼矩阵
cn=length(m);
X0=zeros(3*cn,1);                                       %给定状态变量的初值
[d,v,a]=centralDifference(M,K,C,dt,F,X0);               %中心差分法求解结构反应
[d1,v1,a1]=linearAcceleration(M,K,C,dt,F,X0);           %线性加速度法求解
figure(1)                                               %对比两种方法的结果
plot(t,d(1,:),'r-',t,d1(1,:),'k:');xlabel('时间(s)'),ylabel('第一层位移(m)');
```

读者可自行计算结果。

3. Newmark-β法

Newmark-β法是线性加速度法的修正。仍假定加速度在$[t, t+\Delta t]$时间段内是一个常量，并引入两个参数γ、β，这两个参数分别代替式（6-67）和式（6-68）中的系数$\frac{1}{2}$与$\frac{1}{6}$，这样，

$$\Delta\dot{x}_i = \ddot{x}_i\Delta t + \gamma\Delta\ddot{x}_i\Delta t \tag{6-76}$$

$$\Delta x_i = \dot{x}_i\Delta t + \ddot{x}_i\frac{\Delta t^2}{2} + \beta\Delta\ddot{x}_i\Delta t^2 \tag{6-77}$$

其中，γ不等于$\frac{1}{2}$时，可导致结构过阻尼，所以通常取$\gamma=\frac{1}{2}$。当$\beta=\frac{1}{6}$时，实际上就是线性加速度法；当$\beta\geqslant\frac{1}{4}$时，该方法无条件稳定；当$0\leqslant\beta<\frac{1}{4}$，$\frac{\Delta t}{T}\leqslant\frac{1}{\pi\sqrt{1-4\beta}}$时，该方法无条件稳定。所以通常取$\beta\geqslant\frac{1}{4}$。

解式（6-77），可得加速度增量$\Delta\ddot{x}_i$，再将$\Delta\ddot{x}_i$表达式代入式（6-76），可得

$$\Delta\ddot{x}_i = \frac{1}{\beta\Delta t^2}\Delta x_i - \frac{1}{\beta\Delta t}\dot{x}_i - \frac{1}{2\beta}\ddot{x}_i \tag{6-78}$$

$$\Delta\dot{x}_i = \frac{1}{2\beta\Delta t}\Delta x_i - \frac{1}{2\beta}\dot{x}_i + \left(1-\frac{1}{4\beta}\right)\ddot{x}_i\Delta t \tag{6-79}$$

与线性加速度法相同，将式（6-78）、式（6-79）代入增量平衡方程$m\Delta\ddot{x}_i + c\Delta\dot{x}_i + k\Delta x_i = \Delta F_i$，可得

$$\bar{k}_i \Delta x_i = \Delta \bar{F}_i \tag{6-80}$$

其中，

$$\bar{k}_i = k_i + \frac{m}{\beta \Delta t^2} + \frac{c_i}{2\beta \Delta t} \tag{6-81}$$

$$\Delta \bar{F}_i = \Delta F_i + m\left(\frac{1}{\beta \Delta t}\dot{x}_i + \frac{1}{2\beta}\ddot{x}_i\right) + c_i\left(\frac{1}{2\beta}\dot{x}_i - \left(1 - \frac{1}{4\beta}\right)\ddot{x}_i \Delta t\right) \tag{6-82}$$

这样即可求解 Δx_i，之后的步骤也与线性加速度法完全相同，不再赘述。但要注意，若结构为非线性，下一时刻的加速度为

$$\ddot{x}_{i+1} = \frac{1}{m}(F_{i+1} - c_{i+1}\dot{x}_{i+1} - f_{si+1}) \tag{6-83}$$

式中，f_{si+1} 为第 $i+1$ 时刻结构的恢复力，可得

$$f_{si+1}(x_{i+1},\dot{x}_{i+1}) = k_{si+1}x_{i+1} + R_{i+1} \tag{6-84}$$

式中，k_{si+1}、R_{i+1} 表示结构第 $i+1$ 时刻的线性刚度和非线性恢复力。特别地，当 $k_{si+1} = k$，$R_{i+1} = 0$ 时，表示结构为线性。

Newmark-β 法的计算步骤如下：

（1）给定时间步长、β 值、初始时刻结构的质量、刚度、阻尼、外荷载、初始时刻的速度和加速度，代入式（6-81）、式（6-82），求得 $\bar{k}_i$、$\Delta \bar{F}_i$；

（2）利用式（6-80），解得 $\Delta x_i = \Delta \bar{F}_i / \bar{k}_i$；

（3）Δx_i 代入式（6-79），得到 $\Delta \dot{x}_i$；

（4）Δx_i、$\Delta \dot{x}_i$ 代入式（6-74），得到 x_{i+1} 和 $\dot{x}_{i+1}$；

（5）x_{i+1}，$\dot{x}_{i+1}$ 代入式（6-83），得到 $\ddot{x}_{i+1}$；

（6）重复以上步骤，直至时间终了。

下面给出 MATLAB 自定义函数。

【MATLAB 函数】

Newmark($M, K, C, dt, F, X0, ks, R$) 函数用于 Newmark-$\beta$ 法求解结构动力响应。

输入参数：

F 为外荷载矩阵，是 $n \times l$ 的矩阵，n 为结构的自由度数，l 为积分时间点；dt 为时间步长；***M***、***K***、***C*** 分别为结构的质量矩阵，刚度矩阵和阻尼矩阵；***X0*** 表示结构初始状态向量，$\mathbf{X0} = (x_0, \dot{x}_0, \ddot{x}_0)^{\mathrm{T}}$ 为初始时刻 $t = 0$ 的位移、速度和加速度，是一个 $3n \times 1$ 的向量；ks、R 分别为结构的弹性刚度和塑性恢复力；对于线性模型，$ks = k$，***R*** 为 $n \times 1$ 的零向量；对于非线性模型，ks、R 由相应的非线性模型得到。

输出参数：

x、***v***、***a*** 分别为结构位移、速度和加速度反应，均为 $n \times l$ 的矩阵。

以下为该函数的MATLAB源代码。

```
function [x, v, a]=Newmark(m, k, c, dt, F, X0, ks, R)
%用 Newmark-β法计算结构反应;
%输入数据:m, k, c 分别为结构的质量,刚度和阻尼矩阵;F 为外荷载矩阵;
%时间步长 dt;
%X0 为结构的初始状态值,X0 为 3n×1 的向量,分别为 t=0 时刻的位移、速度和加速度;
%ks, R 分别为结构的弹性刚度和塑性恢复力,对于线性模型,ks=k,为 n×1 的零向量;
%对于非线性模型,ks, R 由相应的非线性模型得到,若为折线型模型,ks, R 直接由模型函数得到,若为光滑型模型,ks=a. * k, R=(1-a). * k * z;
%输出为结构状态,x, v, a 分别为结构的位移、速度和加速度反应;
cn=length(m);
dF=diff(F, 1, 2);
x(:, 1)=X0(1:cn);
v(:, 1)=X0(cn+1:2 * cn);
a(:, 1)=X0(2 * cn+1:3 * cn);
beta=1/4;
for i=1:length(F)-1
    k_=k+(1/dt/dt/beta). * m+(1/2/dt/beta). * c;
    dF_=dF(:, i)+(m. * 1/beta/dt+1/2/beta. * c) * v(:, i)+(1/2/beta. * m-dt * (1-1/4/beta). * c) * a(:, i);
dx=inv(k_) * dF_;
    dv=(1/2/beta/dt). * dx-(1/2/beta). * v(:, i)+((1-1/4/beta) * dt). * a(:, i);
    x(:, i+1)=x(:, i)+dx;
    v(:, i+1)=v(:, i)+dv;
    Fs(:, i+1)=ks * x(:, i+1)+R;
    a(:, i+1)=inv(m) * (F(:, i+1)-c * v(:, i+1)-Fs(:, i+1));
end
```

【注意】

Newmark函数可用于线性结构的动力分析，也可用于非线性结构的动力分析。若结构为线性，输入变量 $ks=k$，$R=0$，否则应按非线性结构的实际情况输入这两个参数。

【例题 6-9】 用 Newmark-β 法求解例题 6-3 的结构响应。

【解】

MATLAB 源程序如下：

```
clear all;
m=[2762, 2760, 2300];                    %各层质量
k=[2.485, 1.921, 1.522]. * 1e4;          %各层刚度
es=0.05;                                 %结构阻尼比
```

```
wavefile=char( 'elcentro. dat');                    %地震波数据
ugmax=0.7;
[ug, t, tf, dt]=wavel(wavefile, ugmax);
[M]=lumpMass(m);                                    %质量矩阵
[K]=stiffnessShear(k);                              %刚度矩阵
[E, F]=waveForce(ug, M);
flag=1;
[C, T, z]=dampR(K, M, E, es, flag);                 %阻尼矩阵
cn=length(m);
X0=zeros(3 * cn, 1);                                %给定状态变量的初值
[d1, v1, a1]=linearAcceleration(M, K, C, dt, F, X0); %线性加速度法求解
R=zeros(cn, 1);                                     %给定非线性恢复力,对于线性结构,该值为0
[d, v, a]=Newmark (M, K, C, dt, F, X0, K, R);       %Newmark-β法求解
figure(1)
plot(t, d(1, :),' r-', t, d1(1, :),' k:'); xlabel('时间(s)'), ylabel('第一层位移(m)');
```

读者可自行计算结果。

4. Wilson-θ 法

Wilson-θ 法也是线性加速度法的修正。仍假定加速度在 $[t, t+\theta\Delta t]$ 时间段内线性变化，当 $\theta \geqslant 1.38$ 时，该方法无条件稳定，所以在时间步长 $\tau = \theta\Delta t$ 的加速度为

$$\ddot{x}(t) = \ddot{x}_i + \frac{\hat{\Delta}\ddot{x}_i}{\tau}(t-t_i) \tag{6-85}$$

式中，$\hat{\Delta}$ 表示增量与 $\tau = \theta\Delta t$ 有关，$\hat{\Delta}\ddot{x}_i = \ddot{x}(t_i+\tau) - \ddot{x}(t_i)$。

对式（6-85）进行两次积分，分别得

$$\dot{x}(t) = \dot{x}_i + \ddot{x}_i(t-t_i) + \frac{\hat{\Delta}\ddot{x}_i}{\tau}\frac{(t-t_i)^2}{2} \tag{6-86}$$

$$\dot{x}(t) = \dot{x}_i + \ddot{x}_i(t-t_i) + \ddot{x}_i\frac{(t-t_i)^2}{2} + \frac{\hat{\Delta}\ddot{x}_i}{\tau}\frac{(t-t_i)^3}{6} \tag{6-87}$$

令 $t = t+\tau$，由式（6-86）和式（6-87）可得

$$\hat{\Delta}\dot{x}_i = \ddot{x}_i\tau + \Delta\ddot{x}_i\frac{\tau}{2} \tag{6-88}$$

$$\hat{\Delta}x_i = \dot{x}_i\tau + \ddot{x}_i\frac{\tau^2}{2} + \hat{\Delta}\ddot{x}_i\frac{\tau^2}{6} \tag{6-89}$$

解式（6-89），可得加速度增量：

$$\hat{\Delta}\ddot{x}_i = \frac{6}{\tau^2}\hat{\Delta}x_i - \frac{6}{\tau}\dot{x}_i - 3\ddot{x}_i \tag{6-90}$$

再将此表达式代入式（6-88）中，由此可得

$$\hat{\Delta}\dot{x}_i = \frac{3}{\tau}\hat{\Delta}x_i - 3\dot{x}_i - \frac{\tau}{2}\ddot{x}_i \tag{6-91}$$

将式（6-90）、式（6-91）代入增量平衡方程 $m\hat{\Delta}\ddot{x}_i + c_i\hat{\Delta}\dot{x}_i + k_i\hat{\Delta}x_i = \hat{\Delta}F_i$，可得

$$\hat{\bar{k}}_i\hat{\Delta}x_i = \hat{\Delta}\bar{F}_i \tag{6-92}$$

式中，

$$\hat{\bar{k}}_i = k_i + \frac{6m}{\tau^2} + \frac{3c_i}{\tau} \tag{6-93}$$

$$\hat{\Delta}\bar{F}_i = \hat{\Delta}F_i + m\left(\frac{6}{\tau}\dot{x}_i + 3\ddot{x}_i\right) + c_i\left(\frac{\tau}{2}\ddot{x}_i + 3\dot{x}_i\right) \tag{6-94}$$

$$\hat{\Delta}\bar{F}_i = F(t_i + \tau) - F(t_i) \tag{6-95}$$

$F(t_i + \tau)$ 近似用线性插值得到，即 $F(t_i + \tau) = F(t_{i+1}) + (\theta - 1)[F(t_{i+2}) - F(t_{i+1})]$，由此可得

$$\hat{\Delta}\bar{F}_i = \Delta F_i + (\theta - 1)\Delta F_{i+1} \tag{6-96}$$

利用式（6-92），即可解得 $\hat{\Delta}x_i$，再将此值代入式（6-90），即可得到 $\hat{\Delta}\ddot{x}_i$，则下一时刻 $t = t_i + \Delta t$ 的加速度增量可线性插值得到

$$\Delta\ddot{x}_i = \hat{\Delta}\ddot{x}_i/\theta \tag{6-97}$$

再将 $\Delta\ddot{x}_i$ 代入式（6-67）和式（6-68），由此可解得位移、速度增量 Δx_i 、$\Delta\dot{x}_i$，下一时刻的位移、速度和加速度求解与 Newmark-β 法相关内容相同，不再赘述。Wilson-θ 法的计算步骤如下：

（1）给定时间步长、θ 值、初始时刻结构的质量、刚度、阻尼、外荷载、初始时刻的速度和加速度，代入式（6-92）至式（6-96），求得 $\hat{\bar{k}}_i$、$\hat{\Delta}\bar{F}_i$；

（2）利用式（6-92），解得 $\hat{\Delta}x_i = \hat{\Delta}\bar{F}_i/\hat{\bar{k}}_i$；

（3）$\hat{\Delta}x_i$ 代入式（6-90），得到 $\hat{\Delta}\ddot{x}_i$；

（4）$\hat{\Delta}\ddot{x}_i$ 代入式（6-97），得到 $\Delta\ddot{x}_i$；

（5）$\Delta\ddot{x}_i$ 代入式（6-67）、式（6-68），得到 Δx_i、$\Delta\dot{x}_i$；

（6）Δx_i、$\Delta\dot{x}_i$ 代入式（6-74），得到 x_{i+1}、$\dot{x}_{i+1}$；

（7）x_{i+1}、$\dot{x}_{i+1}$ 代入式（6-83），得到 $\ddot{x}_{i+1}$；

（8）重复以上步骤，直至时间终了。

下面给出 MATLAB 自定义函数。

【MATLAB 函数】

Wilson ($M, K, C, dt, F, X0, ks, R$)函数用于 Wilson-$\theta$ 法求解结构动力响应。

输入参数：

F 为外荷载矩阵，是 $n\times(l+1)$ 的矩阵，n 为结构的自由度数，$l+1$ 为积分时间点；

dt 为时间步长；

M、**K**、**C** 分别为结构的质量矩阵，刚度矩阵和阻尼矩阵；**X0** 表示结构初始状态向量，$\mathbf{X0}=(x_0, \dot{x}_0, \ddot{x}_0)^T$ 为初始时刻 $t=0$ 的位移、速度和加速度，是一个 $3n\times1$ 的向量；ks、R 分别为结构的弹性刚度和塑性恢复力。

输出参数：

x、**v**、**a** 分别为结构位移、速度和加速度反应，均为 $n\times l$ 的矩阵。

以下为该函数的 MATLAB 源代码。

```
function [x, v, a]=Wilson(m, k, c, dt, F, X0, ks, R)
%该函数用 Wilson-θ 法计算结构反应；
%输入数据：m, k, c 分别为结构的质量、刚度和阻尼矩阵；F 为外荷载矩阵；
%时间步长 dt；
%X0 为结构的初始状态值，X0 为 3n×1 的向量，分别为 t=0 时刻的位移、速度和加速度；
%ks, R 分别为结构的弹性刚度和塑性恢复力，对于线性模型，ks=k，为 n*1 的零向量；
%对于非线性模型，ks, R 由相应的非线性模型得到；
%输出为结构状态，x, v, a 分别为结构的位移、速度和加速度反应；
cn=length(m);
nb=length(F);
beta=1/6; seta=1.4;
tao=seta*dt;
dF1=diff(F,1,2);
dF=dF1(:,1:nb-1)+(seta-1).*dF1(:,2:nb);
x(:,1)=X0(1:cn);
v(:,1)=X0(cn+1:2*cn);
a(:,1)=X0(2*cn+1:3*cn);
for i=1:nb-2
    k_=k+(1/tao/tao/beta).*m+(1/2/tao/beta).*c;
dF_=dF(:,i)+(m.*1/beta/tao+1/2/beta.*c)*v(:,i)+(1/2/beta.*m-tao*(1-1/4/beta).*c)*
a(:,i);
    dx=inv(k_)*dF_;
    da_=(6/tao/tao).*dx_-(6/tao).*v(:,i)-3.*a(:,i);
    da=da_./seta;
    dv=a(:,i).*dt+da.*dt./2;
```

```
    dx=v(:,i).*dt+a(:,i).*dt.*dt./2+da.*dt.*dt./6;
    x(:,i+1)=x(:,i)+dx;
    v(:,i+1)=v(:,i)+dv;
    Fs(:,i+1)=ks*x(:,i+1)+R;
    a(:,i+1)=inv(m)*(F(:,i+1)-c*v(:,i+1)-Fs(:,i+1));
end
```

【注意】

(1) Wilson 函数可用于线性结构的动力分析，也可用于非线性结构的动力分析。若结构为线性，输入变量 $ks=k$，$R=0$，否则应按非线性结构的实际情况输入这两个参数。

(2) Wilson-θ 法的外荷载 $\boldsymbol{F}$ 为 $n\times(l+1)$ 的矩阵，而 Newmark-β 法和线性加速度法的 $\boldsymbol{F}$ 为 $n\times l$ 的矩阵。原因是 Wilson-θ 法中是对原有的时间微段外延进行求解，因此，必须给出 $F(t_i)$、$F(t_{i+1})$ 和 $F(t_{i+2})$ 的数值，而其他两种方法仅与 $F(t_i)$、$F(t_{i+1})$ 有关。$F(t_{i+1})$ 通常给定为 0。

【例题 6-10】 用 Wilson-θ 法求解例题 6-3 的结构响应。

【解】

MATLAB 源程序如下：

```
clear all;
m=[2762,2760,2300];                                %各层质量
k=[2.485,1.921,1.522].*1e4;                        %各层刚度
es=0.05;                                           %结构阻尼比
wavefile=char('elcentro.dat');                     %地震波数据
ugmax=0.7;
[ug,t,tf,dt]=wavel(wavefile,ugmax);
[M]=lumpMass(m);                                   %质量矩阵
[K]=stiffnessShear(k);                             %刚度矩阵
[E,F]=waveForce(ug,M);
flag=1;
[C,T,z]=dampR(K,M,E,es,flag);                      %阻尼矩阵
cn=length(m);
X0=zeros(3*cn,1);                                  %给定状态变量的初值
[d1,v1,a1]=linearAcceleration(M,K,C,dt,F,X0);      %线性加速度法求解
R=zeros(cn,1);                                     %给定非线性恢复力,对于线性结构,该值为0
F0=[F,zeros(cn,1)];
[d,v,a]=Wilson(M,K,C,dt,F0,X0,K,R);                %Wilson-θ法求解
figure(1)
plot(t,d(1,:),'r-',t,d1(1,:),'k:');xlabel('时间(s)'),ylabel('第一层位移(m)');
```

读者可自行计算结果。

6.4　结构动力分析振型分解法

振型分解法是用结构振型将多自由度体系的联立方程组转化为仅含单一变量的一系列独立方程，这些仅含单一变量的独立方程实际上是独立的多个单自由度体系运动方程，这样就可以利用求解单自由度体系的方法方便地求解其反应，最后再将这些单自由度体系的反应叠加，得到原结构的反应。从这一过程可看出，振型分解法仅用于多自由度结构，单自由度结构没必要用振型分解法。此外，由于原结构的反应是多个单自由度结构的叠加，所以振型分解法也仅用于线性结构，因为非线性结构的恢复力特性并不满足叠加原理。

在线性结构中，自由振型的振型 $\boldsymbol{\Phi}$ 是表示位移的一种方法，这些振型构成 n 个独立的位移模式，任意位移 $\boldsymbol{X}=\boldsymbol{\Phi Z}$，即

$$\boldsymbol{X}=\boldsymbol{\Phi}_1 Z_1+\boldsymbol{\Phi}_2 Z_2+\cdots+\boldsymbol{\Phi}_n Z_n=\sum_{i=1}^{n}\boldsymbol{\Phi}_i Z_i \tag{6-98}$$

式中，$\boldsymbol{\Phi}_i$ 是第 i 个振型向量；Z_i 是第 i 个振型的幅值。

同时可证明，振型 $\boldsymbol{\Phi}$ 还具有质量和刚度正交性，即

$$\boldsymbol{\Phi}_i^{\mathrm{T}}\boldsymbol{M}\boldsymbol{\Phi}_j^{\mathrm{T}}=0,\ \boldsymbol{\Phi}_i^{\mathrm{T}}\boldsymbol{K}\boldsymbol{\Phi}_j^{\mathrm{T}}=0,\ (i\neq j) \tag{6-99}$$

多自由度体系的运动方程为

$$\boldsymbol{M}\ddot{\boldsymbol{X}}+\boldsymbol{C}\dot{\boldsymbol{X}}+\boldsymbol{K}\boldsymbol{X}=\boldsymbol{F}(t) \tag{6-100}$$

将 $\boldsymbol{X}=\boldsymbol{\Phi Z}$ 代入式（6-100），得

$$\boldsymbol{M\Phi}\ddot{\boldsymbol{Z}}+\boldsymbol{C\Phi}\dot{\boldsymbol{Z}}+\boldsymbol{K\Phi Z}=\boldsymbol{F}(t) \tag{6-101}$$

在式（6-101）两侧左乘 $\boldsymbol{\Phi}^{\mathrm{T}}$，得

$$\boldsymbol{\Phi}^{\mathrm{T}}\boldsymbol{M\Phi}\ddot{\boldsymbol{Z}}+\boldsymbol{\Phi}^{\mathrm{T}}\boldsymbol{C\Phi}\dot{\boldsymbol{Z}}+\boldsymbol{\Phi}^{\mathrm{T}}\boldsymbol{K\Phi Z}=\boldsymbol{\Phi}^{\mathrm{T}}\boldsymbol{F}(t) \tag{6-102}$$

根据振型 $\boldsymbol{\Phi}$ 的质量和刚度正交性，可得

$$\boldsymbol{M}^*\ddot{\boldsymbol{Z}}+\boldsymbol{\Phi}^{\mathrm{T}}\boldsymbol{C\Phi}\dot{\boldsymbol{Z}}+\boldsymbol{K}^*\boldsymbol{Z}=\boldsymbol{F}^*(t) \tag{6-103}$$

式中，$\boldsymbol{M}^*$、$\boldsymbol{K}^*$ 均为对角阵，$M_i^*=\boldsymbol{\Phi}_i^{\mathrm{T}}\boldsymbol{M}\boldsymbol{\Phi}_i^{\mathrm{T}}$，$K_i^*=\boldsymbol{\Phi}_i^{\mathrm{T}}\boldsymbol{K}\boldsymbol{\Phi}_i^{\mathrm{T}}$，$F_i^*(t)=\boldsymbol{\Phi}_i^{\mathrm{T}}\boldsymbol{F}(t)$。

但振型 $\boldsymbol{\Phi}$ 并不一定对阻尼矩阵具有正交性，这要依据阻尼矩阵的特性来确定。若阻尼矩阵是比例阻尼的形式，则振型 $\boldsymbol{\Phi}$ 也满足阻尼正交性，式（6-103）可写为

$$\boldsymbol{M}^*\ddot{\boldsymbol{Z}}+\boldsymbol{C}^*\dot{\boldsymbol{Z}}+\boldsymbol{K}^*\boldsymbol{Z}=\boldsymbol{F}^*(t) \tag{6-104}$$

式中，$\boldsymbol{C}^*$ 也是对角阵，即 $C_i^*=\boldsymbol{\Phi}_i^{\mathrm{T}}\boldsymbol{C}\boldsymbol{\Phi}_i^{\mathrm{T}}$。

至此，一个多自由度体系的联立运动方程可完全转化为多单自由度的运动方程：

$$M_i^* \ddot{Z}_i + C_i^* \dot{Z}_i + K_i^* Z_i = F_i^*(t) \quad (i = 1,\cdots,n) \tag{6-105}$$

对每个单自由度体系的响应 Z_i，可按本书 6.3 节时程分析法中的任一方法求解，再利用式（6-98），即可得到多自由度结构的位移反应。这种方法也称为实振型分解法。若阻尼矩阵是非比例阻尼的形式，则振型 $\boldsymbol{\Phi}$ 并不满足阻尼正交性，$\boldsymbol{\Phi}^{\mathrm{T}}\boldsymbol{C}\boldsymbol{\Phi}$ 不是一个对角阵。对于这样的问题，需要引入复振型，这种方法称为复振型分解法。以下对这两种方法作介绍。

6.4.1　实振型分解法

对于阻尼矩阵是比例阻尼的线性多自由度结构，可用实振型分解法进行求解。计算步骤如下：

（1）根据结构的频率方程：$|\boldsymbol{K}-\omega^2\boldsymbol{M}|=0$，求得结构的各阶振型和频率 $\boldsymbol{\Phi}_i,\omega_i$；

（2）依次取每个振型向量 $\boldsymbol{\Phi}_i$，计算 $M_i^* = \boldsymbol{\Phi}_i^{\mathrm{T}}\boldsymbol{M}\boldsymbol{\Phi}_i^{\mathrm{T}}$，$K_i^* = \boldsymbol{\Phi}_i^{\mathrm{T}}\boldsymbol{K}\boldsymbol{\Phi}_i^{\mathrm{T}}$，$C_i^* = \boldsymbol{\Phi}_i^{\mathrm{T}}\boldsymbol{C}\boldsymbol{\Phi}_i^{\mathrm{T}}$，$F_i^*(t) = \boldsymbol{\Phi}_i^{\mathrm{T}}\boldsymbol{F}(t)$；

（3）将 M_i^*、K_i^*、C_i^*、F_i^* 代入式（6-105），用 6.3 节的任一方法求解，得到各单自由度体系的位移反应 Z_i；

（4）$\boldsymbol{Z}=(Z_1,Z_2,\cdots,Z_n)^{\mathrm{T}}$，最后解得多自由度结构的位移反应 $\boldsymbol{X}=\boldsymbol{\Phi}\boldsymbol{Z}$。

下面给出 MATLAB 自定义函数。

【MATLAB 函数】

用实振型分解法进行结构反应分析：

modeSuperpostion（M, K, C, F, t）函数用于实振型分解法求解结构响应。

输入变量：

t 为积分时间；$\boldsymbol{M}$、$\boldsymbol{K}$、$\boldsymbol{C}$ 分别为结构的质量矩阵，刚度矩阵和阻尼矩阵，均为 $n\times n$ 的矩阵，n 为结构的自由度数；$\boldsymbol{F}$ 为外荷载矩阵，为 $n\times l$ 的矩阵，l 为积分时间点数。

输出变量：

dMOF、***vMOF***、***aMOF*** 为结构位移、速度和加速度矩阵，均为 $n\times l$ 的矩阵。

以下为该函数的 MATLAB 源代码。

```
function [dMOF, vMOF, aMOF]=modeSuperpostion (M, K, C, F, dt)
%用实振型分解法计算结构反应;
%输入数据:M,K,C 分别为结构的质量、刚度和阻尼矩阵,F 为外荷载矩阵;
%时间步长 dt;
%输出为结构的位移,速度和加速度反应 dMOF, vMOF, aMOF;
[z,d]=eig(K,M);                    %结构的振型
m_=diag(z' * M * z);               %振型分解为单自由度体系的结构参数
k_=diag(z' * K * z);
c_=diag(z' * C * z);
```

```
F_=z'*F;
X0=zeros(3,1);                    %各单自由度体系的反应,用 Newmark-β 法
for i=1:length(M)
    [d,v,a]=Newmark(m_(i),k_(i),c_(i),dt,F_(i),X0,k_(i),0);
    D(i,:)=d;
    V(i,:)=v;
    A(i,:)=a;
end
dMOF=z*D;                         %振型叠加多自由度体系的反应
vMPF=z*V;
aMOF=z*A;
```

6.4.2　复振型分解法

若结构的阻尼矩阵为非比例阻尼，即阻尼矩阵不满足正交性条件，则不能用实振型分解法进行求解，但可将运动方程转化为状态空间形式，并使状态空间表达式中的各特征矩阵写为对称阵，经过这样的转化后，状态方程的特征矩阵就可满足振型正交的条件，仍可按与实振型分解法相同的思路进行求解，只是用状态空间求得的振型是复数，所以该方法称为复振型分解法。

多自由度体系的运动方程可写为状态空间的形式

$$\boldsymbol{M}_c\dot{\boldsymbol{U}} + \boldsymbol{K}_c\boldsymbol{U} = \boldsymbol{B}_c\boldsymbol{F} \tag{6-106}$$

式中

$$\boldsymbol{U} = \begin{Bmatrix} \boldsymbol{X} \\ \dot{\boldsymbol{X}} \end{Bmatrix},\ \boldsymbol{M}_c = \begin{bmatrix} \boldsymbol{C} & \boldsymbol{M} \\ \boldsymbol{M} & \boldsymbol{0} \end{bmatrix},\ \boldsymbol{K}_c = \begin{bmatrix} \boldsymbol{K} & \boldsymbol{0} \\ \boldsymbol{0} & -\boldsymbol{M} \end{bmatrix},\ \boldsymbol{B}_c = \begin{Bmatrix} \boldsymbol{I} \\ \boldsymbol{0} \end{Bmatrix} \tag{6-107}$$

与实振型分解法类似，取式（6-106）等式右侧为 $\boldsymbol{0}$，且

$$\boldsymbol{U} = \boldsymbol{\Psi} e^{\lambda t} \tag{6-108}$$

式中

$$\boldsymbol{\Psi} = \begin{Bmatrix} \boldsymbol{\Phi} \\ \boldsymbol{\Phi\lambda} \end{Bmatrix} \tag{6-109}$$

由此得到特征方程为

$$(\boldsymbol{M}_c\boldsymbol{\lambda} + \boldsymbol{K}_c)\boldsymbol{\Psi} e^{\lambda t} = 0 \tag{6-110}$$

对应的频率方程为

$$|\boldsymbol{\lambda M}_c + \boldsymbol{K}_c| = 0 \tag{6-111}$$

解该频率方程，可得到 $2n$ 个复特征值和复特征向量，这些特征值和特征向量共轭出现，记作

$$\lambda_1,\ \lambda_2,\ \cdots,\ \lambda_n,\ \lambda_1^*,\ \lambda_2^*,\ \cdots\lambda_n^*,\ \boldsymbol{\Psi}_1,\ \boldsymbol{\Psi}_2,\ \cdots,\ \boldsymbol{\Psi}_n,\ \boldsymbol{\Psi}_1^*,\ \boldsymbol{\Psi}_2^*,\ \cdots,\boldsymbol{\Psi}_n^*$$

可以证明，复振型 $\boldsymbol{\Psi}$ 关于 $\boldsymbol{M}_c$、$\boldsymbol{K}_c$ 正交，即

$$\boldsymbol{\Psi}_i^{\mathrm{T}}\boldsymbol{M}_{\mathrm{c}}\boldsymbol{\Psi}_j^{\mathrm{T}}=0,\ \boldsymbol{\Psi}_i^{\mathrm{T}}\boldsymbol{K}_{\mathrm{c}}\boldsymbol{\Psi}_j^{\mathrm{T}}=0,\ (i\neq j) \tag{6-112}$$

令

$$\boldsymbol{U}=\boldsymbol{\Psi}\boldsymbol{Z}_{\mathrm{c}} \tag{6-113}$$

将式（6-113）代入式（6-106），并在方程两侧左乘 $\boldsymbol{\Psi}^{\mathrm{T}}$，引入复振型的正交条件，可得 $2n$ 个微分方程组为

$$\dot{z}_i+\lambda_i z_i=\eta_i \quad (i=1,2,\cdots,2n) \tag{6-114}$$

式中

$$\lambda_i=b_i/a_i,\eta_i=\frac{\boldsymbol{\Psi}_i^{\mathrm{T}}\boldsymbol{B}_{\mathrm{c}}\boldsymbol{F}}{a_i},\ a_i=\boldsymbol{\Psi}_i^{\mathrm{T}}\boldsymbol{M}_{\mathrm{c}}\boldsymbol{\Psi}_i,\ b_i=\boldsymbol{\Psi}_i^{\mathrm{T}}\boldsymbol{K}_{\mathrm{c}}\boldsymbol{\Psi}_i \tag{6-115}$$

式（6-114）是 $2n$ 个一阶线性微分方程，所以仍可用 6.3 节所介绍的任一方法进行求解，但注意在选用本书给定的相关自定义函数时，要选用能进行复数运算的自定义函数。再用式（6-113），即可得到多自由度结构的状态矩阵 $\boldsymbol{U}$，其中前 n 项为结构的位移响应，后 n 项为结构的速度响应。由此可看出，复振型分解法的求解过程与实振型分解法完全相同，只是多了一个将运动方程转化为状态方程的步骤。此时的振型和特征值都是复数，但最终求得的结构的位移和速度反应仍为实数，原因是振型向量共轭，虚部最终互相抵消。

总结一下，复振型分解法的计算步骤如下：

(1) 将结构参数 $\boldsymbol{M}$、$\boldsymbol{K}$、$\boldsymbol{C}$ 代入式（6-107），得到状态方程的各参数 $\boldsymbol{M}_{\mathrm{c}}$、$\boldsymbol{K}_{\mathrm{c}}$、$\boldsymbol{B}_{\mathrm{c}}$；

(2) 根据结构的频率方程：$|\boldsymbol{K}_{\mathrm{c}}+\lambda\boldsymbol{M}_{\mathrm{c}}|=0$，求得结构的各阶振型向量 $\boldsymbol{\Psi}_i$；

(3) 依次取每个振型向量 $\boldsymbol{\Psi}_i$，代入式（6-115），得到 λ_i、η_i；

(4) 将 λ_i、η_i 代入式（6-114），求得各单自由度体系的位移反应 z_i；

(5) $\boldsymbol{Z}_{\mathrm{c}}=(z_1,z_2,\cdots,z_n,z_1^*,z_2^*,\cdots,z_n^*)^{\mathrm{T}}$，最后解得多自由度结构的位移反应 $\boldsymbol{U}=\boldsymbol{\Psi}\boldsymbol{Z}_{\mathrm{c}}$。

下面给出 MATLAB 自定义函数。

【MATLAB 函数】

用复振型分解法进行结构反应分析：

complexModeSuperpostion (M, K, C, F, t) 函数用于复振型分解法求解结构响应。

输入变量：

t 为积分时间；$\boldsymbol{M}$、$\boldsymbol{K}$、$\boldsymbol{C}$ 分别为结构的质量矩阵，刚度矩阵和阻尼矩阵，均为 $n\times n$ 的矩阵，n 为结构的自由度数；$\boldsymbol{F}$ 为外荷载矩阵，为 $n\times l$ 的矩阵，l 为积分时间点数。

输出变量：

$\boldsymbol{d}$、$\boldsymbol{v}$ 分别为结构位移、速度矩阵，均为 $n\times l$ 的矩阵。

以下为该函数的 MATLAB 源代码。

```
function [d, v]=complexModeSuperpostion (M, K, C, F, t)
%该函数用复振型分解法计算结构反应;
%输入数据:M, K, C 分别为结构的质量、刚度和阻尼矩阵, F 为外荷载矩阵;
%时间步长 dt;
%输出为结构的位移和速度反应 d, v;
cn=length(M);
Mc=[C, M; M, zeros(cn)];
Kc=[K, zeros(cn); zeros(cn), -M];
Bc=[eye(cn); zeros(cn)];
[z, d]=eig(Kc, Mc);                          %结构的振型
a=Mc * z;                                    %单自由度体系的结构参数
b=z' * Kc * z;
p=z' * Bc;
for i=1:2:2 * cn
    lamd(i)=-b(i, i+1). /a(i, i+1);
    eta(i, :)=p(i:). /a(i, i+1);
end
for i=2:2:2 * cn
    lamd(i)=-b(i, i-1). /a(i, i-1);
    eta(i, :)=p(i:). /a(i, i-1);
end
dt=t(2)-t(1);                                %单自由度体系的反应,用状态转移矩阵法
X0=zeros(2 * cn, 1);
[q1, q2]=stateSpace1(diag(lamd), eta, F, X0, dt);
q=[q1, q2];
Y=z(:, [1:2:2 * cn]) * q([2:2:2 * cn], :)+z(:, [2:2:2 * cn]) * q([1:2:2 * cn], :);   %振型叠加
d=Y(1:cn, :);
v=Y(cn+1:2 * cn, :);
```

6.5　结构动力分析频域分析法

无论是时程分析法还是振型分解法，处理的外荷载均为时间 t 的函数，所以也称为时域分析法。也可将外荷载展开成简谐分量，这时，外荷载为频率 θ 的函数，相应的分析方法称为频域分析法。

对于任意外荷载 $f(t)$，可利用傅里叶积分写为

$$f(t)=\int_{-\infty}^{+\infty}c(\theta)\mathrm{e}^{\mathrm{i}\theta t}\mathrm{d}\theta \tag{6-116}$$

其中，

$$c(\theta)=\frac{1}{2\pi}\int_{-\infty}^{+\infty}f(t)\mathrm{e}^{-\mathrm{i}\theta t}\mathrm{d}t \tag{6-117}$$

式中，$\theta=\frac{2\pi}{\bar{T}}$，$\bar{T}$ 为外荷载的持续时间。式（6-116）表示一个任意荷载为无穷个简谐分量的和。式（6-116）和式（6-117）称为傅里叶变换对，本书表示为 $f(t)\leftrightarrow c(\theta)$。

假设一个单自由度的线性结构，作用有外荷载 $e^{\mathrm{i}\theta t}$，运动方程可写为

$$m\ddot{x}+c\dot{x}+kx=\mathrm{e}^{\mathrm{i}\theta t} \tag{6-118}$$

解得

$$x(t)=H(\theta)\mathrm{e}^{\mathrm{i}\theta t} \tag{6-119}$$

其中，$H(\theta)$ 称为频率响应函数

$$H(\theta)=\frac{1}{k-m\theta^2+\mathrm{i}c\theta} \tag{6-120}$$

推而广之，当外荷载为 $f(t)$，将 $f(t)$ 写为频率的表达形式：

$$f(t)=\int_{-\infty}^{+\infty}c(\theta)\mathrm{e}^{\mathrm{i}\theta t}\mathrm{d}\theta \tag{6-121}$$

则结构的反应

$$x(t)=\int_{-\infty}^{+\infty}H(\theta)c(\theta)\mathrm{e}^{\mathrm{i}\theta t}\mathrm{d}\theta \tag{6-122}$$

式（6-122）就是结构频域内的动力反应计算公式。$c(\theta)$ 可看作单位 θ 的荷载分量幅值，$c(\theta)$ 乘以频率响应函数 $H(\theta)$，就是单位 θ 的反应分量幅值，再对整个频率范围内的反应分量求和，即可得到整个结构的动力反应。注意到频率分析方法就是用积分表达的，因此该结构的特征参数应在整个频率段不变，也就是说，频域分析方法仅适用于线性结构。

令

$$U(\theta)=\int_{-\infty}^{+\infty}H(\theta)c(\theta)\mathrm{d}\theta \tag{6-123}$$

则式（6-122）可写为

$$x(t)=\int_{-\infty}^{+\infty}U(\theta)\mathrm{e}^{\mathrm{i}\theta t}\mathrm{d}\theta \tag{6-124}$$

式（6-124）的形式与式（6-116）类似，则式（6-124）中 $x(t)$ 与 $U(\theta)$ 也互为傅里叶变换对，记作：$x(t)\leftrightarrow U(\theta)$。这样，$U(\theta)$ 又可写为

$$U(\theta)=\frac{1}{2\pi}\int_{-\infty}^{+\infty}x(t)\mathrm{e}^{-\mathrm{i}\theta t}\mathrm{d}t \tag{6-125}$$

式中，$x(t)$ 为时域内的结构反应；$U(\theta)$ 为频域内的结构反应。

任意荷载作用下，单自由度结构时域内的动力反应的表达式用杜哈梅积分表示为

$$x(t)=\int_{0}^{+\infty}f(t)h(t-\tau)\mathrm{d}\tau \tag{6-126}$$

将式（6-126）与结构频域内的动力反应表达式（6-123）对比，式中，$f(t)\leftrightarrow c(\theta)$，$x(t)\leftrightarrow U(\theta)$，所以可确定 $h(t-\tau)\leftrightarrow H(\theta)$，即脉冲响应函数 $h(t-\tau)$ 与 $H(\theta)$ 也应该是傅里叶变换对，则

$$h(t)=\int_{-\infty}^{+\infty}H(\theta)\mathrm{e}^{\mathrm{i}\theta t}\mathrm{d}\theta \tag{6-127}$$

$$H(\theta)=\frac{1}{2\pi}\int_{-\infty}^{+\infty}h(t)\mathrm{e}^{-\mathrm{i}\theta t}\mathrm{d}t \tag{6-128}$$

式中，$H(\theta)$ 称为频率响应函数。

式（6-126）所示的杜哈梅积分在数学上来讲是一个卷积积分，但频域内的动力计算式（6-122）仅为积分，所以频域分析法的计算比时域分析法简单。还要注意的是，虽然以上推导是针对单自由度体系的，但多自由度体系同样适用，只是将表达式中的结构特征参数写为对应的矩阵形式即可。频域分析法中用到傅里叶积分，计算时一般用离散傅里叶变换求解。离散傅里叶变换是将时间连续变化的函数用 N 个相等的时间间隔的离散数据点代替，离散傅里叶变换式为

$$f(t_j)=\sum_{n=0}^{N-1}c(\omega_n)\mathrm{e}^{2\pi\mathrm{i}(nj/N)},\ j=0,1,2,\cdots,N-1 \tag{6-129}$$

$$c(\omega_n)=\frac{1}{N}\sum_{j=0}^{N-1}f(t_j)\mathrm{e}^{-2\pi\mathrm{i}(nj/N)},n=0,1,2,\cdots,N-1 \tag{6-130}$$

其中，$t_j=j\Delta t$，$\Delta t=T_{\mathrm{p}}/N$，$\Delta\omega=2\pi/T_{\mathrm{p}}$。$T_{\mathrm{p}}$ 为外荷载的持续时间。

总结一下，频域分析法的计算步骤如下：

（1）根据式（6-130）将外荷载 $\boldsymbol{F}(t)$ 作离散傅里叶变换，得到 $\boldsymbol{c}(\theta)$；

（2）计算每个 ω_n 对应的频响函数 $\boldsymbol{H}(\omega_n)$

$$\boldsymbol{H}(\omega_n)=[\boldsymbol{K}-\boldsymbol{M}\omega_n^2+i\boldsymbol{C}\omega_n]^{-1} \tag{6-131}$$

式中，$\boldsymbol{M}$、$\boldsymbol{C}$、$\boldsymbol{K}$ 分别为结构的质量阻尼和刚度矩阵，当 $n<\dfrac{N}{2}$，$\omega_n=\dfrac{2\pi n}{N}\Delta t$；当 $n\geqslant\dfrac{N}{2}$，$\omega_n=\dfrac{-2\pi(N-n)}{N}\Delta t$；

（3）每个频域内荷载分量对应的响应为 $\boldsymbol{U}(\omega_n)=\boldsymbol{H}(\omega_n)\boldsymbol{c}(\omega_n)$；

（4）对 $\boldsymbol{U}(\theta)$ 进行离散反傅里叶变换，得到 $\boldsymbol{X}(t)$。

下面给出 MATLAB 自定义函数。

【MATLAB 函数】

用频域分析法进行结构反应分析：

fDA（*M*, *K*, *C*, *F*, *N*, *dt*）函数用于复振型分解法求解结构响应。

输入变量：

dt 为时间步长；**M**、**K**、**C** 分别为结构的质量矩阵，刚度矩阵和阻尼矩阵；**F** 为外荷载矩阵；*N* 为外荷载的采样点，$N=2^n$（*n* 为整数）。

输出变量：

X、*xw* 分别为结构时域和频域内的位移响应。

以下为该函数的 MATLAB 源代码。

```
function [X, xw]=fDA (m, k, c, F, N, dt)
%用傅里叶变换进行频域内动力分析;
%输入参数:m, k, c 分别为结构的质量、刚度和阻尼矩阵, F 为外荷载矩阵;
%N 为外荷载的采样点, N=2^n;时间步长 dt;
%输出为时域和频域内的位移响应;
Fw=fft(F, [ ], 2);                    %用快速傅里叶变换将荷载转化为频域
for n=1:N/2+1                         %计算频响函数
    w(n)=(n-1) * 2 * pi/N/dt;
    Hw=inv(k-w(n). * w(n). * m+sqrt(-1). * w(n). * c);
    xw(:, n)=Hw * Fw(:, n);
end
for n=N/2+2:N
    w(n)=-(N-n+1) * 2 * pi/N/dt;
    Hw=inv(k-w(n). * w(n). * m+sqrt(-1). * w(n). * c);
    xw(:, n)=Hw * Fw(:, n);
end
X=ifft(xw, [ ], 2);                   %用反傅里叶变换将频域内的结构响应转化为时域内响应
```

总结一下，线性结构动力分析方法见表 6-1。

线性结构动力分析方法 **表 6-1**

线性结构动力分析方法		适用条件
时程分析法	杜哈梅积分	单自由度
	求解微分方程法	不限
	逐步分析法	不限
振型分析法	实振型分解法	比例阻尼
	复振型分解法	不限
频域分析法		不限

第 7 章 结构动力分析的应用实例

结构地震响应取决于地震动特性和结构特性，特别是结构的动力特性。结构地震响应分析的水平也是随着人们对这两方面认识的逐步深入而提高的。近几十年来，人们对地震的频谱特性和各类结构的动力特性有了深入认识。因此，结构的动力分析也随之有了相应的进展。

结构地震响应分析的反应谱法考虑了结构动力特性与地震动特性之间的动力关系，目前在各国抗震设计规范中被推荐采用，以计算地震荷载及结构动力响应。本章重点介绍结构地震响应分析的反应谱法和地震作用下结构动力响应计算。随着结构动力响应数值分析的出现以及强震观测记录和震害经验的积累，国内外已开发比较成熟的计算机程序，对高层建筑、大坝、厂房、核电站和海洋平台等重要结构物地震全过程进行结构动力响应分析。

7.1 反应谱

反应谱法根据单自由度系统的地震响应，既考虑了结构动力特性与地震动特性之间的动力关系，又保持了静力学方法计算结构响应的形式，在各国结构抗震设计规范中已被广泛应用。

反应谱是单自由度体系在特定荷载作用下的最大响应曲线。因此它一方面可以表示地震的频谱特性，另一方面也体现了结构的动力特性。它的横坐标是结构的自振频率，纵坐标是结构的最大响应。在实际工程设计中，特别是求解某个特定地震波作用下的结构响应，可以直接用已绘制出的反应谱。只要知道结构的自振频率，就可以很方便地利用反应谱得到结构的最大响应。

7.1.1 弹性反应谱

绘制某一激励下地弹性反应谱的步骤如下：

（1）给定地震激励和单自由度结构的阻尼比；

（2）求解该结构的动力响应，并记录响应的最大值；

（3）改变结构的自振频率，重复进行第（2）步，直至计算出所有感兴趣的结构频率下的最大响应值；

（4）取横坐标为结构自振频率，纵坐标为结构的最大响应值，绘制曲线，该曲线即为给定激励下的反应谱。

以下举例说明如何绘制一个弹性反应谱曲线。

【例题 7-1】 绘制当阻尼比 0.05 时，elcentro 波的加速度、速度和位移反应谱。

【解】

绘制一个给定地震激励下的弹性反应谱，实际上就是在给定地震激励下，求解线性单自由度体系的最大响应，但不是求解一个线性单自由度体系的响应，而是求解一组结构的响应，这一组结构的自振频率不同。

MATLAB 程序分为 4 步：

(1) 给定地震激励和单自由度体系的阻尼比；

(2) 根据结构的自振频率变化范围，确定一组结构的质量和刚度；

(3) 选取第 6 章的任意求解方法，计算每个结构的响应，本例采用 stateSpace2 函数；

(4) 取横坐标为各结构的自振周期，纵坐标为对应结构的最大响应，绘制响应谱曲线。

MATLAB 源程序如下：

```
clear all;
m=1;                                          %给定结构的质量为单位 1
es=0.05;                                      %结构阻尼比
wavefile=char('elcentro.dat');                %地震波数据
ugmax=0.2;
[ug,t,tf,dt]=wavel(wavefile,ugmax);
F=m*ug;
i=1;                                          %计算不同自振周期结构的最大响应
for T=0.05:0.05:8.0;
    w=2*pi/T;
    c=2*w*es;
    k=w*w;
    [A,B,D,L]=ssLineae(m,k,c);
    [d,v,a]=stateSpace2(A,B,D,L,F,t);
    dmax(i)=max(abs(d));vmax(i)=max(abs(v));
    amax(i)=max(abs(a));
    i=i+1;
end
figure(1)                                     %绘制结构的各反应谱曲线
plot([0.05:0.05:8],amax);
xlabe('周期(s)');ylabel('加速度(ms-2)');
figure(2)
plot([0.05:0.05:8],vmax);
xlabel('周期(s)');ylabel('速度(ms-1)');
figure(3)
plot([0.05:0.05:8],dmax);
xlabel('周期(s)');ylabel('位移(m)');
```

读者可自行计算结果。从【例题 7-1】中可看出，给定激励和结构阻尼比，结构的弹性反应谱就可以唯一确定。所以反应谱在实际工程设计时非常方便。

7.1.2　设计反应谱

弹性反应谱不足之处在于：

（1）反应谱仅是给定激励下结构的最大响应，而不同激励下的响应谱会有较大差别；

（2）反应谱与结构阻尼比有关，阻尼比不同，反应谱就不同。

实际工程设计时，结构阻尼可能与反应谱给定的阻尼不同，且考虑到地震动的因素复杂多变，通常需要选定多条地震波作为激励，因此无法直接采用弹性反应谱进行结构设计。抗震设计规范的处理方式是将不同地震激励下的反应谱曲线进行统计平均，在此基础上，利用数学上的平滑拟合，基于安全或经济因素的修正，形成设计反应谱。设计反应谱并不是某个特定的地震激励的描述，而是基于对大量地震动表现的综合认识所作出的地震力的一种规定，考虑了不同地震激励，不同结构阻尼比的情况，可直接用来求解结构的动力响应。

我国抗震规范中的设计反应谱如图 7-1 所示，横坐标是结构的自振周期 T，纵坐标是地震影响系数 α。$\alpha=S_{\alpha}/g$，其中 S_{α} 是加速度响应谱，g 为重力加速度，系数 α 与设防烈度、场地类别、设计地震分组、结构自振周期及阻尼比等数值有关。

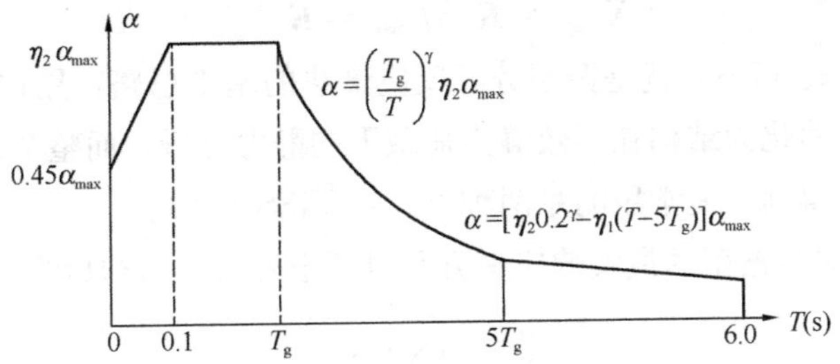

图 7-1　设计反应谱

无论是弹性反应谱还是设计反应谱，都只能求解单自由度线性体系的最大响应。如果结构为多自由度线性体系，就要用结构振型正交的特性，将多自由度体系转化为多个单自由度体系，再利用反应谱分别得到各单自由度体系的最大响应，最后将各个单自由度体系的最大响应按一定的方式叠加，得到结构的最大响应，这一方法称为振型分解反应谱法。

地震的荷载作用下，多自由度线性体系的运动方程为

$$\boldsymbol{M}\ddot{\boldsymbol{X}}+\boldsymbol{C}\dot{\boldsymbol{X}}+\boldsymbol{K}\boldsymbol{X}=-\boldsymbol{M}\boldsymbol{E}\,\ddot{u}_{g} \tag{7-1}$$

式中，$\ddot{u}_{g}$ 为地震加速度，E 为单位矩阵。对上式进行振型分解，得

$$\ddot{q}_i+2\omega_i\xi_i\dot{q}_i+\omega_i^2q_i=-\gamma_i\,\ddot{u}_{g}\qquad(i=1,2,\cdots,n) \tag{7-2}$$

式中，$\gamma_i=\dfrac{\boldsymbol{\phi}_i^{\mathrm{T}}\boldsymbol{ME}}{\boldsymbol{\phi}_i^{\mathrm{T}}\boldsymbol{M}\,\boldsymbol{\phi}_i}$（$\boldsymbol{\phi}_i$ 表示第 i 个振型）。

则结构第 i 振型的位移为 $\boldsymbol{X}_i=\boldsymbol{\phi}_i q_i$，第 i 振型对应的弹性力

$$f_i=\boldsymbol{KX}_i=\boldsymbol{K}\,\boldsymbol{\phi}_i q_i \tag{7-3}$$

又知 $\boldsymbol{K}\boldsymbol{\phi}_i=\omega_i\boldsymbol{M}\,\boldsymbol{\phi}_i$，则式（7-3）可写为 $f_i=\omega_i\boldsymbol{M}\,\boldsymbol{\phi}_i q_i$，则第 i 振型的最大弹性恢复力为

$$f_{i\max}=\boldsymbol{M}\,\boldsymbol{\phi}_i\omega_i^2 q_{i\max} \tag{7-4}$$

$q_{i\max}$可由反应谱得到，由式（7-2）可得

$$q_{i\max}=\gamma_i S_{\mathrm{d}i}(\omega_i,\xi_i) \tag{7-5}$$

式中，$S_{\mathrm{d}i}$（ω_i，ξ_i）表示第 i 个结构对应的正交位移反应谱。

因此，式（7-4）可写为

$$f_{i\max}=\gamma_i\boldsymbol{M}\,\boldsymbol{\phi}_i\omega_i^2 S_{\mathrm{d}i}(\omega_i,\xi_i) \tag{7-6}$$

考虑到加速度谱和位移谱之间的关系 $S_\alpha=\omega^2 S_d$，则

$$f_{i\max}=\gamma_i\boldsymbol{M}\,\boldsymbol{\phi}_i\omega_i^2 S_{\mathrm{d}i}(\omega_i,\xi_i)=F_{ei} \tag{7-7}$$

式中，F_{ei}表示作用在第 i 振型的等效静力荷载，与 $S_{\mathrm{d}i}$（ω_i，ξ_i）有关，故 F_{ei} 可用设计反应谱得到。

因此，多自由度体系对应于第 i 个振型的最大响应为

$$X_{i\max}=\boldsymbol{K}^{-1}f_{i\max}=\boldsymbol{K}^{-1}F_{ei} \tag{7-8}$$

式（7-7）、式（7-8）就是振型分解反应谱法的基本思路，用这一方法求解时，结构的动力分析简化为结构在等效静力荷载下的静力分析，而整个结构的反应可以按多种方式叠加得到，最常用的是两种方式：SRSS 和 CQC。

SRSS 是指对各振型的最大响应平方和再开根号得到结构最终的响应，即

$$X=\sqrt{\sum_{i=1}^{m}X_{i\max}^2} \tag{7-9}$$

CQC 是指对各振型的最大响应进行安全平方和叠加，即

$$X=\sqrt{\sum_{i=1}^{m}X_{i\max}^2+\sum_{i=1}^{m}\sum_{j=1}^{m}\rho_{ij}X_{i\max}X_{i\max}} \tag{7-10}$$

式中，ρ_{ij} 为振型耦联系数，可表示为

$$\rho_{ij}=\frac{8\sqrt{\xi_i\xi_j}(\xi_i+\lambda_{\mathrm{T}}\xi_j)\lambda_{\mathrm{T}}^{1.5}}{(1-\lambda_{\mathrm{T}}^2)^2+4\xi_i\xi_j(1+\lambda_{\mathrm{T}}^2)\lambda_{\mathrm{T}}+4(\xi_i^2+\xi_j^2)\lambda_{\mathrm{T}}^2} \tag{7-11}$$

式中，λ_{T} 是第 i 振型与第 j 振型的周期比；ξ_i、ξ_j 分别表示第 i 振型与第 j 振型的阻尼比。

假设 $\xi_i=\xi_j$，则 ρ_{ij} 与 λ_{T} 的关系如图 7-2 所示。当 $\zeta<0.1$ 时，ρ_{ij} 会随着 λ_{T} 远离 1 而迅速减小，近似为 0。因此，若结构的阻尼较小，且各振型的周期相差较远时，ρ_{ij} 可以忽略不计，近似用 SRSS 进行结构反应的叠加。

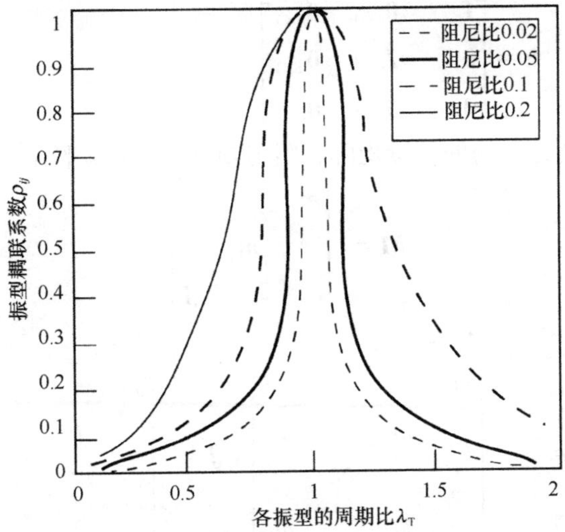

图 7-2　ρ_{ij} 随 λ_T 变化的关系图

7.2　地震作用下结构动力响应分析

由于设计要求和随机因素的影响，实际结构各层的质心和刚心不重合，因此在多维地震作用下，结构的振动一般表现为平移和扭转耦合的振动形式。平扭耦联振动的结构可简化为图 7-3 的串联刚片体系。各层有 3 个动力自由度，分别为 2 个平动位移和 1 个转动位移。

取各层质心为坐标原点，各层质量为 m_i，转动惯量为 J_i，各层水平位移和转角分别为 x_i、y_i、θ_i，各层质心和刚心沿 x，y 方向的距离分别为 e_{xi}、e_{yi}，第 i 层与第 $i-1$层之间的质心距离分别为 $\bar{e}_{xi}$、$\bar{e}_{yi}$。

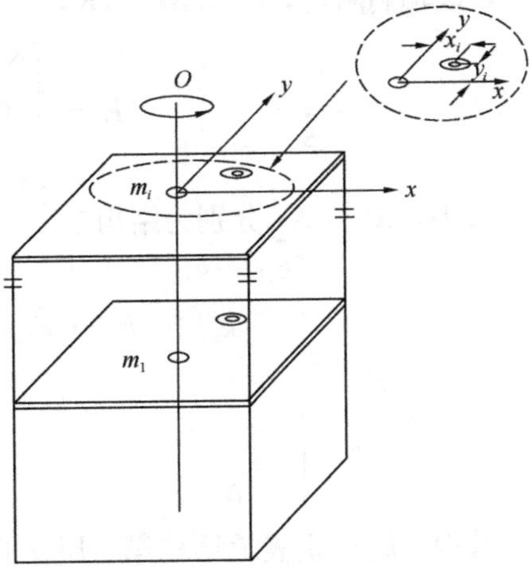

图 7-3　平扭耦联振动的动力分析模型

将刚性楼盖作为隔离体，建立动力平衡方程式，得到以下运动方程：

$$\boldsymbol{M}\ddot{\boldsymbol{U}}+\boldsymbol{C}\dot{\boldsymbol{U}}+\boldsymbol{K}\boldsymbol{U}=-\boldsymbol{M}\boldsymbol{E}\ddot{\boldsymbol{u}}_g \tag{7-12}$$

式中，$\boldsymbol{U}=(\boldsymbol{x},\ \boldsymbol{y},\ \boldsymbol{\theta})^T$；$\boldsymbol{x}$，$\boldsymbol{y}$，$\boldsymbol{\theta}$ 分别为结构 x，y 方向的平动位移和转角。

$$\boldsymbol{x}=(x_1,x_2,\cdots,x_n)^T,\boldsymbol{y}=(y_1,y_2,\cdots,y_n)^T,\boldsymbol{\theta}=(\theta_1,\theta_2,\cdots,\theta_n)^T$$

$$\ddot{\boldsymbol{u}}_g=(\ddot{u}_{gx}\quad \ddot{u}_{gy}\quad 0)^T$$

式中，$\ddot{u}_{gx}$、$\ddot{u}_{gy}$ 分别为 x、y 向的地震加速度。

$\boldsymbol{E}$ 为位置向量，$\boldsymbol{E}=\begin{bmatrix}\boldsymbol{I}_{n\times1} & \boldsymbol{0}_{n\times1} & \boldsymbol{0}_{n\times1}\\ \boldsymbol{0}_{n\times1} & \boldsymbol{I}_{n\times1} & \boldsymbol{0}_{n\times1}\\ \boldsymbol{0}_{n\times1} & \boldsymbol{0}_{n\times1} & \boldsymbol{0}_{n\times1}\end{bmatrix}$

$\boldsymbol{M}$、$\boldsymbol{C}$、$\boldsymbol{K}$ 分别为结构的质量矩阵、阻尼矩阵和刚度矩阵：

$$\boldsymbol{M}=\begin{bmatrix}\boldsymbol{m}_x & & \\ & \boldsymbol{m}_y & \\ & & \boldsymbol{J}\end{bmatrix} \tag{7-13}$$

式中，

$$\boldsymbol{m}_x=\boldsymbol{m}_y=\begin{bmatrix}m_1 & & & \\ & m_2 & & \\ & & \ddots & \\ & & & m_n\end{bmatrix},\ \boldsymbol{J}=\begin{bmatrix}J_1 & & & \\ & J_2 & & \\ & & \ddots & \\ & & & J_n\end{bmatrix} \tag{7-14}$$

其中，m_i、J_i 分别为第 i 层质量和转动惯量。J_i 由楼板和竖向抗侧力构件的转动惯量叠加而成，一般竖向抗侧力构件的转动惯量较楼板的转动惯量小很多，可忽略。故

$$J_i=\frac{m_i}{12}(a_i^2+b_i^2) \tag{7-15}$$

式中，a_i、b_i 为第 i 层楼板的等效长、宽。

$\boldsymbol{C}$ 取瑞利阻尼，$\boldsymbol{C}=\alpha\boldsymbol{M}+\beta\boldsymbol{K}$，

$$\boldsymbol{K}=\begin{bmatrix}\boldsymbol{K}_{xx} & \boldsymbol{0} & \boldsymbol{K}_{x\theta}\\ \boldsymbol{0} & \boldsymbol{K}_{yy} & \boldsymbol{K}_{y\theta}\\ \boldsymbol{K}_{\theta x} & \boldsymbol{K}_{\theta y} & \boldsymbol{K}_{\theta\theta}\end{bmatrix} \tag{7-16}$$

式中，$\boldsymbol{K}_{xx}$、$\boldsymbol{K}_{yy}$ 分别为结构在 x、y 方向的平动刚度。

$$\boldsymbol{K}=\begin{bmatrix}k_{x1}+k_{x2} & -k_{x2} & & & 0\\ -k_{x2} & k_{x2}+k_{x3} & -k_{x3} & & \\ & \ddots & \ddots & \ddots & \\ & & -k_{xn-1} & -k_{xn-1}+k_{xn} & -k_{xn}\\ 0 & & & -k_{xn} & k_{xn}\end{bmatrix} \tag{7-17}$$

其中，k_{xi} 分别表示结构第 i 层 x 向的水平总刚度。$\boldsymbol{K}_{yy}$ 与 $\boldsymbol{K}_{xx}$ 形式完全相同，只是将矩阵中的 k_x 换成 k_y。

$K_{x\theta}$ 和 $K_{y\theta}$ 分别为结构 x 和 y 向的平扭刚度，表示为

$$\boldsymbol{K}_{x\theta}=\begin{bmatrix}K_{x\theta11} & K_{x\theta12} & & & 0\\ K_{x\theta21} & K_{x\theta22} & K_{x\theta23} & & \\ & \ddots & \ddots & \ddots & \\ & & K_{x\theta n} & K_{x\theta n-1,n-1} & K_{x\theta n-1,n}\\ 0 & & & K_{x\theta n,n-1} & K_{x\theta n,n}\end{bmatrix} \tag{7-18}$$

其中，$K_{x\theta ij}$ 表示其他层均不动，仅 j 层发生 x 向单位位移时，在 i 层所需施加的力矩。考虑各层质心和刚心的偏心距和质心之间的偏心距，故，

$$\begin{cases} K_{x\theta i,i} = -k_{xi}e_{yi} - k_{xi+1}(e_{yi+1} - \bar{e}_{yi+1}) \\ \quad = -\sum_{s=1}^{l} k_{xsi}(y_{si} - y_{mi}) - \sum_{s=1}^{l} k_{xsi+1}(y_{si+1} - y_{mi}) \\ K_{x\theta i,i+1} = k_{xi+1}e_{yi+1} = \sum_{s=1}^{l} k_{xsi+1}(y_{si+1} - y_{mi+1}) \\ K_{x\theta i+1,i} = -k_{xi+1}(e_{yi+1} - \bar{e}_{yi+1}) = \sum_{s=1}^{l} k_{xsi+1}(y_{si+1} - y_{mi}) \\ K_{x\theta n,n} = -k_{xn}e_{yn} = -\sum_{s=1}^{l} k_{xsn}(y_{sn} - y_{mn}) \\ K_{x\theta n-1,n} = k_{xn}e_{yn} = \sum_{s=1}^{l} k_{xsn}(y_{sn} - y_{mn}) \end{cases} \tag{7-19}$$

式中，e_{yi}、$\bar{e}_{yi}$ 分别表示第 i 层质心与刚心沿 y 方向距离和第 i 层与第 $i-1$ 层之间的质心距离沿 y 方向距离，表示为：$e_{yi}=y_{ci}-y_{mi}$，$\bar{e}_{yi}=y_{mi-1}-y_{mi}$。$y_{ci}$ 为第 i 层刚心的 y 向坐标，y_{mi} 为第 i 层质心的 y 向坐标。k_{xsi} 表示第 i 层第 s 个 x 向抗侧竖向构件的抗侧刚度，y_{si} 表示第 s 个 x 向抗侧竖向构件的 y 向坐标。同样，$\boldsymbol{K}_{y\theta}$ 的与 $\boldsymbol{K}_{x\theta}$ 形式完全相同，各元素 $K_{y\theta ij}$ 表示其他层均不动，仅 j 层发生 y 向单位位移时，在 i 层所需施加的力矩。故

$$\begin{cases} K_{y\theta i} = k_{yi}e_{xi} + k_{yi+1}(e_{xi+1} - \bar{e}_{xi+1}) \\ \quad = \sum_{r=1}^{p} k_{yri}(x_{ri} - x_{mi}) + \sum_{r=1}^{p} k_{yri+1}(x_{ri+1} - x_{mi}) \\ K_{y\theta i,i+1} = -k_{yi+1}e_{xi+1} = -\sum_{r=1}^{p} k_{yri+1}(x_{ri+1} - x_{mi+1}) \\ K_{y\theta i+1,i} = -k_{yi+1}(e_{xi+1} - \bar{e}_{xi+1}) = -\sum_{r=1}^{p} k_{yri+1}(x_{ri+1} - x_{mi}) \\ K_{y\theta n,n} = k_{yn}e_{xn} = \sum_{r=1}^{p} k_{yrn}(x_{rn} - x_{mn}) \\ K_{y\theta n,n-1} = -k_{yn}e_{xn} = -\sum_{r=1}^{p} k_{yrn}(x_{rn} - x_{mn}) \end{cases} \tag{7-20}$$

类似的，e_{xi}、$\bar{e}_{xi}$ 分别表示第 i 层质心与刚心沿 x 方向距离和第 i 层与第 $i-1$ 层之间的质心距离沿 x 方向距离，表示为：$e_{xi}=x_{ci}-x_{mi}$，$\bar{e}_{xi}=x_{mi-1}-x_{mi}$。$x_{ci}$ 为第 i 层刚心的 x 向坐标，x_{mi} 为第 i 层质心的 x 向坐标。k_{ysi} 表示第 i 层第 s 个 y 向抗侧竖向构件的抗侧刚度，x_{ri} 表示第 r 个 y 向抗侧竖向构件的 x 向坐标。且 $\boldsymbol{K}_{\theta x}=\boldsymbol{K}_{x\theta}^{\mathrm{T}}$，$\boldsymbol{K}_{\theta y}=\boldsymbol{K}_{y\theta}^{\mathrm{T}}$。

$\boldsymbol{K}_{\theta\theta}$为结构的扭转刚度矩阵，$k_{\theta\theta ij}$表示其他层均不动，仅$j$层发生单位转角时，在$i$层所需施加的力矩。一般而言，竖向抗侧构件自身的扭转刚度很小，可忽略不计，故$\boldsymbol{K}_{\theta\theta}$的各元素为

$$\begin{cases} K_{\theta\theta i,i} = k_{xi}e_{yi}^2 + k_{yi}e_{xi}^2 + k_{xi+1}(e_{yi+1} - \bar{e}_{yi+1})^2 + k_{yi+1}(e_{xi+1} - \bar{e}_{xi+1})^2 \\ \quad = \sum_{s=1}^{l} k_{xsi}(y_{si} - y_{mi})^2 + \sum_{r=1}^{p} k_{yri}(x_{ri} - x_{mi})^2 \\ \quad + \sum_{s=1}^{l} k_{xsi+1}(y_{si+1} - y_{mi})^2 + \sum_{r=1}^{p} k_{yri+1}(x_{ri+1} - x_{mi})^2 \\ K_{\theta\theta i,i+1} = K_{\theta\theta i+1,i} = -k_{xi+1}e_{yi+1}(e_{yi+1} - \bar{e}_{yi+1}) - k_{yi+1}e_{xi+1}(e_{xi+1} - \bar{e}_{xi+1}) \\ \quad = -\sum_{s=1}^{l} k_{xsi+1}(y_{si+1} - y_{mi+1})(y_{si+1} - y_{mi}) - \sum_{r=1}^{p} k_{yri+1}(x_{ri+1} - x_{mi+1}) \\ \quad (x_{ri+1} - x_{mi}) \\ K_{\theta\theta n,n} = k_{xn}e_{yn}^2 + k_{yn}e_{yn}^2 = \sum_{s=1}^{l} k_{xsn}(y_{sn} - y_{mn})^2 + \sum_{r=1}^{p} k_{ysn}(x_{sn} - x_{mn})^2 \\ K_{\theta\theta n,n-1} = -k_{xn}e_{yn}^2 - k_{yn}e_{xn}^2 = -\sum_{s=1}^{l} k_{xsn}(y_{sn} - y_{mn})^2 - \sum_{r=1}^{p} k_{yrn}(x_{rn} - x_{mn})^2 \end{cases} \tag{7-21}$$

写出运动方程中的各矩阵后，再按第 6 章的方法进行动力分析，即可得到结构在双向地震作用下的平扭耦联反应。所以，多维地震作用下结构的动力反应分析，关键是如何写出各矩阵。对于式（7-12）所示的平扭耦联振动模型，质量矩阵 $\boldsymbol{M}$ 仍可用 lumpMass 函数，仅输入数据写为矩阵（$\boldsymbol{m}$，$\boldsymbol{m}$，$\boldsymbol{J}$）的形式，这里 $\boldsymbol{m}$，$\boldsymbol{J}$ 分别为各层质量$\boldsymbol{m}=$（m_1，m_2，…，m_n）和各层转动惯量$\boldsymbol{J}=$（J_1，J_2，…，J_n）。阻尼矩阵是瑞利阻尼，可直接用 dampR 函数。

下面给出平扭耦联振动时刚度矩阵的函数 stiffnessTorsion。

【MATLAB 函数】

stiffnessTorsion（*kx*，*ky*，*x*，*y*，*xm*，*ym*，*floor*）函数用于计算平扭耦联结构的刚度矩阵。

输入参数：

kx、*ky* 代表各层 x、y 向剪切刚度矩阵 $\boldsymbol{k}_x$ 和 $\boldsymbol{k}_y$，$\boldsymbol{k}_x=$（k_{x1}，k_{x2}，…，k_{xn}），$\boldsymbol{k}_y=$（k_{y1}，k_{y2}，…，k_{yn}），均为 $1\times n$ 的向量，n 为结构的层数；x、y 为各标准层侧向受力构件轴线坐标，分别为单元数组（标准层是指结构布置和结构构件完全相同的层）；*xm*、*ym* 代表各层 x、y 向质心坐标向量 $\boldsymbol{x}_m$ 和 $\boldsymbol{y}_m$，$\boldsymbol{x}_m=$（x_{m1}，x_{m2}，…，x_{mn}），$\boldsymbol{y}_m=$（y_{m1}，y_{m2}，…，y_{mn}）；*floor* 表示将结构分为 a 个标准层，从第 $1\sim a$ 个标准层所包含的层数，是 $1\times a$ 的向量。

输出参数：

K 为平扭耦联结构的刚度矩阵，为 $3n\times3n$ 的矩阵，n 为结构层数。

以下为该函数的 MATLAB 源代码。

```
function [K]=stiffnessTorsion(kx, ky, x, y, xm, ym, floor)
%计算平扭耦联结构的刚度矩阵;
%结构的各层 x,y 向的剪切刚度 kx,ky,kx,ky 分别是一个 1×n 的向量;
%x,y 为各标准层侧向受力构件轴线坐标,分别为单元数组;
%xm,ym 为各层质心坐标,是 1×n 的向量,floor 表示将结构分为 a 个标准层,从第 1~a 个标准层所包含的层数,是 1×a 的向量;
%形成的刚度矩阵为 3n*3n;
cn=length(kx);
K=zeros(3*cn);
[Kx]=stiffnessShear(kx);
[Ky]=stiffnessShear(ky);
[pkx, pky, ex, ey, Ex_, Ey_]=exy(kx, ky, x, y, xm, ym, floor);
for j=1:cn-1
eey{j+1}=ey{j+1}-Ey_(j).*ones(1,length(ey{j+1}));
eex{j+1}=ex{j+1}-Ex_(j).*ones(1,length(ex{j+1}));
Kxo(j,j)=-sum(pkx{j}.*ey{j})-sum(pkx{j+1}.*eey{j+1});
Kxo(j+1,j)=sum(pkx{j+1}.*eey{j+1});
Kxo(j,j+1)=sum(pkx{j+1}.*ey{j+1});
Kyo(j,j)=sum(pky{j}.*ex{j})+sum(pky{j+1}.*eex{j+1});
Kyo(j+1,j)=-sum(pky{j+1}.*eex{j+1});
Kyo(j,j+1)=-sum(pky{j+1}.*ex{j+1});
Koo(j,j)=sum(pkx{j}.*ey{j}.*ey{j})+sum(pky{j}.*ex{j}.*ex{j})+...sum(pkx{j+1}.*eey{j+1}.*eey{j+1})+sum(pky{j+1}.*eex{j+1}.*eex{j+1});
Koo(j,j+1)=-sum(pkx{j+1}.*ey{j+1}.*eey{j+1})-sum(pky{j+1}.*eex{j+1}.*ex{j+1})
Koo(j+1,j)=-sum(pkx{j+1}.*ey{j+1}.*eey{j+1})-sum(pky{j+1}.*ex{j+1}.*eex{j+1});
end
Kxo(cn,cn)=-sum(pkx{cn}.*ey{cn});
Kyo(cn,cn)=sum(pky{cn}.*ex{cn});
Koo(cn,cn)=-sum(pkx{cn}.*ey{cn}.*ey{cn})+sum(pky{cn}.*ex{cn}.*ex{cn});
K=[Kx,zeros(cn),Kxo;zeros(cn),Ky,Kyo;Kxo',Kyo',Koo];
```

【MATLAB 函数】

exy(kx, ky, x, y, xm, ym, $floor$)函数用于计算平扭耦联刚度矩阵所需的参数。该函数与 stiffnessTorsion 配合使用。

输入参数：

pkx、*pky* 为 *x*、*y* 向各轴线的侧向刚度；*ex*、*ey* 为 *x*、*y* 向各侧向构件与质心的距离；*Ex* _ 、*Ey* _ 为 *x*、*y* 向各层质心的偏心距。

以下为该函数的 MATLAB 源代码。

```
function [pkx,pky,ex,ey,Ex_,Ey_]=exy (kx,ky,x,y,xm,ym,floor)
%该函数计算平扭耦联刚度矩阵所需的参数;
%输入数据分别为结构的各层 x,y 向的刚度 kx,ky,是一个 1×n 的向量;
%x,y 为各标准层侧向受力构件轴线坐标,分别为单元数组;
%xm,ym 为各层质心坐标,是 1×n 的向量,floor 表示将结构分为 a 个标准层,从第 1~a 个标准层所包含的层数,是 1×a 的向量;
a=length(floor);                                %计算结构共有几个标准层
cn=cumsum(floor);                               %计算各标准层起始层和终了层
for i=1:a
    xn(i)=length(x{i});                         %计算 x 向共几个轴线
    yn(i)=length(y{i});                         %计算 y 向共几个轴线
    if (i==1)
        cn1=1,cn2=cn(i);                        %计算第一个标准层的起、终层号
  elseif(i~=1)
        cn1=cn(i-1)+1;cn2=cn(i);                %计算第 i 个标准层的起、终层号
    end
    for j=cn1:cn2
        pkx{j}=(kx(j)./yn(i))*ones(1,yn(i));   %近似各轴线的侧向刚度均相等,求 x,y 向各轴线的侧向刚度
        pky{j}=(ky(j)./xn(i))*ones(1,xn(i));
        ey{j}=y{i}-ym(j)*ones(1,yn(i));        %求 x,y 向各侧向构件与质心的距离
        ex{j}=x{i}-xm(j)*ones(1,xn(i));
    end
end
Ex_(1)=0;                                       %求 x,y 向各层质心的偏心距
Ey_(1)=0;
for i=1:cn2-1
    Ex_(i+1)=xm(i)-xm(i+1);
    Ey_(i+1)=ym(i)-ym(i+1);
end
```

7.3 结构振动控制

7.3.1 基础隔震结构

隔震结构是指在基础、底部或下部结构与上部结构之间设置由隔震支座和阻尼

装置等部件组成的隔震层，以延长结构周期，减小输入上部结构的水平地震作用，达到预期的防震要求。隔震支座有叠层橡胶支座，弹簧支座和摩擦滑移支座等。以下的计算分析针对采用叠层橡胶支座的隔震结构。此外，为简化问题，仅考虑隔震层设置在基础与上部结构之间，即基础隔震结构。

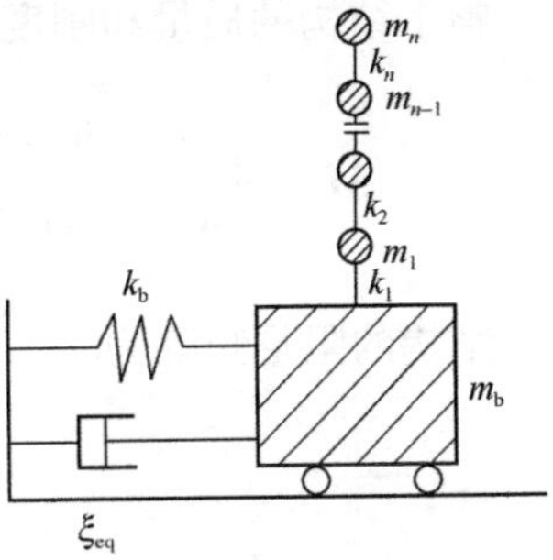

图 7-4　基础隔震结构的计算简图

基础隔震结构的计算简图如图 7-4 所示。图中 m_b 表示隔震层质量，k_b、ξ_{eq} 表示隔震层的刚度和等效阻尼比，$m_1 \sim m_n$ 表示上部结构各层的质量，$k_1 \sim k_n$ 表示上部结构各层的刚度。

1. 等效线性

对于叠层橡胶支座，隔震层的水平等效刚度和等效黏滞阻尼比为

$$k_b = \sum K_j \tag{7-22}$$

$$\xi_{eq} = \sum K_j \xi_j / k_b \tag{7-23}$$

式中，K_j、ξ_j 分别表示第 j 个隔震支座的水平等效刚度和等效黏滞阻尼比。

这样，可将隔震层等效为弹性，对应的刚度和阻尼按式（7-22）、式（7-23）计算。上部结构在地震作用下为弹性，则基础隔震结构的运动方程可写为

$$\boldsymbol{M}\ddot{\boldsymbol{X}} + \boldsymbol{C}\dot{\boldsymbol{X}} + \boldsymbol{K}\boldsymbol{X} = -\boldsymbol{M}\boldsymbol{E}\ddot{\boldsymbol{u}}_g$$

式中，$\boldsymbol{M}$、$\boldsymbol{K}$、$\boldsymbol{E}$、$\ddot{\boldsymbol{u}}_g$ 分别表示结构的质量矩阵、刚度矩阵、外荷载位置向量和地震加速度。对于单向地震作用，$\boldsymbol{E}=(1, 1, \cdots, 1)^T$，$\ddot{\boldsymbol{u}}_g = \ddot{\boldsymbol{x}}_g$（$\ddot{\boldsymbol{x}}_g$ 为地震加速度向量）。特别要注意的是，隔震层的材料与上部结构不同，两者的阻尼有明显差异，所以应采用非比例阻尼模型生成阻尼矩阵。将隔震层和上部结构当作两个子结构，对于隔震层，有

$$c_b = \alpha_b m_b + \beta_b k_b \tag{7-24}$$

对于上部结构，有

$$\boldsymbol{C}_s = \alpha_s \boldsymbol{M}_s + \beta_s \boldsymbol{K}_s \tag{7-25}$$

$$\begin{Bmatrix} \alpha_b \\ \beta_b \end{Bmatrix} = \frac{2\xi_b}{\omega_m + \omega_n} \begin{Bmatrix} \omega_m \omega_n \\ 1 \end{Bmatrix}, \quad \begin{Bmatrix} \alpha_s \\ \beta_s \end{Bmatrix} = \frac{2\xi_s}{\omega_m + \omega_n} \begin{Bmatrix} \omega_m \omega_n \\ 1 \end{Bmatrix} \tag{7-26}$$

若取上部结构为剪切型模型，则

$$\boldsymbol{M}_s = \begin{bmatrix} m_1 & & & 0 \\ & m_2 & & \\ & & \ddots & \\ 0 & & & m_n \end{bmatrix}, \quad \boldsymbol{K}_s = \begin{bmatrix} k_1 + k_2 & -k_2 & & & 0 \\ -k_2 & k_2 + k_3 & -k_3 & & \\ & \ddots & \ddots & \ddots & \\ & & -k_{n-1} & k_{n-1} + k_n & -k_n \\ 0 & & & -k_n & k_n \end{bmatrix} \tag{7-27}$$

整个结构的质量和刚度矩阵为

$$\boldsymbol{M}=\begin{bmatrix} m_{\mathrm{b}} & \boldsymbol{0}_{1\times n} \\ \boldsymbol{0}_{n\times 1} & \boldsymbol{M}_s \end{bmatrix},\quad \boldsymbol{K}=\begin{bmatrix} k_{\mathrm{b}}+k_1 & (-k_1,0,\cdots,0) \\ (-k_1,0,\cdots,0)^{\mathrm{T}} & \boldsymbol{K}_{\mathrm{s}} \end{bmatrix} \tag{7-28}$$

结构的阻尼矩阵为

$$\boldsymbol{C}=\begin{bmatrix} \boldsymbol{c}_{\mathrm{b}} & \boldsymbol{c}_{\mathrm{r}} \\ \boldsymbol{c}_{\mathrm{r}}^{\mathrm{T}} & \boldsymbol{C}_{\mathrm{s}} \end{bmatrix} \tag{7-29}$$

这里，$\boldsymbol{c}_{\mathrm{b}}$、$\boldsymbol{C}_{\mathrm{s}}$ 分别表示隔震层和上部结构子系统的阻尼矩阵，$\boldsymbol{c}_{\mathrm{r}}$ 按分区瑞利阻尼，可得

$$\boldsymbol{c}_{\mathrm{r}}=\beta_{\mathrm{s}}(-k_1,0,\cdots,0) \tag{7-30}$$

由此，对于一个基础隔震结构，只要知道上部结构侧向刚度、阻尼比和隔震层等效水平刚度、等效阻尼比，即可按照式（7-28）～式（7-30），得到整个结构的质量、刚度和阻尼矩阵。既然结构等效为线性，即可用本书第 6 章的任一方法求解结构的动力反应。

2. 非线性

除了将隔震层等效为线性外，由于隔震层通常表现为非线性，也可直接用非线性方法进行求解。对于采用叠层橡胶支座的隔震结构，可采用布克—文（Bouc-Wen）模型表示隔震层，这样整个结构的运动方程可写为

$$\boldsymbol{M}_{\mathrm{u}}\ddot{\boldsymbol{Y}}+\boldsymbol{C}_{\mathrm{u}}\dot{\boldsymbol{Y}}+\boldsymbol{R}=-\boldsymbol{M}_{\mathrm{u}}\boldsymbol{E}\ddot{\boldsymbol{u}}_{\mathrm{g}} \tag{7-31}$$

式中，$\ddot{\boldsymbol{Y}}$，$\dot{\boldsymbol{Y}}$ 分别表示结构的层间相对加速度和速度，$\boldsymbol{M}_u$、$\boldsymbol{C}_u$ 分别为结构的质量矩阵和阻尼矩阵，$\boldsymbol{E}=(1,\ 0,\ \cdots,\ 0)^{\mathrm{T}}$，$\ddot{\boldsymbol{u}}_{\mathrm{g}}$ 为地震加速度，$\boldsymbol{R}$ 为结构的滞回恢复力，取上部结构和隔震层均为布克—文模型，写为

$$\begin{aligned} R_i &= \alpha_i k_i y_i+(1-\alpha_i)k_i v_i \\ \dot{v}_i &= A_i\dot{y}_i-\beta_i\,|\dot{y}_i|\,|v_i|^{\mu_i-1}v_i-\gamma_i\dot{y}_i\,|v_i|^{\mu_i} \end{aligned} \tag{7-32}$$

其中，y_i 为第 i 层的层间相对位移，$y_i=x_i-x_{i-1}$，v_i 为第 i 层滞回位移，k_i 为第 i 层屈服前刚度，α_i 为第 i 层屈服后刚度与屈服前刚度之比，A_i、β_i、γ_i、μ_i 为滞回曲线的参数。由此，式（7-31）也可写为

$$\boldsymbol{M}_{\mathrm{u}}\ddot{\boldsymbol{Y}}+\boldsymbol{C}_{\mathrm{u}}\dot{\boldsymbol{Y}}+\boldsymbol{K}_{\mathrm{e}}\boldsymbol{Y}+\boldsymbol{K}_{\mathrm{h}}\boldsymbol{v}=-\boldsymbol{M}_{\mathrm{u}}\boldsymbol{E}\ddot{\boldsymbol{u}}_{\mathrm{g}} \tag{7-33}$$

$$\dot{\boldsymbol{v}}=\boldsymbol{A}\dot{\boldsymbol{Y}}-\boldsymbol{\beta}|\dot{\boldsymbol{Y}}|\,|\boldsymbol{v}|^{\mu-1}\boldsymbol{v}-\boldsymbol{\gamma}\dot{\boldsymbol{Y}}\,|\boldsymbol{v}|^{\mu} \tag{7-34}$$

式中

$$
\boldsymbol{M}_u=\begin{bmatrix} m_b & 0 & & \cdots & 0 \\ m_1 & m_1 & 0 & & 0 \\ \vdots & \vdots & \ddots & \ddots & \vdots \\ m_{n-1} & m_{n-1} & \cdots & m_{n-1} & 0 \\ m_n & m_n & & \cdots & m_n \end{bmatrix},\quad \boldsymbol{C}_u=\begin{bmatrix} c_b & -c_1 & & & & 0 \\ & c_1 & -c_2 & & & \\ & & c_2 & -c_4 & & \\ & & & \ddots & \ddots & \\ & & & & c_{n-1} & -c_n \\ 0 & & & & & c_n \end{bmatrix}
$$

(7-35)

$$
\boldsymbol{K}_e=\begin{bmatrix} \alpha_b k_b & -\alpha_1 k_1 & & & & 0 \\ & \alpha_1 k_1 & -\alpha_2 k_2 & & & \\ & & \alpha_2 k_2 & -\alpha_3 k_3 & & \\ & & & \ddots & \ddots & \\ & & & & \alpha_{n-1} k_{n-1} & -\alpha_n k_n \\ 0 & & & & & \alpha_n k_n \end{bmatrix} \tag{7-36}
$$

$$
\boldsymbol{K}_h=\begin{bmatrix} (1-\alpha_b)k_b & -(1-\alpha_1)k_1 & & & & 0 \\ & (1-\alpha_1)k_1 & -(1-\alpha_2)k_2 & & & \\ & & (1-\alpha_2)k_2 & -(1-\alpha_3)k_3 & & \\ & & & \ddots & \ddots & \\ & & & & (1-\alpha_{n-1})k_{n-1} & -(1-\alpha_n)k_n \\ 0 & & & & & (1-\alpha_n)k_n \end{bmatrix}
$$

(7-37)

$c_i=2m_i\omega\xi$，ω、ξ 分别为隔震结构的基本频率和阻尼比，$\xi=0.05$。

7.3.2　消能减震结构

消能结构是指在结构中设置消能部件，使结构在地震、风或其他动力干扰作用下的各项反应值控制在容许范围内。消能部件由消能器及斜撑、墙体、梁等支承构件组成。消能器有速度相关型、位移相关型或其他类型。位移相关型消能器的耗能能力与消能器两端的相对位移有关，包括摩擦阻尼器、金属阻尼器和屈服约束支撑。速度相关型消能器的耗能能力与消能器两端的相对速度有关，包括黏滞阻尼器和黏弹性阻尼器。如图 7-5 所示，以加黏弹性阻尼器的结构为例，说明消能减震结构的动力分析。

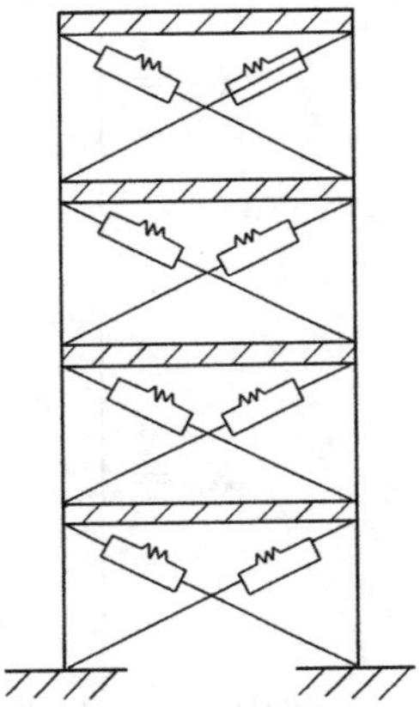

图 7-5　加黏弹性阻尼器的结构

黏弹性阻尼器的恢复力可表示为

$$
f_d=c_d\dot{x}_d+k_d x_d \tag{7-38}
$$

$$k_{\mathrm{d}}=\frac{n_{\mathrm{v}}G_1A_{\mathrm{v}}}{h_{\mathrm{v}}},\quad c_d=\frac{n_{\mathrm{v}}G_2A_{\mathrm{v}}}{\omega h_{\mathrm{v}}} \tag{7-39}$$

式中，n_{v}、A_{v}、h_{v} 分别为黏弹性层的层数、剪切面积和厚度；G_1、G_2 分别为黏弹性材料的储能剪切模量和损耗剪切模量，ω 为结构的自振频率。

对于一个加黏弹性阻尼器的结构，该结构的运动方程可写为

$$\boldsymbol{M}\ddot{\boldsymbol{X}}+\boldsymbol{C}\dot{\boldsymbol{X}}+\boldsymbol{K}\boldsymbol{X}+\boldsymbol{B}_{\mathrm{d}}\boldsymbol{f}_{\mathrm{d}}=\boldsymbol{F}(t) \tag{7-40}$$

式中，$\boldsymbol{M}$、$\boldsymbol{C}$、$\boldsymbol{K}$ 分别为不加阻尼器时结构的质量、阻尼和刚度矩阵；$\boldsymbol{F}(t)$ 为外荷载。$\boldsymbol{B}_{\mathrm{d}}$ 为阻尼器的位置矩阵，对于图 7-5 所示的阻尼器，有

$$\boldsymbol{B}_{\mathrm{d}}=\begin{bmatrix}\frac{1}{\cos\alpha_1} & \frac{1}{\cos\alpha_2} & & & & 0\\ \frac{1}{\cos\alpha_1} & \frac{1}{\cos\alpha_2} & \frac{1}{\cos\alpha_3} & & & \\ & \ddots & \ddots & \ddots & & \\ & & \frac{1}{\cos\alpha_{n-2}} & \frac{1}{\cos\alpha_{n-1}} & \frac{1}{\cos\alpha_n} \\ 0 & & & \frac{1}{\cos\alpha_{n-1}} & \frac{1}{\cos\alpha_n}\end{bmatrix} \tag{7-41}$$

式中，α_i 为第 i 层阻尼器的消能方向与水平面的夹角。

$\boldsymbol{f}_{\mathrm{d}}$ 为阻尼器的恢复力：

$$\boldsymbol{f}_{\mathrm{d}}=\boldsymbol{C}_{\mathrm{d}}\dot{\boldsymbol{X}}+\boldsymbol{K}_{\mathrm{d}}\boldsymbol{X} \tag{7-42}$$

$$\boldsymbol{C}_{\mathrm{d}}=\begin{bmatrix}c_{\mathrm{d}1}+c_{\mathrm{d}2} & -c_{\mathrm{d}2} & & & 0\\ -c_{\mathrm{d}2} & c_{\mathrm{d}2}+c_{\mathrm{d}3} & -c_{\mathrm{d}3} & & \\ & \ddots & \ddots & \ddots & \\ & & -c_{\mathrm{d}n-1} & c_{\mathrm{d}n-1}+c_{\mathrm{d}n} & -c_{\mathrm{d}n-1}\\ 0 & & & -c_{\mathrm{d}n} & c_{\mathrm{d}n}\end{bmatrix}$$

$$\boldsymbol{K}_{\mathrm{d}}=\begin{bmatrix}k_{\mathrm{d}1}+k_{\mathrm{d}2} & -k_{\mathrm{d}2} & & & 0\\ -k_{\mathrm{d}2} & k_{\mathrm{d}2}+k_{\mathrm{d}3} & -k_{\mathrm{d}3} & & \\ & \ddots & \ddots & \ddots & \\ & & -k_{\mathrm{d}n-1} & k_{\mathrm{d}n-1}+k_{\mathrm{d}n} & -k_{\mathrm{d}n}\\ 0 & & & -k_{\mathrm{d}n} & k_{\mathrm{d}n}\end{bmatrix} \tag{7-43}$$

式中，$c_{\mathrm{d}i}$、$k_{\mathrm{d}i}$ 为第 i 层所有阻尼器的阻尼和刚度之和。

将式（7-42）、式（7-43）代入式（7-40），整理后得

$$\boldsymbol{M}\ddot{\boldsymbol{X}}+(\boldsymbol{C}+\boldsymbol{B}_{\mathrm{d}}\boldsymbol{C}_{\mathrm{d}})\dot{\boldsymbol{X}}+(\boldsymbol{K}+\boldsymbol{B}_{\mathrm{d}}\boldsymbol{K}_{\mathrm{d}})\boldsymbol{X}=\boldsymbol{F}(t) \tag{7-44}$$

式（7-44）为一个线性结构，可采用第 6 章任一方法进行结构的动力分析。

【例题 7-2】 某结构第一至第五层质量为 2.0×10^5kg，侧向刚度 4.2×10^7N/m，每层层高 3.3m，每层设置一个黏弹性阻尼器，特性参数为：2 层黏弹性层；储能剪切模量 $G_1=1.5\times10^7\text{N/m}^2$；损耗剪切模量 $G_2=2.01\times10^7\text{N/m}^2$；黏弹性层的剪切面积 $A_v=3\times10^{-2}\text{m}^2$；黏弹性层的厚度 $h_v=1.3\times10^{-2}$；工作温度 25°。若地震输入 0.2g 的 elcentro 波，求该结构的响应。

【解】

该结构的状态方程为

$$\begin{aligned}\dot{\boldsymbol{U}} &= \boldsymbol{AU}+\boldsymbol{BF}(t)\\ \boldsymbol{Y} &= \boldsymbol{DU}+\boldsymbol{LF}(t)\end{aligned} \tag{a}$$

式中，

$$\boldsymbol{U}=(\boldsymbol{X},\dot{\boldsymbol{X}})^{\mathrm{T}},\boldsymbol{Y}=(\boldsymbol{X},\dot{\boldsymbol{X}},\ddot{\boldsymbol{X}})^{\mathrm{T}} \tag{b}$$

$$\boldsymbol{A}=\begin{bmatrix}\boldsymbol{0} & \boldsymbol{I}\\ -\boldsymbol{M}^{-1}(\boldsymbol{K}+\boldsymbol{B}_{\mathrm{d}}\boldsymbol{K}_{\mathrm{d}}) & -\boldsymbol{M}^{-1}(\boldsymbol{C}+\boldsymbol{B}_{\mathrm{d}}\boldsymbol{C}_{\mathrm{d}})\end{bmatrix},\boldsymbol{B}=\begin{bmatrix}\boldsymbol{0}\\ \boldsymbol{M}^{-1}\end{bmatrix} \tag{c}$$

$$\boldsymbol{D}=\begin{bmatrix}\boldsymbol{I} & \boldsymbol{0}\\ \boldsymbol{0} & \boldsymbol{I}\\ -\boldsymbol{M}^{-1}(\boldsymbol{K}+\boldsymbol{B}_{\mathrm{d}}\boldsymbol{K}_{\mathrm{d}}) & -\boldsymbol{M}^{-1}(\boldsymbol{C}+\boldsymbol{B}_{\mathrm{d}}\boldsymbol{C}_{\mathrm{d}})\end{bmatrix},\boldsymbol{L}=\begin{bmatrix}\boldsymbol{0}\\ \boldsymbol{0}\\ \boldsymbol{M}^{-1}\end{bmatrix} \tag{d}$$

该状态方程可用 Simulink 仿真分析，本例采用状态空间模型进行求解。

建立仿真模型 e7 _ 1. mdl，如图 7-6 所示。

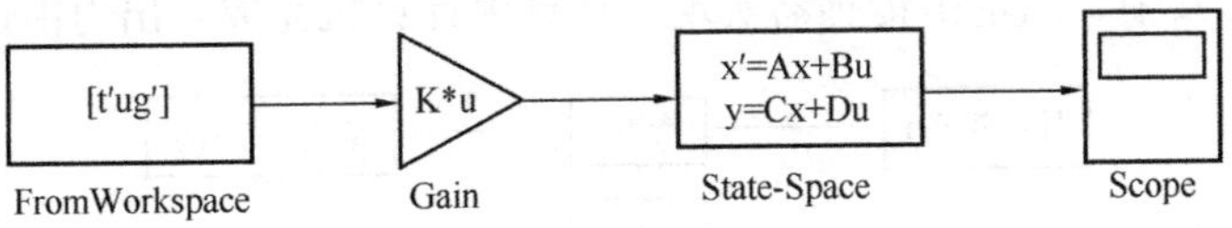

图 7-6　仿真模型 e7 _ 1. mdl

对应的数据文件为 e7 _ 1data. m，e7 _ 1data. m 的源代码如下：

```
clear all;
cn=5;                                          %结构的各层刚度和质量
m=2.0e5.*ones(1,cn);
k=4.2e7.*ones(1,cn);
es=0.05;                                       %结构阻尼比
G1=1.5e7;G2=2.01e7;Av=3e-2;hv=1.3e-2;          %阻尼器参数
kd=(2*G1*Av/hv).*ones(1,cn);
cd=(2*G2*Av/w(1)/hv).*ones(1,cn);
wavefile=char('elcentro.dat');                 %输入 elcentro 地震波
```

```
ugmax=2.0;
[ug,t,tf,dt]=wave1(wavefile,ugmax);        %From workspace 模块参数
[M]=lumpMass(m);                           %原结构的质量矩阵
[E,F]=waveForce(ug,M);                     %地震波的位置矩阵和外荷载矩阵
[K0]=stiffnessShear(k);                    %原结构刚度矩阵
[C0,T,z]=dampR(K,M,E,es,1);                %原结构阻尼矩阵
[Kd]=stiffnessShear(kd);                   %阻尼器刚度矩阵
[Cd]=stiffnessShear(cd);                   %阻尼器阻尼矩阵
K=K0+Kd;                                   %整个结构的刚度矩阵
C=C0+Cd;                                   %整个结构的阻尼矩阵
M1=-M*E;                                   %Gain 模块参数
[A,B,D,L]=ssLinear(M,K,C);                 %State-Space 模块参数
```

运行 e7 _ 1data.m，再打开 e7 _ 1.mdl，设置 simulation parameters。设定仿真时间从 0.0 至 10.22，输出选择“produce specified output only”，并设定输出时间向量为 [0:0.02:10.22]。然后开始运行，最后可从 Scope 中看到运行结果。

7.3.3　结构主动控制

结构主动控制需要实时测量结构反应或环境干扰。采用现代控制理论的控制方法，决策出最优控制力，并用作动器输入给结构，使结构的反应最小。结构主动控制如图 7-7 所示。从图中可以看出，结构主动控制需要三个基本组成部分：测量、计算和出力。其中，测量由传感器实现，计算由计算机完成，出力由作动器完成。

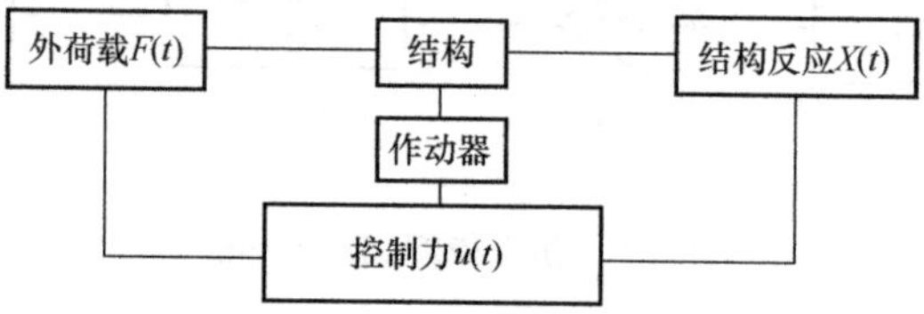

图 7-7　结构主动控制

线性结构在外部激励和作动器出力的共同作用下，运动方程为

$$\boldsymbol{M}\ddot{\boldsymbol{X}}+\boldsymbol{C}\dot{\boldsymbol{X}}+\boldsymbol{K}\boldsymbol{X}=\boldsymbol{F}(t)+\boldsymbol{D}\boldsymbol{u} \tag{7-45}$$

式中，$\boldsymbol{M}$、$\boldsymbol{C}$、$\boldsymbol{K}$ 为结构的质量矩阵、阻尼矩阵和刚度矩阵，$\boldsymbol{F}(t)$ 为外部激励，$\boldsymbol{D}$ 为作动器的位置向量，$\boldsymbol{u}$ 为作动器的控制力。

将式 (7-45) 转化为状态方程，令 $\boldsymbol{U}=(\boldsymbol{X},\ \dot{\boldsymbol{X}})^{\mathrm{T}}$，则

$$\dot{\boldsymbol{U}}=\boldsymbol{A}\boldsymbol{U}+\boldsymbol{B}\boldsymbol{u}+\boldsymbol{H}\boldsymbol{F}(t) \tag{7-46}$$

式中，

$$\boldsymbol{A}=\begin{bmatrix}\boldsymbol{0} & \boldsymbol{I}\\ -\boldsymbol{M}^{-1}\boldsymbol{K} & -\boldsymbol{M}^{-1}\boldsymbol{C}\end{bmatrix},\quad \boldsymbol{B}=\begin{bmatrix}\boldsymbol{0}\\ \boldsymbol{M}^{-1}\boldsymbol{D}\end{bmatrix},\quad \boldsymbol{H}=\begin{bmatrix}\boldsymbol{0}\\ \boldsymbol{M}^{-1}\end{bmatrix} \tag{7-47}$$

式（7-46）中，除了结构的状态 $\boldsymbol{U}$ 未知外，作动器的控制力 $\boldsymbol{u}$ 同样未知，所以关键是如何得到 $\boldsymbol{u}$。这样的问题需要用现代控制理论的方法解决。以下主要对经典最优控制算法做介绍。

定义性能指标：

$$\min J = \int_0^{t_f} [\boldsymbol{U}^{\mathrm{T}}(t)\boldsymbol{Q}\boldsymbol{U}(t) + \boldsymbol{u}^{\mathrm{T}}(t)\boldsymbol{R}\boldsymbol{u}(t)]\mathrm{d}t \tag{7-48}$$

式中，$\boldsymbol{Q}$、$\boldsymbol{R}$ 均为权矩阵，分别表示控制效果的权值和控制力的权值。

$$\mathrm{s.t}\dot{\boldsymbol{U}} = \boldsymbol{A}\boldsymbol{U} + \boldsymbol{B}\boldsymbol{u} + \boldsymbol{H}\boldsymbol{F}(t),\quad \boldsymbol{U}(0) = \boldsymbol{U}_0 \tag{7-49}$$

求 $\boldsymbol{u}(t)$。

用优化方法，可得到

$$\dot{\boldsymbol{\lambda}} = -\boldsymbol{A}^{\mathrm{T}}\boldsymbol{\lambda} - 2\boldsymbol{Q}\boldsymbol{U},\quad \boldsymbol{\lambda}(t_f) = \boldsymbol{0} \tag{7-50}$$

$$\boldsymbol{u} = -\frac{1}{2}\boldsymbol{R}^{-1}\boldsymbol{B}^{\mathrm{T}}\boldsymbol{\lambda} \tag{7-51}$$

设 $\boldsymbol{\lambda}(t) = \boldsymbol{P}(t)\boldsymbol{U}(t)$，将此式代入式（7-49）～式（7-51）。忽略外部激励 $\boldsymbol{H}\boldsymbol{F}(t)$，整理后得到一个关于 $\boldsymbol{P}(t)$ 的微分方程，称为黎卡提（Riccati）方程。作动器的控制力为

$$\boldsymbol{u} = -\frac{1}{2}\boldsymbol{R}^{-1}\boldsymbol{P}\boldsymbol{U}(t) = -\boldsymbol{G}\boldsymbol{U}(t) \tag{7-52}$$

式中，$\boldsymbol{G}$ 称为反馈增益矩阵

$$\boldsymbol{G} = \frac{1}{2}\boldsymbol{R}^{-1}\boldsymbol{B}^{\mathrm{T}}\boldsymbol{P} \tag{7-53}$$

将求得的控制力 $\boldsymbol{u}$ 再代入式（7-49），得

$$\dot{\boldsymbol{U}} = (\boldsymbol{A} - \boldsymbol{B}\boldsymbol{G})\boldsymbol{U} + \boldsymbol{H}\boldsymbol{F}(t) \tag{7-54}$$

式（7-54）表示一个线性结构，所以可按本书第 6 章的方法进行求解，得到结构在经典最优控制下的响应。要注意，采用此方法在推导黎卡提方程时，忽略了外部激励 $\boldsymbol{H}\boldsymbol{F}(t)$，因此解得的最优控制力 $\boldsymbol{u}$ 只是近似最优。

经典最优控制算法求解的结构响应和控制力步骤如下：

（1）写出结构的运动方程，并转化为状态方程式（7-46）；

（2）根据式（7-53），得到反馈增益矩阵 $\boldsymbol{G}$；

（3）将 $\boldsymbol{G}$ 代入式（7-54），按本书第 6 章的方法求解结构反应；

（4）将求得的结构状态 $\boldsymbol{U}(t)$ 代入式（7-52），得到作动器的最优控制力。

在 MATLAB 中，经典最优控制算法中的反馈增益矩阵 $\boldsymbol{G}$ 可直接采用控制系统工具箱的函数 lqr()得到，lqr()的调用格式如下：

$$G = \mathrm{lqr}(A, B, Q, R)$$

这里的A，B表示式（7-47）的矩阵$\boldsymbol{A}$，$\boldsymbol{B}$；$\boldsymbol{Q}$，$\boldsymbol{R}$为权矩阵，由设计人员自定，一般取

$$\boldsymbol{Q}=\boldsymbol{\alpha}\begin{bmatrix}\boldsymbol{K} & \boldsymbol{0}\\ \boldsymbol{0} & \boldsymbol{M}\end{bmatrix},\quad \boldsymbol{R}=\boldsymbol{\beta I},\boldsymbol{\alpha}=[0,\cdots,0,100,\cdots,100],\boldsymbol{\beta}=[10^{-10},\cdots,10^{-10},0,\cdots,0] \tag{7-55}$$

结构的反应和控制力仅与α、β的比值有关，与α、β绝对值无关。以上取值不是绝对的，需要根据具体结构和情况调节。当$\boldsymbol{Q}$较大时，受控结构的反应较小，控制力较大，但需要较大的控制成本，若$\boldsymbol{R}$较大时，结构的控制效果较差，但控制力小，所需的控制成本小。所以$\boldsymbol{Q}$、$\boldsymbol{R}$是显示控制效果与控制成本的权值。

【例题 7-3】 一个三层的剪切型框架结构，第一至三层的质量和层间刚度均为4.0×10^5kg，2×10^8N/m，采用瑞利阻尼，假定前2阶阻尼比为5%，自振频率分别为1.58Hz、4.44Hz、6.42Hz。在此结构的每层安装一个主动控制器，当输入elcentro波，峰值70gal，计算控制器的控制力。

【解】

若每层安装一个控制器，则结构的运动方程为

$$\boldsymbol{M\ddot{X}}+\boldsymbol{C\dot{X}}+\boldsymbol{KX}=\boldsymbol{Du}-\boldsymbol{ME}\ddot{x}_g \tag{a}$$

式中

$$\boldsymbol{M}=\begin{bmatrix}4 & & \\ & 4 & \\ & & 4\end{bmatrix}\times10^5 \tag{b}$$

$$\boldsymbol{K}=\begin{bmatrix}k_1+k_2 & -k_2 & 0\\ -k_2 & k_2+k_3 & -k_3\\ 0 & -k_3 & k_3\end{bmatrix}=\begin{bmatrix}4 & -2 & 0\\ -2 & 4 & -2\\ 0 & -2 & 2\end{bmatrix}\times10^8 \tag{c}$$

$$\boldsymbol{D}=\begin{bmatrix}1 & -1 & 0\\ 0 & 1 & -1\\ 0 & 0 & 1\end{bmatrix},\ \boldsymbol{C}=\alpha\boldsymbol{M}+\beta\boldsymbol{K},\ \boldsymbol{E}=(1,1,\cdots,1)^{\mathrm{T}} \tag{d}$$

$$\begin{Bmatrix}\alpha\\ \beta\end{Bmatrix}=\frac{2\xi}{\omega_1+\omega_2}\begin{Bmatrix}\omega_1\omega_2\\ 1\end{Bmatrix}$$

$$=\frac{2\times0.05}{2\times3.14\times1.58+2\times3.14\times4.44}\begin{Bmatrix}4\times3.14^2\times1.58\times4.44\\ 1\end{Bmatrix} \tag{e}$$

$$=\begin{Bmatrix}0.732\\ 0.003\end{Bmatrix}$$

将以上数值代入式（6-47），可以很容易写出状态方程的各特征矩阵，再按经

典最优控制算法，求解结构的反应和控制力。

MATLAB 源程序如下：

```
clear all;
cn=3;                                          %结构层数
m=[4,4,4]. * 1eS;                              %结构各层质量
k=[2,2,2]. * 1e8;                              %结构各层刚度
d=ones(1,cn);                                  %作动器位置向量
es=0.05;                                       %结构阻尼比
wavefile=char('elcentro.dat');                 %输入 elcentro 地震波
ugmax=0.7;
[ug,t,tf,dt]=wave1(wavefile,ugmax);            %From workspace 模块参数
[M]=lumpMass(m);                               %原结构的质量矩阵
[E,F]=waveForce(ug,M);                         %地震波的位置矩阵和外荷载矩阵
[K]=stiffnessShear(k);                         %原结构刚度矩阵
[C,T,z]=dampR(K,M,E,es,1);                     %原结构阻尼矩阵
[D]=relativeK (d);                             %作动器位置矩阵
[A,H,Dd,Ld]=ssLinear(M,K,C);                   %转化为状态方程
B=[zeros(cn);inv(M) * D];
a1=100;a2=0.01e-6;                             %设定权矩阵
Q=a1. * [K,zeros(cn);zeros(cn),M];
R=a2. * eye(cn);
G=lqr(A,B,Q,R);                                %经典最优控制算法,反馈增益矩阵
Au=A-B * G                                     %控制结构的状态方程
Bu=H;
X0=zeros(2 * cn,1);                            %求解控制结构的响应
[d,v]=stateSpace1(Au,Bu,F,X0,dt);
u=-G * [d,v];                                  %求解控制力
[d0,v0]=stateSpace1(A,H,F,X0,dt);              %无控结构的响应,与有控结构做对比
figure(1)
plot(t,d(1,:),'r-',t,d0(1,:),'k--');xlable('时间
(s)');ylabel('位移(m)');
figure(2)
plot(t,v(1,:),'r-',t,v0(1,:),'k--');xlable('时间
(s)');ylabel('速度(m/s)');
figure(3)
plot(t,u(1,:));xlable('时间(s)');ylabel('第一层的控制
力(N)');
```

部分习题参考答案

第 2 章　结构动力学的基本理论

2.1　$n=3$

2.2　$F_1=0.5F$

2.3　$s=s_0+\dfrac{F_p l^2}{ka^2}$

2.4　$(M+m)\ddot{x}+ml\ddot{\varphi}+kx=0$

$\ddot{x}+l\ddot{\varphi}+g\varphi=0$

2.5　以细绳和刚杆与铅锤轴的夹角 φ_1 和 φ_2 为广义坐标，则

$$\begin{bmatrix}1 & 1/4\\ 1/4 & 1/12\end{bmatrix}\begin{Bmatrix}\ddot{\varphi}_1\\ \ddot{\varphi}_2\end{Bmatrix}+\frac{g}{l}\begin{bmatrix}1 & 0\\ 0 & 1/4\end{bmatrix}\begin{Bmatrix}\varphi_1\\ \varphi_2\end{Bmatrix}=\begin{Bmatrix}0\\ 0\end{Bmatrix}$$

2.10　$\left(\dfrac{3}{2}mR^2-2mRe\right)\ddot{\theta}+ge\theta=0$

2.12　$n=4$

2.14　$\dfrac{4a^3}{3EI}m\ddot{y}+y=\dfrac{11a^3}{12EI}P(t)+\dfrac{11a^3}{12EI}Q(t)$

或　$m\ddot{y}+\dfrac{3EI}{4a^3}y=\dfrac{11}{16}P(t)+\dfrac{11}{16}Q(t)$

2.15　$m\ddot{y}+\dfrac{3EI}{a^2(l+a)}y=\dfrac{ql^3\sin\theta t}{8a(l+a)}$

2.16　$n=2$

2.17　$n=2$

2.18　$y=(F(t)-m\ddot{y})\cdot\delta, m\ddot{y}+\dfrac{1}{\delta}y=F(t)$ 其中，$\delta=\dfrac{l^3}{2EI}$

第 3 章　单自由度体系振动问题

3.1　$\omega=\sqrt{\dfrac{8EI}{Ml^3}}$

振幅：$A=\sqrt{x_0^2+\left(\dfrac{\dot{x}_0}{\omega}\right)^2}=\dfrac{\dot{x}_0}{\omega}=v_0\sqrt{\dfrac{Ml^3}{8EI}}$

相位：$\varphi=0$

3.2 $T=\frac{1}{2\pi}\sqrt{\frac{9k}{5M}}$

3.3 $\omega=8.17\sqrt{\frac{EI}{Ml^3}}$

3.4 $\omega=\sqrt{\frac{8EI}{Ml^3}}$

3.5 $\omega=2.71\sqrt{\frac{EI}{Ml^3}}$

3.6 $\omega=7.23\sqrt{\frac{EI}{Ml^3}}$

3.7 $y_d=\eta x_{st}=\frac{x_{st}}{1-v^2}$，其中 $x_{st}=\frac{23l^2mep^2}{1536EI}$，$v=0.12p\sqrt{\frac{Ml^3}{EI}}$

3.8 $\omega=\sqrt{192EIg/5Wl^3}$

3.9 $\omega=\sqrt{\frac{4kg}{W}}$

3.10 $\omega=8.17\sqrt{\frac{EI}{ml^3}}$

3.12 $\xi=0.022$

3.13 $\xi=\frac{1}{13}$

3.14 $y_d\approx1.32x_{st}$

3.15 $Y(t)=\sum_{n=1}^{\infty}-\frac{\overline{M}l^2\cos(n\pi)\sin(n\omega t)}{EI\cdot n\pi(1-n^2v^2)}$

3.16 阻尼系数 $c=27.8\text{N}\cdot\text{s/m}$，阻尼比 $\xi=0.022$

第 4 章　多自由度体系振动问题

4.1 $\begin{Bmatrix}\omega_1\\\omega_2\end{Bmatrix}=\sqrt{\frac{EI}{ml^3}}\begin{Bmatrix}2.74\\9.06\end{Bmatrix}$，$\boldsymbol{\Phi}=\begin{bmatrix}-0.28 & 3.61\\1 & 1\end{bmatrix}$

4.2 $-\frac{ml^3\omega^2}{19200EI}\begin{bmatrix}140 & -90 & 15\\-45 & 220 & -45\\15 & -90 & 140\end{bmatrix}\begin{Bmatrix}\ddot{Y}_1\\\ddot{Y}_2\\\ddot{Y}_3\end{Bmatrix}+\begin{Bmatrix}Y_1\\Y_2\\Y_3\end{Bmatrix}=\begin{Bmatrix}0\\0\\0\end{Bmatrix}$，$\begin{Bmatrix}\omega_1\\\omega_2\\\omega_3\end{Bmatrix}=\sqrt{\frac{EI}{ml^3}}\begin{Bmatrix}8.23\\12.39\\14.46\end{Bmatrix}$

$$\boldsymbol{\Phi}=\begin{bmatrix}1 & 1 & 1\\-1.42 & 0 & 0.70\\1 & -1 & 1\end{bmatrix}$$

4.3 (1) $m\begin{Bmatrix}\ddot{y}_1\\\ddot{y}_2\end{Bmatrix}+\frac{48EI}{15l^3}\begin{bmatrix}4&-1\\-1&4\end{bmatrix}\begin{Bmatrix}y_1\\y_2\end{Bmatrix}=\begin{Bmatrix}F\sin\theta t\\0\end{Bmatrix}$

(3) $M_{\max}=\frac{Fl}{2}+\frac{Fl}{4}\cdot\left(\frac{\theta^2}{\omega_1^2-\theta^2}+\frac{\theta^2}{\omega_2^2-\theta^2}\right)$

4.4 (1) $\frac{ml^3}{96EI}\begin{bmatrix}34&38&-3\\38&64&-6\\-3&-6&2\end{bmatrix}\begin{Bmatrix}\ddot{y}_1\\\ddot{y}_2\\\ddot{y}_3\end{Bmatrix}+\begin{Bmatrix}y_1\\y_2\\y_3\end{Bmatrix}=\frac{ml^3F}{96EI}\begin{Bmatrix}-24\\-38\\3\end{Bmatrix}\sin\theta t$

(2) $\begin{Bmatrix}\omega_1\\\omega_2\\\omega_3\end{Bmatrix}=\sqrt{\frac{EI}{ml^3}}\begin{Bmatrix}1.05\\7.23\\11.74\end{Bmatrix}$

振型矩阵 $\boldsymbol{\Phi}=\frac{1}{\sqrt{m}}\begin{bmatrix}0.51&0.52&0.68\\0.85&-0.24&-0.46\\-0.078&0.82&-0.56\end{bmatrix}$

4.5 对称模态半结构的运动方程：$\boldsymbol{\delta}_1\boldsymbol{M}_1\ddot{\boldsymbol{y}}+\boldsymbol{y}=\boldsymbol{\delta}_1\boldsymbol{F}_1$

$\boldsymbol{\delta}_1=\frac{l^3}{1152EI}\begin{bmatrix}9&6\\6&24\end{bmatrix}$，$\boldsymbol{M}_1=m\begin{bmatrix}1&0\\0&0.5\end{bmatrix}$，$\boldsymbol{F}_1=\frac{1}{2}\sin\theta t\begin{Bmatrix}1\\1\end{Bmatrix}$

$\begin{Bmatrix}\omega_1\\\omega_2\end{Bmatrix}=\sqrt{\frac{EI}{ml^3}}\begin{Bmatrix}8.76\\13.86\end{Bmatrix}$，$\boldsymbol{\Phi}=\begin{bmatrix}1&1\\2&-1\end{bmatrix}$

反对称模态半结构的运动方程：$\boldsymbol{\delta}_2\boldsymbol{M}_2\ddot{\boldsymbol{y}}+\boldsymbol{y}=\boldsymbol{\delta}_2\boldsymbol{F}_2$

$\boldsymbol{\delta}_2=\frac{l^3}{9408EI}\begin{bmatrix}266&476\\476&1120\end{bmatrix}$，$\boldsymbol{M}_2=m\begin{bmatrix}1&0\\0&0.5\end{bmatrix}$，$\boldsymbol{F}_2=\frac{1}{2}\sin\theta t\begin{Bmatrix}1\\1\end{Bmatrix}$

$\begin{Bmatrix}\omega_1\\\omega_2\end{Bmatrix}=\sqrt{\frac{EI}{ml^3}}\begin{Bmatrix}3.47\\14.35\end{Bmatrix}$，$\boldsymbol{\Phi}=\begin{bmatrix}1&1\\2.16&-0.93\end{bmatrix}$

4.6 体系位移幅值为

$$\begin{cases}A_1=\frac{J_1}{J_0}=\frac{-1.22\times10^{-3}}{-1.98}=0.62\times10^{-3}\text{m}\\A_2=\frac{J_2}{J_0}=\frac{-1.25\times10^{-3}}{-1.98}=0.63\times10^{-3}\text{m}\end{cases}$$

惯性力幅值为

$$\begin{cases}f_{I1}=m_1\theta^2A_1=1000\times(20\pi)^2\times0.62\times10^{-3}=2.43\text{kN}\\f_{I2}=m_2\theta^2A_2=1000\times(20\pi)^2\times0.63\times10^{-3}=2.49\text{kN}\end{cases}$$

4.7 位移幅值为

$$\begin{cases} A_1 = \dfrac{(k_{22}-\theta^2 m_2)p_{01}-k_{12}p_{02}}{\begin{vmatrix} k_{11}-\theta^2 m_1 & k_{12} \\ k_{21} & k_{22}-\theta^2 m^2 \end{vmatrix}} = -0.075\dfrac{p_0 h^3}{EI} \\ A_1 = \dfrac{(k_{11}-\theta^2 m_1)p_{02}-k_{21}p_{01}}{\begin{vmatrix} k_{11}-\theta^2 m_1 & k_{12} \\ k_{21} & k_{22}-\theta^2 m^2 \end{vmatrix}} = -0.1\dfrac{p_0 h^3}{EI} \end{cases}$$

体系惯性力幅值为

$$\begin{cases} f_{I1} = m_1\theta^2 A_1 = -1.2p_0 \\ f_{I2} = m_2\theta^2 A_2 = -1.6p_0 \end{cases}$$

4.8 振型方程为

$$\begin{cases} (20-\lambda)A_1 + 11A_2 = 0 \\ 11A_1 + (20-\lambda)A_2 = 0 \end{cases}$$

振动频率为

$$\begin{Bmatrix} \omega_1 \\ \omega_2 \end{Bmatrix} = \sqrt{\frac{EI}{ml^3}}\begin{Bmatrix} 1.88 \\ 5.74 \end{Bmatrix}$$

4.9 第一、二、三主振型向量为

$$\boldsymbol{\Phi}^{(1)} = \begin{bmatrix} \phi_{11} \\ \phi_{21} \\ \phi_{31} \end{bmatrix} = \begin{bmatrix} 1 \\ 1.41 \\ 1 \end{bmatrix}, \boldsymbol{\Phi}^{(2)} = \begin{bmatrix} \phi_{12} \\ \phi_{22} \\ \phi_{23} \end{bmatrix} = \begin{bmatrix} 1 \\ 0 \\ -1 \end{bmatrix}, \boldsymbol{\Phi}^{(3)} = \begin{bmatrix} \phi_{13} \\ \phi_{23} \\ \phi_{33} \end{bmatrix} = \begin{bmatrix} 1 \\ -1.41 \\ -1 \end{bmatrix}$$

4.10 柔度矩阵和刚度矩阵为

$$\boldsymbol{\delta} = \frac{h^3}{162EI}\begin{bmatrix} 54 & 28 & 8 \\ 28 & 16 & 5 \\ 8 & 5 & 2 \end{bmatrix}, \boldsymbol{K} = \boldsymbol{\delta}^{-1} = \frac{81EI}{13h^3}\begin{bmatrix} 7 & -16 & 12 \\ -16 & 44 & -46 \\ 12 & -46 & 80 \end{bmatrix}$$

4.11 $\begin{Bmatrix} \omega_1^2 \\ \omega_2^2 \\ \omega_3^2 \end{Bmatrix} = \dfrac{EI}{ml^3}\begin{Bmatrix} 3.54 \\ 48.00 \\ 216.89 \end{Bmatrix}$,

$$\boldsymbol{\varphi} = \frac{1}{\sqrt{m}}\begin{bmatrix} -0.50 & 0.71 & 0.50 \\ 0.71 & 0 & -0.71 \\ 0.50 & -0.71 & 0.50 \end{bmatrix}$$

4.13 $\omega_1 = 257.04\text{s}^{-1}$, $\omega_2 = 388.61\text{s}^{-1}$

4.14 $\omega_1 = 254.45\text{s}^{-1}, Y_1^{(1)} : Y_2^{(1)} : Y_3^{(1)} = 1 : (-1) : 1$

$\omega_2 = 321.88\text{s}^{-1}, Y_1^{(2)} : Y_2^{(2)} : Y_3^{(2)} = 1 : 0 : (-1)$

$\omega_3 = 446.34\text{s}^{-1}, Y_1^{(3)} : Y_2^{(3)} : Y_3^{(3)} = 1 : 2 : 1$

4.16 $\omega_1 = 13.5\text{s}^{-1}, Y_1^{(1)} : Y_2^{(1)} : Y_3^{(1)} = 0.33 : 0.67 : 1.00$

$\omega_2 = 30.1\text{s}^{-1}, Y_1^{(2)} : Y_2^{(2)} : Y_3^{(2)} = (-0.66) : (-0.66) : 1$

$\omega_3 = 46.6\text{s}^{-1}, Y_1^{(3)} : Y_2^{(3)} : Y_3^{(3)} = 4.03 : (-3.02) : 1$

4.17 $\omega_1 = 0.62\sqrt{\dfrac{k}{m}}$, $\boldsymbol{\Phi}_1 = (1 \quad 1.62)^T$;

$\omega_2 = 1.62\sqrt{\dfrac{k}{m}}$, $\boldsymbol{\Phi}_2 = (1 - 0.62)^T$

4.18 $\omega_1^2 = \dfrac{k}{3m}$, $\boldsymbol{\Phi}_1 = (1 \quad 1.5 \quad 1.5 \quad 1)^T$,

$\omega_2^2 = \dfrac{k}{m}$, $\boldsymbol{\Phi}_2 = (1 \quad 0.5 \quad -0.5 \quad -1)^T$

$\omega_3^2 = \dfrac{2k}{m}$, $\boldsymbol{\Phi}_3 = (1 \quad -1 \quad -1 \quad 1)^T$,

$\omega_4^2 = \dfrac{10k}{3m}$, $\boldsymbol{\Phi}_4 = (1 \quad -3 \quad 3 \quad -1)^T$

其中，$k = \dfrac{5EA}{l}$

参 考 文 献

[1] 张子明，杜成斌，周星德编著．结构动力学[M]. 北京：清华大学出版社，2008.

[2] 朱健编著．结构动力学原理与地震易损性分析[M]. 北京：科学出版社，2013.

[3] 党育，韩建平，杜永峰编著．结构动力分析的 MATLAB 实现[M]. 北京：科学出版社，2014.

[4] 邱吉宝，张正平，向树红，李海波编著．结构动力学及其在航天工程中的应用[M]. 合肥：中国科学技术大学出版社，2015.

[5] 孙作玉，王晖编著．结构动力学与 MATLAB 程序[M]. 北京：科学出版社，2017.

[6] 徐赵东，马乐为编著．结构动力学[M]. 北京：科学出版社，2007.

[7] 张亚辉，林家浩编著．结构动力学基础[M]. 大连：大连理工大学出版社，2007.

[8] 汪大洋，梁颖晶编著．结构动力学基础[M]. 北京：科学出版社，2017.

[9] 包世华编著．结构动力学[M]. 武汉：武汉理工大学出版社，2017.

[10] 盛宏玉编著．结构动力学[M]. 合肥：合肥工业大学出版社，2005.

[11] 龙驭球，包世华，袁骊编著．结构力学、Ⅱ，专题教程第三版[M]. 北京：高等教育出版社，2012.

[12] R. 克拉夫，J. 彭津编著．结构动力学(第 2 版)(修订版)[M]. 北京：高等教育出版社，2006.

[13] 鲍文博，白泉，陆海燕编著．振动力学基础与 MATLAB 应用[M]. 北京：清华大学出版社，2015.